Solos Marinhos da Baixada Santista

características e propriedades geotécnicas

Faiçal Massad

Oficina de Textos

© Copyright 2009 Oficina de Textos

Grafia atualizada conforme o Acordo Ortográfico da Língua Portuguesa de 1990, em vigor no Brasil a partir de 2009.

Capa, projeto gráfico e diagramação MALU VALLIM
Imagem da capa "CALÇADA DO LORENA EM 1826" DE OSCAR PEREIRA DA SILVA – ACERVO DO MUSEU PAULISTA/USP
Preparação de figuras EDUARDO ROSSETTO
Preparação de texto RENA SIGNER
Revisão de texto ANA PAULA RIBEIRO

Dados Internacionais de Catalogação na Publicação (CIP)
(Câmara Brasileira do Livro, SP, Brasil)

Massad, Faiçal
Solos marinhos da Baixada Santista :
características e propriedades geotécnicas /
Faiçal Massad. -- São Paulo : Oficina de Textos, 2009.

Bibliografia
ISBN 978-85-86238-89-5

1. Baixada Santista - São Paulo, Litoral
2. Engenharia de solos 3. Geotécnica 4. Mecânica
do solo 5. Solos marinhos I. Título.

09-09821   CDD-624.151360981612

Índices para catálogo sistemático:
1. Baixada Santista : Litoral paulista : Solos
marinhos : Características e propriedades :
Engenharia geotécnica 624.151360981612

Todos os direitos reservados à Oficina de Textos
Trav. Dr. Luiz Ribeiro de Mendonça, 4
CEP 01420-040 São Paulo-SP – Brasil
tel. (11) 3085 7933 fax (11) 3083 0849
site: www.ofitexto.com.br e-mail: ofitexto@ofitexto.com.br

As obras dos outros

À minha amada esposa, Mathilde, cuja obra foi tornar possível este livro.

Às incontáveis pessoas que hoje e ao longo de décadas contribuíram de muitas formas para que este livro se tornasse realidade. Sem o seu obrar, só sobraria minha impotência.

"Não se deve apegar o coração à nossa (impotência)... nem desejar fazer o bem por meio de livros, poesias e obras de arte... Diante dela (a impotência) é preciso *oferecer as obras dos outros*. Eis o benefício da Comunhão dos Santos..." (Dra. Tereza de Lisieux. *Conselhos e lembranças recolhidos por Celine*. 4. ed. Editora Paulus, 1984. p. 61).

"Há [...] só um Deus e Pai de todos, que reina sobre todos, age por meio de todos e permanece em todos" (Carta de São Paulo aos Efésios, 4, 6).

Sumário

Principais Símbolos 9

Introdução 13
    Apêndice A – Um pouco de história 18

1 História Geológica dos Solos da Baixada Santista 25
  1.1 Estudos geológicos iniciais e o comportamento de solos litorâneos 26
  1.2 Avanços geológicos e seu significado geotécnico 27
  1.3 Mecanismos de gênese das planícies sedimentares quaternárias paulistas 32
  1.4 As baixadas litorâneas paulistas 34
  1.5 As coberturas cenozoicas nas baixadas litorâneas paulistas 35
  1.6 Formação da Paleobaía Santista 38
  1.7 Tipos de sedimentos da Baixada Santista e da cidade de Santos – ação de dunas 41
    Apêndice 1.1 – Os sambaquis 44
    Apêndice 1.2 – O sobreadensamento das argilas marinhas norueguesas 46
    Apêndice 1.3 – As variações do N.M. no litoral paulista 49
    Apêndice 1.4 – Polêmica das oscilações negativas do N.M. no Quaternário 50

2 Questões Geotécnicas Anteriores a 1980 53
  2.1 Um caso inusitado: um "bolsão" de argila altamente sobreadensada 54
  2.2 Os tanques de óleo em Alemoa, Santos 55
  2.3 A ponte sobre o Canal do Casqueiro 56
  2.4 Fundações de edifícios na cidade de Santos 57
  2.5 Os aterros na Baixada Santista 60
  2.6 A geologia dos engenheiros antes da década de 1980 63

3 Estratigrafia e Litologia dos Depósitos Quaternários 65
  3.1 Formações quaternárias marinhas, fluviolagunares e de baías 66
  3.2 Reinterpretação de sondagens na Baixada Santista 68
  3.3 Sedimentos transicionais 69
  3.4 Sedimentos fluviolagunares e de baías na planície de Santos 84
  3.5 Sedimentos ao longo da rede de drenagem – manguezais 87
  3.6 Confirmação dos tipos de sedimentos com o uso do piezocone 87
  3.7 Confirmação dos tipos de sedimentos com o SPT-T 90
  3.8 Súmula 93

4   O Sobreadensamento das Argilas da Baixada Santista e da Cidade de Santos 95
  4.1   Mecanismos de sobreadensamento na Baixada Santista 95
  4.2   Argilas transicionais (ATs) 95
  4.3   Argilas de SFL 98
  4.4   Argilas de manguezais 106
  4.5   Súmula 107
     Apêndice 4.1 – Variação da pressão de pré-adensamento
     com a profundidade 107
     Apêndice 4.2 – Uma confirmação das oscilações negativas
     do N.R.M. 110
     Apêndice 4.3 – Metodologia para determinar a pressão de
     pré-adensamento com base em CPTUs 114

5   Propriedades Geotécnicas dos Sedimentos 117
  5.1   Composição mineralógica, estrutura e teor de matéria orgânica 118
  5.2   Características geotécnicas de classificação e identificação:
        a diferença 120
  5.3   Propriedades de engenharia: a semelhança 123
  5.4   Propriedades das argilas de SFL da cidade de Santos 133
  5.5   Propriedades das areias 133
  5.6   Súmula 136
     Apêndice 5.1 – Dados de ensaios de laboratório 137
     Apêndice 5.2 – Mineralogia, teor de matéria orgânica
     e estrutura (*fabric*) 140
     Apêndice 5.3 – Variações de parâmetros geotécnicos:
     perfis e valores médios 147
     Apêndice 5.4 – Índices de vazios e pressões de pré-adensamento
     para sedimentos argilosos 152
     Apêndice 5.5 – Análise das características de compressibilidade
     oedométrica 152
     Apêndice 5.6 – Análises detalhadas dos módulos de
     deformabilidade não drenada 158
     Apêndice 5.7 – Análise de k e do C_v por ensaios de adensamento 158
     Apêndice 5.8 – Ensaios para a medida do K_o 161
     Apêndice 5.9 – Resultados de *Vane Tests*
     (ensaios de cisalhamento *in situ*) 162
     Apêndice 5.10 – Ensaios de laboratório para a medida do ϕ' 168

6   Aterros sobre Solos Moles 171
  6.1   Adensamento 171
  6.2   Rupturas 177

6.3　Súmula 181
　　　APÊNDICE 6.1 – Estimativas do recalque final 182
　　　APÊNDICE 6.2 – Método gráfico de Asaoka para a determinação
　　　do C_{vv} e do recalque primário final 183

7　Fundações Diretas sobre Solos Moles 191
7.1　Tanque de óleo em Alemoa 191
7.2　Edifícios em Santos 196
7.3　Súmula 205
　　　APÊNDICE 7.1 – Método estatístico de Baguelin para determinar
　　　C_v e o recalque primário final 206

8　Capacidade de Carga de Estacas Flutuantes 209
8.1　Metodologia 209
8.2　Provas de carga analisadas 209
8.3　Atritos unitários medidos ou inferidos de provas de carga 211
8.4　Aplicação de métodos "teóricos" na estimativa do atrito l
　　　ateral unitário máximo 213
8.5　Súmula dos métodos teóricos 217
8.6　Súmula 218
　　　APÊNDICE 8.1 – As estacas do segundo grupo 219
　　　APÊNDICE 8.2 – Métodos de cálculo "teóricos" 219

Conclusões 223
　　A gênese dos sedimentos 223
　　Classificação genética dos sedimentos argilosos 225
　　Sobreadensamento 226
　　A coluna estratigráfica 226
　　Propriedades de engenharia 228
　　Parâmetros de SFL 228
　　Aterros sobre solos moles 228
　　Edifícios com fundação direta 229
　　Estacas flutuantes 230
　　Considerações finais 230

Referências Bibliográficas 233

Principais Símbolos

AT	Argila transicional	$C_{\alpha\varepsilon}$	Coeficiente de adensamento secundário, em termos de deformação
A_t	Área total de um edifício em planta		
A.P.	Antes do presente	d	Diâmetro de estacas
b	Largura da base de aterros	d_w	Diâmetro de drenos verticais de areia
$\overline{B}_1$	Relação entre o Δu e $\Delta\sigma_v$	d_e	Distância entre drenos verticais
B_q	Coeficiente de poropressão do CPTU	d_s	Diâmetro do dreno vertical com o filme de solo amolgado
c	Coesão ou resistência não drenada		
c_{proj}	Coesão ou resistência não drenada de projeto	e	Índice de vazios
		E:	Módulo de deformabilidade
C_c	Índice de compressão	e_a	Índice de vazios associado à pressão de pré-adensamento
CD	Ensaio de cisalhamento direto		
C_e	Índice de expansão	e_o	Índice de vazios inicial
CID	Ensaio triaxial adensado isotropicamente drenado	$\overline{E}_L$	Módulo de deformabilidade com confinamento lateral
CIU	Ensaio triaxial adensado isotropicamente rápido	E_i	Módulo de deformabilidade tangente inicial
c_m	Coesão média da camada toda de argila	E_1	Módulo de deformabilidade a 1% de deformação específica axial
c_o	Constante de correlações do tipo $c = c_o + c_1 z$	E_{50}	Módulo de deformabilidade associado a 50% de resistência
c_1	Parâmetro de correlações do tipo $c = c_o + c_1 z$	EOP	End of Primary Consolidation
		$f_{máx}$	Atrito lateral unitário máximo em estacas
CPTU	Cone Penetration Test, com medida de u		
		f_s	Atrito lateral do CPTU
CS	Ensaio de compressão simples	f_T	Adesão de Ranzini, medida no SPT-T
C_r	Índice de recompressão	h	Teor de umidade
C_v	Coeficiente de adensamento primário	H	Comprimento de estacas
C_{vh}	Coeficiente de adensamento vertical para fluxo horizontal	H_1	Espessura do estrato de argila mole (SFL)
C_{vv}	Coeficiente de adensamento vertical para fluxo vertical ("equivalente")	H_d	Máxima distância de drenagem durante o adensamento unidimensional
$C_{\alpha e}$	Coeficiente de adensamento secundário, em termos de índice de vazios	I	Ilita (argilomineral)
		IA	Índice de atividade de Skempton

IC	Índice de consistência	$\bar{p}_a$	Abscissa do ponto de intersecção da elipse de plastificação com o eixo dos $\bar{p}$, num diagrama q–$\bar{p}$
IL	Índice de liquidez		
IP	Índice de plasticidade		
IPT	Resistência à penetração medida com amostrador tipo IPT	PN	Ensaio triaxial drenado com relação $k = \sigma_3/\sigma_1$ constante
IRP	Índice de resistência à penetração – amostrador Mohr-Geotécnica	PHT	Perfis de história das tensões
		$P_{omáx}$	Carga aplicada no topo de estacas
k	Coeficiente de permeabilidade ou relação σ_3/σ_1	q	Tensão de cisalhamento num plano a 45°
k_s	Coeficiente de permeabilidade horizontal do solo amolgado em torno de drenos verticais de areia	$\bar{Q}$	Ensaio triaxial rápido
		Q_p	Parcela de ponta da carga de ruptura de estacas
k_h	Coeficiente de permeabilidade horizontal	Q_r	Carga de ruptura de estacas
		Q_t	Carga total de um edifício
K	Caulinita (argilomineral)	q_{rupt}	Pressão de ruptura de aterros sobre solos moles
K_o	Coeficiente de empuxo em repouso		
LL	Limite de liquidez	q_t	Resistência de ponta do cone, corrigida
LP	Limite de plasticidade		
M	Montmorilonita (argilomineral)	$\bar{R}$	Ensaio triaxial rápido pré-adensado
m	Parâmetro que depende da relação entre a distância entre drenos (2.r_d) e o diâmetro dos drenos verticais de areia (2.r_o)	RN	Referencial de nível
		R_f	Razão de atrito do CPTU
		$\bar{R}_{sat}$	Ensaio triaxial rápido pré-adensado, em corpos de prova previamente saturados
m_v	Coeficiente de compressibilidade volumétrica		
		r	Coeficiente de correlação estatística
N	Número de andares de um edifício ou tamanho de uma amostragem estatística. Às vezes denotou a resistência à penetração Mohr-Geotécnica ou um fator de redução da permeabilidade	r_o	Raio de drenos verticais de areia
		R_c	Resistência à compressão simples
		RSA	Relação de sobreadensamento (OCR)
		S	Ensaio triaxial lento ou sensibilidade ou grau de saturação
n.a.	Normalmente adensado	s	Desvio-padrão de correlação estatística
N.A.	Nível de água		
N_{co}	Fator de Carga dos ábacos de Sousa Pinto	sa	Sobreadensado
		s_u	Resistência não drenada
N.M.	Nível do mar	SFL	Sedimentos fluviolagunares e de baías
N.R.M.	Nível relativo do mar		
N_{kt}	Fator empírico para a determinação de s_u com base no CPTU	SPT	Resistência à penetração com amostrador Terzaghi-Raymond
$N_{\sigma\tau}$	Fator empírico para a determinação de $\bar{\sigma}_a$ com base no CPTU	SPT-T	Ensaio com medida conjunta do SPT e do torque T
$\bar{p}$	Tensão normal efetiva num plano a 45° em relação às tensões principais:	t	Tempo
		Δt	Intervalo de tempo

T	Fator tempo da teoria do adensamento ou torque, do ensaio SPT-T	ϕ'	Ângulo de atrito efetivo
		μ	Média
		ρ, ρ_n	Recalques
TMO	Teor de matéria orgânica	ρ_f	Recalque final
t, t_c	Tempo e tempo de construção	ρ_p	Recalque primário final
t_p	Tempo para o final do adensamento primário	ρ_{sec}	Recalque por adensamento secundário
u	Pressão neutra ou poropressão	$\overline{\sigma}_1$	Tensão efetiva principal maior
U	Porcentagem de adensamento primário	$\overline{\sigma}_3$	Tensão efetiva principal menor
		$\overline{\sigma}_{vf}$	Tensão vertical efetiva final
U_r	Porcentagem de adensamento primário radial	$\overline{\sigma}_{vo}$	Tensão vertical efetiva inicial
		$\overline{\sigma}_a$	Pressão de pré-adensamento
U_v	Porcentagem de adensamento primário vertical	$\overline{\sigma}_{am}$	Pressão de pré-adensamento média de toda a camada
UU	Ensaio triaxial não adensado, rápido	$\overline{\sigma}_c$	Pressão de câmara em ensaios triaxiais $\overline{R}$
v	Velocidade de recalque		
v_{sec}	Velocidade de recalque secundário		
VT	Vane Test		
$y_{omáx}$	Recalque máximo no topo de estacas		
y_1	Deslocamento do fuste de estacas para se atingir $f_{máx}$		
z	Profundidade		
β	Coeficiente angular da reta do gráfico de Asaoka		
$\overline{\gamma}$	Densidade submersa		
γ_{at}	Densidade natural de aterros		
γ_n	Densidade natural		
γ_o	Densidade da água		
δ	Densidade dos grãos		
Δh	Espessura de uma camada de solo		
ΔH	Espessura de uma camada de solo		
Δu	Excesso de pressão neutra		
$\Delta\overline{\sigma}_v$	Incremento de tensão vertical efetiva		
$\Delta\sigma_v$	Incremento de tensão vertical total		
$\Delta\sigma_{vc}$	Valor "crítico" de $\Delta\sigma_v$		
ε	Deformação específica		
$\dot{\varepsilon}_{EOP}$	Velocidade de deformação no final do adensamento primário		
ε_1	Deformação específica axial		
ε_v	Deformação específica volumétrica		
ε_f	Deformação específica final		

ingressão do mar rumo ao continente, um no Pleistoceno e outro no Holoceno, deram origem a tipos diferentes de sedimentos: a) as areias e argilas transicionais (ATs); b) os sedimentos fluviolagunares e de baías (SFL); c) os sedimentos de mangues.

Nos anos seguintes, tornou-se impreterível o estudo das características geotécnicas dos solos da Baixada Santista, em função de sua gênese. Foram e são feitos aprofundamentos, com novidades como critérios para a diferenciação dos vários tipos de sedimentos, sua distribuição em subsuperfície e os mecanismos que controlam o seu sobreadensamento.

Os trabalhos de Teixeira e de Suguio e Martin voltaram-se, respectivamente, aos aspectos geotécnicos e geológicos, tornando-se (Massad, 1985a) fios condutores de uma reavaliação profunda e consistente dos conhecimentos geotécnicos dos solos da Baixada Santista. O de Teixeira (1960a) situa-se mais no final da década de 1950 e relata o caso de um edifício apoiado em camada "inusitadamente" sobreadensada, um surpreendente achado na época. Os trabalhos de Suguio e Martin (1978a, 1981, 1994) sobre as flutuações do nível do mar e a evolução costeira do Brasil serão tomados como a culminância de um processo, por ser o resultado do maior programa de pesquisas de que se tem conhecimento sobre as áreas submersas do território brasileiro – Projeto Remac.

Apesar de estarem tão afastados no tempo e no conteúdo, os trabalhos se cruzaram no ponto factual, pois o achado de Teixeira encontrou a explicação científica na descoberta de Suguio e Martin dos possíveis mecanismos que controlaram a sedimentação nas planícies quaternárias do litoral do Estado de São Paulo. Essa aproximação é como se um feixe de luz partisse do primeiro trabalho e iluminasse o segundo. O geológico explicou o geotécnico e abriu a possibilidade de colaborar em forma de questionamento, de confirmação e mesmo de novas contribuições.

Há muito tempo, as obras civis realizadas na região da Baixada Santista defrontam-se com alguns dos mais difíceis problemas da engenharia de solos. As argilas superficiais na região apresentam geralmente consistência muito mole a mole, com elevada sensibilidade: são as argilas de sedimentos fluvioagunares e de baías (SFL), sobrejacentes, de forma discordante, a sedimentos argilosos mais profundos, médios a rijos – as argilas transicionais (ATs). Diversas sondagens revelavam essa "discordância" no final da década de 1940, no caso das investigações geotécnicas para a construção da ponte sobre o Canal do Casqueiro, na Via Anchieta, e até os nossos dias. Os principais problemas são:

a) a existência de extensas áreas de manguezais, que acarretam problemas de recalques excessivos e, não raro, de rupturas de aterros;

b) a necessidade de executar fundações profundas, de elevado custo, para obras de arte, instalações industriais, edifícios etc.;

c) o custo de materiais de construção tanto para serviços de terraplenagem (aterros de solos argilosos) quanto para o uso em concreto (areias e materiais pedregosos).

Mesmo nas regiões das planícies costeiras, há camadas de argilas marinhas compressíveis, subjacentes a estrato arenoso, nas quais se apoiam diretamente as fundações de edifícios. É o caso da cidade de Santos, onde a maioria dos edifícios sofre recalques de elevada monta e frequentes desaprumos, causando sérios problemas aos seus moradores.

Questões básicas que requerem soluções ou novas pesquisas:

a) como explicar a ocorrência de camadas profundas de argilas duras, com propriedades e índices semelhantes às argilas mais superficiais. Levanta-se a hipótese de uma antepenúltima transgressão do mar, que teria deixado seus resquícios;

b) como diferenciar os três tipos genéticos de argilas, usando sondagens de simples reconhecimento ou ensaios de campo mais refinados. A diferenciação pode ser feita pelo SPT, com alguns percalços; por meio do CPTU, com muito mais precisão; e com expectativa de sucesso usando o ensaio SPT-T, praticamente sem aumentar o custo das sondagens de simples reconhecimento;

c) como medir o pré-adensamento dessas argilas por ensaios de laboratório em amostras indeformadas ou ensaios de campo, como o CPTU. As propriedades de engenharia dos sedimentos argilosos dependem muito do conhecimento das suas pressões de pré-adensamento;

d) como é a distribuição em subsuperfície dos diferentes sedimentos, em toda a Baixada Santista. Tal distribuição é largamente conhecida por inúmeras sondagens de simples reconhecimento executadas na região e à luz das informações atuais sobre sua gênese. Trata-se de um avanço dos conhecimentos estratigráficos do litoral santista que, espera-se, permitirá abrir caminho na preparação de mapas geológico-geotécnicos, que futuramente comporiam um banco de dados eletrônico, para fins de aplicação em projetos de Engenharia Civil;

e) quais são os fatores que condicionam a velocidade com que os recalques primários se processam. Para realçar a importância desta questão, no encontro de um aterro com uma obra de arte, numa rodovia da Baixada Santista, executaram-se drenos verticais de areia para acelerar os recalques, sem necessidade, como ficou comprovado posteriormente pela instrumentação instalada;

f) quais são os condicionantes do recalque secundário, que se processa lentamente, por décadas afora, e tem sido, em grande parte, responsável pelas distorções a que estão sujeitos os prédios da cidade de Santos, por exemplo. Nesse contexto, como analisar tridimensionalmente a interação solo-estrutura, levando em conta possíveis efeitos conjugados de plastificação e *creep*;

g) como se desenvolvem as pressões neutras nas fases de construção das obras apoiadas diretamente sobre as argilas marinhas;

h) como estimar o atrito negativo em elementos de fundação profundos (por exemplo, estacas), que, com o recalque das camadas de solo marinho, são arrastados para baixo. A força de arraste, denominada atrito negativo, é calculada por processos que levam a valores distanciados entre si e oneram consideravelmente os custos das fundações de obras de grande porte na Baixada Santista;

i) quais são as características e propriedades geotécnicas dos sedimentos arenosos – areias puras ou areias argilosas – difíceis de serem amostradas mas que podem ser mais bem estudadas com base em ensaios de campo e pesquisa específica. Há evidências de "discordâncias" entre areias fofas "entalhadas" em areias densas, como se verá em capítulo próprio.

Essas questões são abordadas neste livro, às vezes de forma aprofundada, outras vezes "de passagem" e outras, ainda, deixadas de lado, pois exigem pesquisas específicas, como a questão do atrito negativo. Como pano de fundo, está a questão da origem real dos sedimentos da Baixada Santista, e como do seu conhecimento pode-se inferir explicações ou novos conhecimentos geotécnicos.

Muitos trabalhos desenvolvidos nas últimas décadas envolvem argilas quaternárias da Baixada Santista. No entanto, além de localizados apenas em algumas áreas, como na cidade de Santos, na Cosipa, ao longo da estrada Piaçaguera-Guarujá e da Rodovia dos Imigrantes, faltava aos estudos, antes de meados da década de 1980, uma sistematização para resolver problemas específicos de construção. Em determinadas obras, havia as restrições decorrentes de prazos de execução, nem sempre compatíveis com o "clima" necessário a pesquisas mais aprofundadas.

Assim, urgia reunir dados e conhecimentos relativos a essas argilas, e aprofundar o estudo de suas características e propriedades geotécnicas. Foi da convergência entre a disponibilidade dessas informações, a necessidade de uma sistematização e a vontade de pesquisar que, em meados dos anos 1980, Massad (1985a) desenvolveu uma pesquisa sobre os sedimentos quaternários na Baixada Santista, à luz dos conhecimentos geológico-geomorfológicos da sua gênese e com base em:

a) dados de arquivo do IPT, que, desde fins da década de 1930, desenvolveu intenso trabalho na área de obras civis, abrangendo exploração do subsolo por meio de sondagens de simples reconhecimento e ensaios *in situ* e de laboratório; provas de carga em elementos de fundações; e observação do comportamento de obras durante e após a construção;

b) informações divulgadas pela literatura técnica, de diversos autores, tais como Vargas, Teixeira, Machado e Sousa Pinto, entre outros;

c) ensaios complementares, executados pelo autor.

Essa pesquisa foi aprofundada nos anos seguintes, culminando com a Conferência Pacheco Silva (Massad, 1999) e o *workshop* sobre os Edifícios de Santos (Massad, 2003).

Em síntese, os resultados da pesquisa foram:

a) a proposta de uma *classificação genética* dos sedimentos argilosos em *unidades homogêneas*, com características e propriedades geotécnicas similares, levando em conta sua origem;

b) a ampliação dos conhecimentos geológicos das ocorrências de tipos diferenciados de sedimentos, em subsuperfície (Massad, 1986b, 1999), com explicações quanto à *discordância* entre os sedimentos argilosos muito moles a moles e médios a duros;

c) a explicação do sobreadensamento das argilas quaternárias da Baixada Santista, que se comportam como levemente e, às vezes, fortemente sobreadensadas (Massad, 1986c, 1999);

d) a elaboração de uma síntese dos conhecimentos das características geotécnicas e propriedades de engenharia das argilas pleistocênicas (ATs), em contraponto às argilas holocênicas (SFL e mangues) (Massad, 1986a, 1999), as mais conhecidas, com diversos trabalhos divulgados na literatura técnica (Teixeira, 1960b, 1988, 1994; Vargas, 1973; Sousa Pinto e Massad, 1978; Samara et al., 1982);

e) a proposição de um modelo simples, que leve em conta o sobreadensamento dos solos argilosos mais superficiais e possibilite a previsão de alguns parâmetros dos sedimentos para fins de projetos preliminares;

f) a reinterpretação de alguns casos de obras civis na região, para correlacionar o seu comportamento com as propriedades dos sedimentos argilosos, na expectativa de se atingirem novos resultados deste cruzamento.

Características da Baixada Santista

A planície de Santos (Fig. A), limitada pelo lado continental pela Serra do Mar, desenvolve-se da Serra de Mongaguá, a oeste, até a parte rochosa da Ilha de Santo Amaro, a leste, numa extensão de 40 km ao longo da praia, e com uma largura máxima de 15 km, entre a Enseada do Itaipu e Cubatão.

As regiões centrais e nordeste são drenadas por uma rede de lagunas e canais de maré, que delimitam as Ilhas de São Vicente e Santo Amaro, onde desembocam diversos rios, como o Mogi, Quilombo, Jurubatuba, entre outros, que acompanham aproximadamente a zona de falhas que cortam as rochas pré-cambrianas, com direção sudoeste-nordeste.

Além das áreas urbanizadas correspondentes a Santos, São Vicente, Praia Grande, Cubatão e Vicente de Carvalho, existem outras aterradas ou em vias de urbanização. Há várias indústrias na região, que é cortada por importantes vias rodoferroviárias e abriga o maior porto da América Latina.

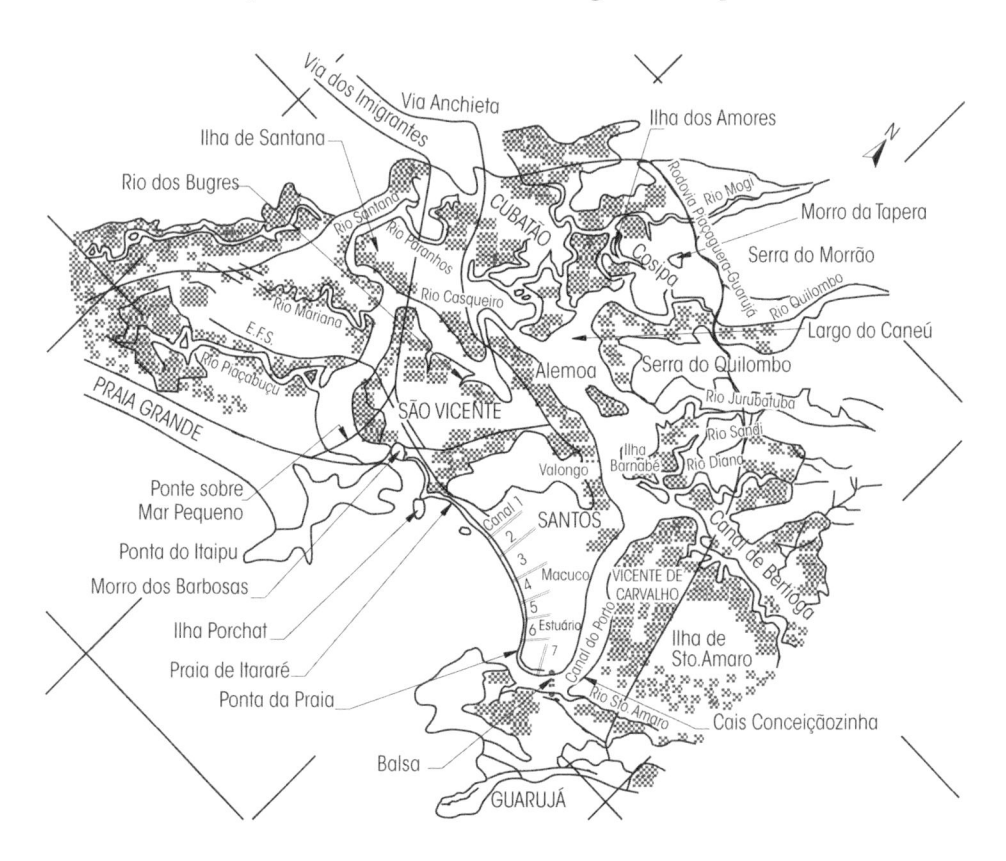

Fig. A *Baixada Santista – principais locais citados*

Apêndice A – Um pouco de história

A Baixada Santista compreende duas áreas geográficas distintas: a insular e a continental, com diferenças demográficas, econômicas e geográficas marcantes (Wikipedia, 2006).

A Ilha de São Vicente, densamente urbanizada, ocupa uma área plana de cerca de 40 km^2, com altitudes que raramente ultrapassam 20 m acima do nível do mar e uma área composta por morros isolados, o Maciço de São Vicente, a menos de 200 m acima do nível do mar.

A área plana da ilha, inicialmente ocupada por chácaras e posteriormente pela intensa urbanização no século passado, eliminou manguezais e a vegetação rasteira próxima à praia. A ocupação desordenada dos morros de Santos e São Vicente levou a frequentes deslizamentos de terra durante as estações chuvosas.

O clima da região é tropical, com estações relativamente bem definidas. Os verões são quentes e úmidos, com pluviosidade média acima dos 250 mm no mês de janeiro e temperaturas médias máximas de 30°C. Nos invernos, as temperaturas são mais amenas, acima dos 15°C, e com menor incidência de chuvas, em média 55 mm em agosto.

A maioria dos rios da parte insular foi canalizada quando da implantação do projeto de saneamento do engenheiro Saturnino de Brito, no início do século passado. São exemplos o rio Dois Rios, que corre por caminhos subterrâneos, com seu traçado esquecido, e o ribeirão dos Soldados, que hoje flui pelo canal da Av. Campos Salles, restando alguns rios no norte da ilha, como é o caso do rio São Jorge. Na atual Praça da Independência, no Gonzaga, havia uma lagoa e a Rua Marcílio Dias era cortada por um rio.

A Fig. B (adaptada de J. R. de Araujo Filho, 1965 e Novomilênio, 2007) mostra os rios que cortavam a planície onde se situa a Santos moderna, com suas praias e belos jardins.

Segundo Tulik (1987), Cubatão revelou, desde cedo, sua vocação industrial, na produção da cal extraída do material dos sambaquis. Existem vestígios de uma fábrica de cal na Ilha do Casqueirinho, em Cubatão, local onde se encontra o que restou de sambaquis. Em 1643, a cal fabricada em São Vicente foi levada para construir uma fortaleza próxima a Buenos Aires, a fim de conter as investidas dos espanhóis do Rio da Prata, cerca de 350 anos antes do Mercosul!

O interesse científico pelos sambaquis remonta desde o final do século XIX (Calixto, 1904). Na década de 1970, surgiram novas reflexões sobre sambaquis, relacionando os povos indígenas, seu *habitat* e as flutuações do nível do mar.

Em 1822, Cubatão era uma pequena vila, junto aos caminhos de acesso ao planalto paulista. De Santos e São Vicente a Cubatão, o percurso era feito em canoas, saindo de um dos atracadouros de Santos.

Os viajantes percorriam o trecho de Cubatão a São Paulo em tropas de mulas, conforme a tela "Calçada do Lorena", de Oscar Pereira da Silva, do acervo do Museu Paulista da USP, pintada com base em desenho de Hércules Florence (1825), desenhista da trágica bandeira científica do conde russo Langsdorf. A Calçada do Lorena é descrita na carta de Frei Gaspar da Madre de Deus a Bernardo de Lorena, datada de 6/3/1792, como

> Uma ladeira espaçosa, calçada de pedras por onde se sobe com pouca fadiga, e se desce com segurança. Evitou-se a aspereza do caminho com engenhosos rodeios, e com muros fabricados junto aos despenhadeiros se desvaneceu a

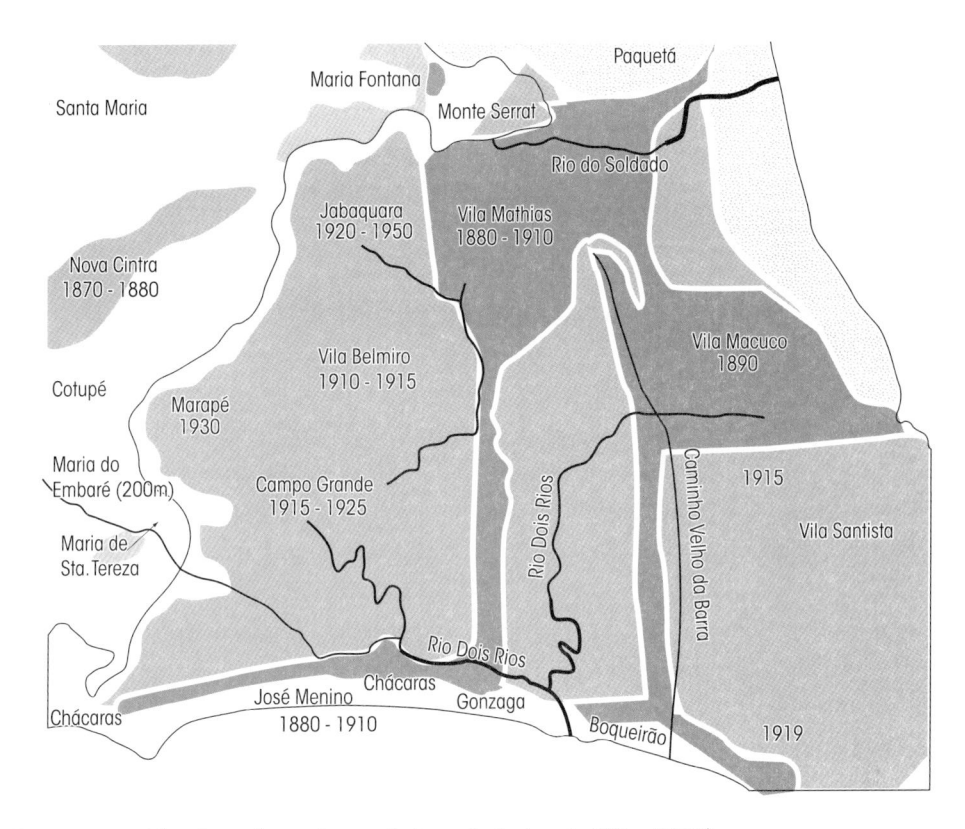

FIG. B *Os rios esquecidos da moderna Santos (adaptado de Araujo Filho, 1965)*

contingência de algum precipício. Por meio de canais se preveniu o estrago, que costumavam fazer as enxurradas; e foram abatidas as árvores que impediam o ingresso do sol, para se conservar a estrada sempre enxuta, na qual em consequências destes benefícios já se não vêem atoleiros, não há lama, e se acabaram aqueles degraus terríveis. (Geocities, 2008, p. 9).

Os colonizadores portugueses utilizaram inúmeras trilhas abertas pelos índios por todo o território, como a Trilha dos Goianases, dos Tupiniquins ou o Caminho de Piaçaguera. À medida que a colônia desenvolvia-se, essas trilhas transformavam-se em caminhos que permitiam a passagem de animais de carga. As péssimas condições do Caminho do Padre José de Anchieta inviabilizavam o transporte do açúcar até o porto de Santos, o que levou o governador Bernardo José Maria de Lorena a construir um novo caminho, calçado, por volta de 1790, a citada Calçada do Lorena. A subida da serra, após a travessia do rio Cubatão, era feita pelo vale do rio das Pedras, passando em áreas atualmente pertencentes à Petrobrás, à EMAE e ao Parque Estadual da Serra do Mar, no município de Cubatão. O trajeto da Calçada do Lorena totalizava cerca de 50 km e era muito menos íngreme. Por fim, vieram as ferrovias e as modernas rodovias que conhecemos hoje.

Benedito Calixto (1853-1927), nascido em Itanhaém, em 14/11/1853, foi pintor, professor, historiador e astrônomo nas horas vagas. Compôs gráficos da órbita traçada pelo cometa Halley, observado em 1910, entregues ao observatório astronômico de São Paulo. Sua visão artística era bastante realista. Com o auxílio da fotografia, procurou sempre traduzir, o mais fielmente possível, paisagens e fatos históricos. De acordo com a pesquisadora Maria Alice Milliet de Oliveira (Pinacoteca do Estado de São Paulo, 1990), "sua precisão no registro de traços arquitetônicos, panorâmicas das cidades e arredores, marinhas, nos levam ao passado".

Sem ser geólogo, fez algumas descobertas geológicas ao estudar os sambaquis da Baixada Santista e Itanhaém. No seu artigo, Calixto (1904, p. 490-458) escreveu que

> [...] no tempo de Martin Afonso, 1532, o mar invadia toda essa zona de mangues, formando verdadeira bahia [...]. [...] toda essa região de mangues, ao redor de Santos, São Vicente e Bertioga, esteve coberta de água, há 300 ou 400 anos, e que o recuo do mar, embora lento, tem sido aí bastante apreciável [...]. Antes de formar um juízo definitivo sobre os sambaquis, tem ainda a ciência de estudar a sua biologia e as condições geológicas da costa [...]. Mas como isto tudo está por ser feito [...].

O Forte Augusto, da Estacada, da Trincheira ou ainda do Castro, existia na Ponta da Praia onde hoje está o Instituto e Museu de Pesca Marítima, construído em 1734, sobre a areia da praia, para proteger a entrada do Canal do Porto, em frente à Fortaleza (de Santo Amaro). No começo do século XX, a construção do forte não existia mais, apenas restaram os canhões entre as dunas de areia (Fig. C).

A evolução urbana de Santos

Após o descobrimento do Brasil, a Vila de Santos começou a ser povoada sem nenhum planejamento, com ruas abertas sobre antigas trilhas indígenas, fato observado no traçado irregular de algumas ruas do centro histórico de Santos. Com a distribuição das sesmarias, a região do Enguaguaçu, no acesso do Canal de Bertioga, foi ocupada e, em 1546, o povoado recebeu o foro de Vila. Teria sido de Braz Cubas a ideia de transferir o porto da baía de Santos para o seu interior, em águas protegidas, inclusive do ataque de piratas à Vila. A partir de 1554, com a fundação da Vila de São Paulo de Piratininga, o Porto de Santos ganhou um impulso vital. Nos anos seguintes, desenvolveram-se dois núcleos urbanos (Viva Santos, 2007): a área do Valongo e a área principal, próxima ao Outeiro de Santa Catarina.

Conforme Viva Santos (2007), a partir de 1765, a cidade avançou em direção aos

FIG. C *Forte Augusto, no início do século XX – Ponta da Praia, entrada do Canal do Porto de Santos (Diário Oficial de Santos, 12/6/1972)*

morros e, em 1822, o censo acusou uma população de quase 5 mil habitantes. Em 1827, a região de Cubatão foi aterrada e Santos ligava-se a São Paulo por estrada de rodagem. A Vila de Santos foi elevada à categoria de cidade em 1839 e, até 1850, a parte mais desenvolvida concentrava-se na região do Valongo. Iniciou-se o serviço de água canalizada, que vinha de José Menino por encanamento instalado no novo Caminho da Barra (atual Conselheiro Nébias), que possibilitou o desafogo da cidade, até então apertada entre a praia do porto e os morros, alguns deles bastante habitados. Na década seguinte, começaram as obras de construção da estrada de ferro da São Paulo Railway Co., no embalo do ciclo econômico do café, que provocou uma era de prosperidade e crescimento. Santos tornou-se cosmopolita.

Em 1867, as condições eram ideais para a exportação do café e o porto sofreu as primeiras modificações, com novos investimentos, e o trecho de mangue próximo à Igreja do Valongo foi aterrado para a construção de edificações no Porto do Bispo. No final do século XIX e início do século XX, acentuou-se a ocupação dos morros: o primeiro foi o de São Bento, seguido pelo Morro da Nova Cintra, ligado ao Jabaquara por um bonde funicular. Nessa época, o Valongo passou de bairro residencial a zona comercial e a primeira linha regular de bonde, em direção à Barra, facilitou a ocupação de áreas à beira-mar, com as primeiras chácaras e casas de veraneio.

Em 29/12/1896, uma sonda exploratória perfurava um terreno, entre o estuário e a atual Rua Almirante Tamandaré, quando gases começaram a se desprender com muita força e logo correu o boato de que um vulcão entrara em erupção no Macuco: surgira uma grande atração turística, que atraiu multidões. A sonda encontrara uma camada de areia porosa, impregnada de água e gás, armazenados sob forte pressão, e, ao rompê-la, provocara o fenômeno.

A partir de 1889, a Cia. Docas de Santos executou os aterros e as obras do primeiro trecho de cais do novo porto, com a derrubada dos antigos trapiches, que se encontravam próximos à curva do Paquetá. Os trabalhos foram concluídos no fim de 1909. Grandes áreas alagadiças, no mar e no mangue, foram aterradas entre Paquetá e Outeirinhos, com material proveniente do desmonte de parte do Morro do Jabaquara. Os barcos aportavam na bacia do Macuco, onde descarregavam a areia. O centro passou por grandes transformações e a área central da planície começou a ser ocupada, principalmente ao longo da Av. Conselheiro Nébias e Av. Dona Anna Costa.

Em 1905, o engenheiro Saturnino de Brito elaborou um planejamento urbano completo, visando organizar o crescimento da cidade nas áreas ermas da planície e das praias, com avenidas largas, grandes jardins, parques, centros poliesportivos, entre outros melhoramentos, para os cerca de 45 mil habitantes. No ano seguinte, teve início a construção dos sete grandes canais que cortam a ilha do estuário até o mar. Os canais iam se abrindo e a terra retirada aterrava brejos e alagadiços. Com exceção do Orquidário e dos jardins da praia, o projeto de Saturnino foi alterado: os proprietários de terras e chácaras discordavam das desapropriações necessárias para a sua implantação. Em 1913, Santos passou a ter 88.967 habitantes.

Em 1936, urbanizaram-se as praias, com a construção de jardins e passeios, numa largura média de cerca de 60 m, no trecho entre Gonzaga e Boqueirão, e mais uma parte em direção ao José Menino. A partir da década de 1950, o *boom* imobiliário e turístico impulsionou a construção de edifícios, com fundações diretas, dando origem aos chamados prédios tortos da orla praiana. Tal fato desencadeou debates sobre a Lei de Uso e Ocupação do Solo na cidade de Santos, que perduram até hoje.

Os edifícios tortos de Santos

Nas últimas cinco décadas, o assunto foi debatido por engenheiros geotécnicos, no âmbito do Instituto de Engenharia de São Paulo (IE-SP) e da Associação Brasileira de Mecânica dos Solos e Engenharia Geotécnica (ABMS-NRSP):

a) 1952-1965: iniciativas do IE-SP recomendavam limitar o número (N) de andares: N ≤ 10. Em 1965, houve uma série de palestras no IE-SP, com a divulgação de documento sugerindo várias medidas de cunho técnico à Prefeitura Municipal de Santos (PMS);

b) 1994: *workshop* "Solos da Baixada Santista", documentado no livro *Solos do litoral de São Paulo*, editado pela ABMS-NRSP;

c) 1995: três sessões de debates promovidas pela ABMS-NRSP sobre o "Novo Código de Edificações da PMS", com sugestões para limitar as pressões em 100 kPa, na cota de apoio das fundações rasas, e em 50 kPa, no topo da camada compressível;

d) 1996: *workshop* promovido pela ABMS, intitulado "Fundações Diretas em Santos: Problemas e Soluções", em que foram feitas algumas propostas para solucionar o problema dos edifícios inclinados;

e) 2003: *workshop* promovido pela ABMS, entre outras entidades, intitulado "Passado, Presente e Futuro dos Edifícios da Orla Marítima de Santos", com algumas propostas apresentadas e discutidas: adicional não oneroso para estimar a demolição e a substituição de edifícios inclinados; sobrecarga temporária no lado menos recalcado; subescavação de solo mole e injeção de calda de cimento (Santoyo e Séller, 2003) e concentração induzida de tensões (Ranzini, 2003);

f) segundo Nunes (2003), qualquer solução de reforço das fundações dos edifícios inclinados demanda custos elevados, que dificilmente serão arcados pelos moradores, pois há muitos casos de inadimplência no pagamento do condomínio. Linhas de financiamento esbarram na questão da garantia a ser dada pelo proprietário, mas, se nada for feito, haverá um agravamento dos riscos sem mencionar a degradação da paisagem urbana.

Houve tentativas para diminuir a velocidade dos recalques e reaprumar alguns edifícios. No Edifício Morená, com 18 andares, após a tentativa frustrada de sangria de areia sob sapatas, as fundações foram reforçadas com a cravação de uma linha de estacas metálicas (perfis H de 23 x 23 cm, com 55 a 62 m de comprimento) e vigas-alavanca, para transferir a carga dos pilares mais recalcados, na divisa com o prédio vizinho, para os pilares menos recalcados (Gerber et al., 1975). O Edifício Excelsior, também com 18 andares, após uma tentativa aparentemente malsucedida de sobrecarregar com areia o lado menos recalcado, foi reforçado com 52 estacas raiz, com 52 m de comprimento e 20 cm de diâmetro, no lado mais recalcado (Gonçalves, 2004). Quanto ao Edifício Núncio Malzoni, o Bloco A foi reforçado com 16 estações, de 55 m de comprimento e diâmetros variando de 1 a 1,4 m (Maffei et al., 2001) e o reforço das fundações do Bloco B foi realizado com estacas raiz.

Do ponto de vista da legislação municipal, houve várias tentativas de limitar o número de andares (N) desde 1960, quando o Código de Edificações da PMS estabeleceu N ≤ 10, exceto nas avenidas à beira-mar, em N ≤ 14. Em 1968, passou a N ≤ 14 em toda a "zona turística", até 1986, com a prescrição de fundações profundas quando N > 12; e, em 1993, o Novo Código eliminou qualquer restrição.

A tendência atual dos empreendedores é adotar fundações profundas, com alguns edifícios estaqueados até o solo residual (50-60 m), outros até a camada de areia profunda (~50 m) e também casos com estacas curtas (~25 m), flutuantes.

Organização do livro

Em linhas gerais, a organização adotada neste livro é bastante simples e direta. Nos Caps. 1, 2 e 3, parte-se dos conhecimentos geológico-geomorfológicos, especificamente quanto à gênese, distribuição e estratigrafia dos depósitos, confrontados e complementados, quando possível, com os achados geotécnicos, num cruzamento que se mostrou fecundo em alguns aspectos. Os resultados referem-se a uma classificação genética dos depósitos, em que esteja inserida, implicitamente, a questão das suas idades, sejam eles fluviolacustres, marinhos ou mistos. O Cap. 4 aborda o tema da gênese dos sedimentos, ou seja, o sobreadensamento.

No Cap. 5, apresentam-se as informações disponíveis das características e propriedades geotécnicas dos depósitos, com base na literatura técnica, nos dados de arquivo do IPT e em investigações mais recentes, com o uso do CPTU, na Ilha de Santo Amaro, na Ilha Barnabé e na cidade de Santos. A questão do "envelhecimento das informações", diante do progresso tecnológico, foi motivo de preocupação para o autor, mas, pelo seu valor intrínseco, elas foram utilizadas com o cuidado de sempre indicar as datas em que foram obtidas. As lacunas foram preenchidas, tanto quanto possível, com ensaios em amostras indeformadas, extraídas de locais escolhidos em função de obras em andamento em Iguape, onde ocorrem sedimentos de mesma origem, na Cosipa e em Alemoa-Petrobras. Assim, programaram-se e executaram-se diversos ensaios especiais que permitiram aprofundar e ampliar os conhecimentos de alguns dos depósitos, especialmente no que se refere ao coeficiente de empuxo em repouso e às curvas de plastificação (Yielding).

Com os resultados alcançados, os Caps. 6, 7 e 8 apresentam uma reinterpretação de dados de observação de campo de algumas obras civis, na maior parte instrumentada pelo IPT, para explicarem, isto é, trazerem à tona novos conhecimentos. Entre as obras, incluem-se mais de uma dezena de aterros sobre solos moles; edifícios de Santos e São Vicente, com fundação direta; e provas de carga em estacas.

1 História Geológica dos Solos da Baixada Santista

Os primeiros estudos sobre as argilas de nosso litoral foram desenvolvidos em Santos, no Rio de Janeiro e em Recife, conforme Vargas (1970), no seu relato sobre *As Propriedades dos Solos*, apresentado ao V Congresso Brasileiro de Mecânica dos Solos e Engenharia de Fundações. Desde fins da década de 1940, acreditava-se que estes solos tinham em comum a sua história geológica, presumida como simples, isto é, haviam se formado num único ciclo de sedimentação, contínuo e ininterrupto, sem nenhum processo erosivo intermediário. Para endossar esse conceito comum, diante de uma realidade mais complexa, que revelava na Baixada Santista a presença de argilas rijas a duras, altamente sobreadensadas, usavam-se expressões como "caso inusitado". Alguns desses casos serão apresentados no Cap. 2.

A importância e a necessidade de um conhecimento da gênese de nossos solos costeiros havia sido enfatizada e recomendada por Casagrande, por volta de 1950, quando prestou serviços de consultoria ao DER-SP, conforme Nápoles Neto (1970) e, posteriormente, por Barata (1970), durante debates no IV Congresso Brasileiro de Mecânica dos Solos e Engenharia de Fundações.

A história geológica dos sedimentos não é simples, mas os conhecimentos geológicos evoluíram nas últimas duas décadas do século passado com as "ondas" de transgressões marinhas entremeadas por regressões marinhas nos últimos 8 mil anos A.P. (antes do presente) na Costa Oeste da Suécia, e as oscilações rápidas e negativas do nível do mar (N.M.) registradas em períodos de cem a mil anos no litoral Nordeste, Centro e Sul do Brasil. As transgressões que ocorreram há cerca de 120 mil anos deixaram suas marcas em várias partes do litoral brasileiro, e as flutuações do N.M. foram responsáveis pela formação de sedimentos que datam do Pleistoceno, diferindo em suas características geotécnicas dos sedimentos Holocênicos, que se depositaram após a última glaciação.

Existe uma relação dialética entre as curvas de variação relativa do N.M. ao longo do tempo e os tipos de sedimentos formados. As escavações ou perfurações feitas nos sedimentos revelam as posições dos antigos níveis marinhos, e os fósseis existentes possibilitam a datação por técnicas como o radiocarbono. Da mesma forma, os antigos níveis marinhos explicam os tipos de sedimentos, daí a importância da abordagem do tema. No Apêndice 1.1, apresenta-se a polêmica a propósito da origem dos sambaquis em Santos e Bertioga, mantida entre cientistas no final do século XIX e início do século XX, que apontava a necessidade de estudos geológicos do litoral santista, concretizados décadas depois.

1.1 Estudos geológicos iniciais e o comportamento de solos litorâneos

A recomendação de Casagrande baseava-se na existência de conhecimentos geológicos que explicavam a origem dos solos sedimentares no NE dos Estados Unidos da América. O perfil de subsolo de Boston, ilustrado pela sondagem na Mystic Power Station, apresentado por Casagrande e Fadum (Kenney, 1964), em trabalho de 1944, revelava a ocorrência de camadas de turfas e siltes orgânicos, de 15 m de espessura, sobrejacentes a camada de areia e pedregulho (3 m). Abaixo desses sedimentos, notava-se a presença de camada de argila ressecada de cerca de 10 m de espessura e a "Boston Blue Clay", com características de depósito normalmente adensado, abaixo dos 25 m.

Ao associar-se a existência da camada de pedregulho e areia, interpretada como depósito de praia, com a da argila ressecada, concluiu-se que no passado o mar posicionou-se bem abaixo de seu nível atual, propiciando fenômenos de erosão. Posteriormente, na fase transgressiva do mar, foram depositadas as camadas de turfas e siltes orgânicos sobre as argilas ressecadas.

Foi o único caso de concordância entre a história geológica de solos marinhos pós-glaciais e as curvas de variação do nível do mar ao longo do tempo (posição de antigos níveis do mar) apresentadas por Kenney (1964), cuja intenção ia bem mais longe: entender, com ênfase no sobreadensamento, o comportamento dos solos que ocorriam em Boston, nos EUA; Nicolet e Ottawa, no Canadá; e Oslo, na Noruega. Para tanto, Kenney propôs uma curva eustática global, isto é, uma curva que fornecia a posição absoluta de antigos níveis do mar, supostamente válida para todo o globo terrestre. A técnica adotada para estabelecer as curvas eustáticas foi obter, numa primeira etapa, as variações relativas do nível do mar. Essas curvas, descontadas dos movimentos crustais, que são de natureza isostática (soerguimento dos continentes), forneceriam a curva eustática global.

Kenney deparou-se com uma série de dificuldades, principalmente com as argilas do Leste canadense, o que o levou, mais tarde, a mudar de modelo. O seu insucesso deveu-se a uma premissa errônea de que as variações do nível do mar tinham expressão mundial ou global.

Para aclarar esse ponto, convém trazer à luz algumas informações de natureza histórica. De acordo com Suguio e Martin (1981), o termo eustasia foi introduzido por Suess, em 1888, e significava variações do nível do mar com repercussão mundial, devidas a mudanças no volume das águas do mar (glacioeustasia), provocadas por degelos, e nos volumes das bacias oceânicas (tectonoeustasia), em consequência de movimentos tectônicos. Com base nesse conceito, em 1961, Fairbridge propôs uma curva eustática, com base na reconstrução de antigas posições do nível marinho, com dados provenientes de várias partes do mundo.

Kenney, que aparentemente desconhecia esse trabalho, baseou-se no mesmo conceito, que evoluiu historicamente, mesmo com as discordâncias entre a curva de Fairbridge e antigas posições do nível marinho, descobertas posteriormente.

Atualmente, aceita-se uma nova definição de eustasia, proposta por Mörner (1976a): variações do nível do mar, qualquer que seja sua causa, com expressão local ou regional e não mundial (Martin et al.,1982). O clima, o movimento da crosta terrestre, a gravidade e a rotação da Terra influem nos níveis do mar e afetam a distribuição dos níveis oceânicos. Sua superfície, denominada (Mörner, 1981) superfície do geoide, é sinuosa, com cumes e depressões de dezenas de metros, o que imprime o caráter local e a variabilidade da superfície do geoide ao longo do tempo.

Ao recorrer a um modelo diferente para explicar o elevado sobreadensamento das argilas do Leste Canadense, Kenney (1967) apontava como causa a cimentação entre partículas de solo, compartilhando a posição de outros canadenses como Crawford e Conlon (apud Bouchard et al., 1983).

Bouchard et al. (1983) mostraram que o conceito de cimentação é ambíguo e carece de fundamento físico para as argilas canadenses; resultados de estudos geomorfológicos e geotécnicos provam que a causa do pré-adensamento é a sedimentação seguida de erosão. A história geológica da região estudada, durante o quaternário, revelou que na última deglaciação houve uma transgressão marinha, com depósitos de sedimentos argilosos e siltosos, além de um soerguimento do continente de cerca de 150 m (isostasia), provocando a erosão. Reconstituiu-se a provável topografia da região de 7 mil anos atrás, com base na localização e nas cotas dos topos e dos pés de terraços de erosão existentes na região, e nas variações, com a profundidade, de parâmetros geotécnicos como a umidade, a pressão de pré-adensamento e a resistência não drenada. Em resumo, o pré-adensamento foi provocado pela erosão das areias deltaicas e dos siltes argilosos.

As curvas de variação do nível do mar de Kenney indicavam uma história geológica simples para as argilas de Oslo. Após um período de submersão, em que teriam sido depositados os solos de Oslo, seguiu-se um outro de emersão do continente, o que significaria uma regressão do mar, contínua e suavemente, até os nossos dias.

Ao preparar o seu trabalho sobre eustasia, isostasia e a origem do sobreadensamento dos solos, Kenney, aparentemente, discutiu o assunto com Bjerrum (1967). Este cita o estudo de Kenney (1967), que atribui à cimentação a causa do sobreadensamento de argila do Canadá, que seria semelhante à norueguesa. No entanto, em sua *Rankine Lecture*, Bjerrum mostrou uma incompatibilidade entre o sobreadensamento das argilas norueguesas e a sua história geológica conhecida então: enquanto camadas de argilas gordas revelavam-se sobreadensadas, camadas de argilas magras, subjacentes às anteriores, eram normalmente adensadas. Após constatar que as argilas norueguesas não apresentavam cimentação, Bjerrum usou o conceito de *aging* para explicar o fenômeno, isto é, as argilas gordas, mais superficiais, ganharam resistência sob adensamento milenar, com tensão efetiva constante, fenômeno que não se manifestou nas argilas magras, mais profundas.

1.2 Avanços geológicos e seu significado geotécnico

Com base no conceito de eustasia com expressão local, a partir da década de 1970, foram feitos vários levantamentos de curvas que dão a posição de antigos níveis marinhos em diversos setores de costas litorâneas da Suécia e do NW da Europa (Mörner, 1969, 1976b); do leste dos EUA (Newman et al., 1980) e do Brasil (Suguio et al., 1985; Martin et al., 1985). O procedimento usado consistiu em construir a curva de variação relativa do nível do mar em um dado setor costeiro, pela datação e pelo posicionamento de "testemunhos" de antigos níveis marinhos.

Posteriormente, obteve-se a curva eustática segundo os movimentos crustais do setor em análise.

1.2.1 Costa Oeste da Suécia

Para a Costa Oeste da Suécia, os estudos de Mörner (1969, 1976b) mostram, a partir de 20 mil anos A.P., a ocorrência de uma regressão contínua do mar pela deglaciação do continente europeu. No início, prevaleceu o soerguimento do continente (isostasia), pelo alívio do peso imposto pelas geleiras, daí a regressão; com o passar do tempo, por volta de 9 mil anos A.P., a subida do nível dos oceanos predominou, provocando uma transgressão marinha. Com os contínuos movimentos isostáticos, provavelmente associados a movimentos tectônicos, uma série de "ondas" de transgressões seguidas de regressões fez o nível do mar baixar para a sua posição atual. Seguiram-se 40 linhas antigas de costa, posicionadas e datadas a uma distância de 250 a 300 km, que permitiram correlacionar perfeitamente os tipos de sedimentos com a forma das curvas de variação relativa do nível do mar. Foram detectadas e explicadas zonas de ressecamentos pretéritos, que ocorreram numa dada fase em que o nível do mar esteve abaixo de antigos sedimentos, as crostas ressecadas de argilas glaciais tardias, hoje soterradas por sedimentos de deposição mais recente (pós-glaciais).

Mais informações sobre esses estudos encontram-se em Massad (1988e), que propôs uma outra explicação para o sobreadensamento das argilas gordas de Oslo (ver o Apêndice 1.2).

1.2.2 Costa Leste dos EUA

Para diversas localidades da Costa Leste dos EUA, Newman et al. (1980) construíram curvas de variação relativa do nível do mar por datações de radiocarbono de testemunhos de antigas linhas de *shorelines*. As curvas de variação relativa do N.M. mostram que na região de New England ocorreu uma emersão do continente (regressão do mar) entre 12 mil e 8 mil anos A.P., com o nível marinho atingindo um mínimo de 15 m abaixo do atual. Dos 7 mil anos para os nossos dias, toda a Costa Leste esteve em processo de submersão contínua (transgressão do mar). Segundo os autores, as causas desse processo devem-se a movimentos crustais mais complexos do que uma simples glacioisostasia, como a hidroisostasia, a ação do peso de sedimentos quaternários e o tectonismo. As variações do nível do mar são consistentes com o perfil de subsolo da Mystic Power Station, de Boston, descrito anteriormente.

1.2.3 Costa brasileira

Sob uma perspectiva mais ampla, pode-se afirmar que a costa brasileira, do Nordeste ao Sul, comportou-se de forma homogênea durante o quaternário (Suguio et al., 1985). Em linhas gerais, interessa destacar duas transgressões: a de nível marinho mais elevado (8±2 m acima do atual), denominada Penúltima Transgressão ou Transgressão Cananeia, que ocorreu há 120 mil anos; e a de nível marinho mais baixo, denominada Transgressão Santos ou Última Transgressão, iniciada há 7 mil anos. Há indícios de uma Antepenúltima Transgressão (Suguio, 1994), anterior aos 120 mil anos.

As variações do nível relativo do mar (eustasia) devem-se a fenômenos gerais de mudanças no volume dos oceanos (glacioeustáticos) e a fenômenos locais tectônicos, isostáticos ou de deformações do geoide (eustasia geoidal). Daí o fato das variações locais sobreporem-se às de nível geral, o que torna as variações do nível do mar dependentes da posição geográfica da costa, seja ela paulista, fluminense ou baiana.

As curvas de variação do N.M. nos últimos 35 mil anos

Indícios de antigos níveis do mar, com idades entre 15 mil e 9 mil anos A.P. foram encontrados na plataforma continental, de natureza sedimentológica, ambiental e morfológica (mais detalhes no Apêndice 1.3). Com base nesses indícios, foi possível inferir as posições desses níveis do mar, associadas ao tempo de sua ocorrência. A Fig. 1.1 (Suguio e Martin, 1981) mostra também uma boa concordância com a curva eustática de Millimann e Emery (1968).

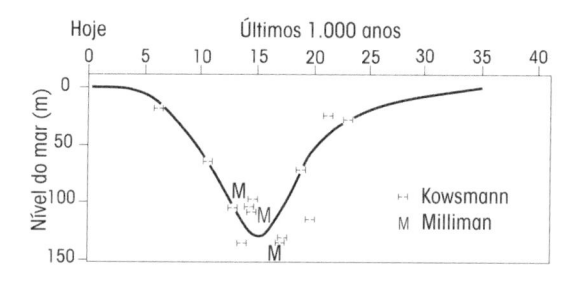

FIG. 1.1 *Variações do nível do mar nos últimos 35 mil anos (Suguio e Martin, 1981)*

As curvas de variação do N.M. nos últimos 7 mil anos

Essas curvas puderam ser estabelecidas com precisão em diversos trechos da costa brasileira (Suguio et al., 1976a, 1976b, 1980, 1985; Martin et al., 1976, 1980). A Fig. 1.2 ilustra a curva referente ao trecho Santos-Bertioga. As curvas têm praticamente o mesmo formato e mostram que a costa brasileira esteve em submersão (transgressão do mar) até cerca de 5,1 mil anos A.P., quando sofreu um processo de emersão (regressão do mar) quase contínua, que trouxe o nível do mar à sua posição atual. O quadro geral foi perturbado por pequenas oscilações negativas do nível do mar há cerca de 4 mil anos. Há 2,8 mil anos, ocorreram pequenas regressões seguidas de transgressões, com o N.M. situando-se alguns metros abaixo do atual. Foram duas as fases de estabilidade (*still stand*) do nível do mar: uma, por volta de 6 mil anos A.P. e, a outra, em torno de 4,5 mil anos A.P.

As diferenças entre trechos da costa brasileira manifestam-se nas amplitudes máximas e, em menor escala, no tempo em que o nível do mar ultrapassou pela primeira vez o seu nível atual, por volta de 7 mil anos A.P. As máximas amplitudes do mar ocorreram há cerca de 5,1 mil anos, e o nível do mar atingiu 5 m na costa da Bahia, e caiu de 4,8 a 2,3 m ao longo das costas do Rio de Janeiro, São Paulo e Paraná; no trecho Santos-Bertioga, o nível foi de 4,5 m. Com base nessas curvas, foi possível explicar a gênese dos sedimentos holocênicos em regiões de desembocaduras de rios importantes, onde ocorreram deposições fluviolacustre-marinhas.

Qual é a natureza desse fenômeno? Para Suguio e Martin, as causas das flutuações do nível do mar estariam na deformação da superfície do geoide, isto é, da superfície do nível médio do mar, que foge do elipsoide regular, com protuberâncias e depressões, variáveis no tempo e no espaço, pela distribuição das massas no interior da terra, sua rotação etc. (Mörner, 1981).

As oscilações negativas são polêmicas, como se relata no Apêndice 1.4.

Os sedimentos pleistocênicos

Não se dispõe atualmente de curvas de variação relativa do nível do mar do Pleistoceno, como na Fig. 1.2, válida para o Holoceno, pela falta de testemunhos a serem datados e posicionados em relação ao nível

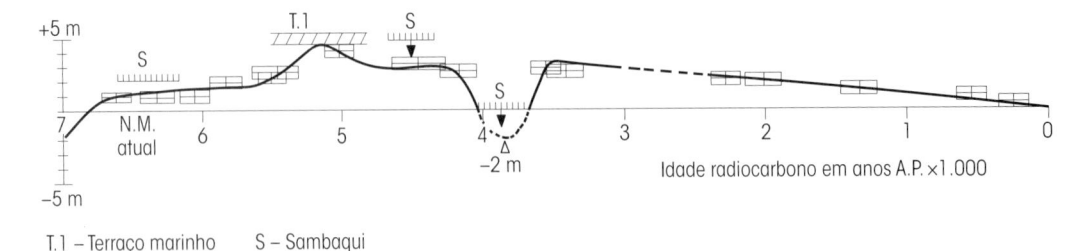

FIG. 1.2 *Curva de variação do nível relativo do mar, de 7 mil anos até hoje, no litoral de Santos-Bertioga (Suguio e Martin, 1981)*

atual do mar. No entanto, tem-se alguma ideia quanto à formação dos sedimentos pleistocênicos durante a transgressão, cujo ápice teria ocorrido há cerca de 120 mil anos (Martin et al., 1983). A sequência evolutiva que levou à formação dos sedimentos pleistocênicos inicia-se com o máximo da Transgressão Cananeia, quando o nível do mar situava-se 8±2 m acima do nível atual. Com o abaixamento do nível do mar, depois da última glaciação, houve um intenso processo erosivo que removeu grande parte desses sedimentos, por vezes até o embasamento rochoso, e as partes remanescentes devem ter sofrido processos de intemperização, pois, quando argilosas, são fortemente sobreadensadas (Massad, 1985a, 1985b).

Os sedimentos holocênicos e a formação de deltas intralagunares

Com o término da glaciação, no limiar do Holoceno, começou a última transgressão, e o mar afogou os vales escavados pela rede hidrográfica e retrabalhou os sedimentos pleistocênicos, formando os sedimentos holocênicos, que preencheram lagunas e baías, e os cordões litorâneos (*beach ridges*).

As curvas de variação relativa do nível do mar permitiram aos autores explicar detalhadamente a gênese dos sedimentos holocênicos em vários trechos do litoral brasileiro, pelo modelo cujo ponto central está na submersão seguida de emersão do continente.

Inicialmente, houve a formação das ilhas-barreira durante as fases de submersão da costa (duas a três, dependendo do trecho). Esse fato ocorre hoje em Cape Hateras, no Sudeste dos EUA e ocorreu há 5,1 mil anos, na foz do rio Doce (ES) (Fig. 1.3A e B). A Costa Leste americana está em processo de submersão contínua (transgressão do mar), fenômeno que ocorreu no litoral do Sudeste brasileiro até 5,1 mil anos A.P. (Fig. 1.2).

As ilhas, acrescidas dos cordões regressivos de areia gerados em fases de descida do nível do mar, como na foz do rio Doce, isolaram lagunas e, em seu interior, depositaram-se areias e argilas, pelo retrabalhamento das areias pleistocênicas, e pela ação dos rios, na forma de deltas intralagunares. As lagunas desenvolveram-se em fases de estabilidade do nível do mar (*still stand*), entre 5,1 mil e 4,2 mil anos A.P. (Fig. 1.2).

Posteriormente, à medida que a regressão contínua se processava até nossos dias, com períodos de emersão do continente (Fig. 1.2), as lagunas secaram (Fig. 1.3C), forçando os rios a depositarem sedimentos diretamente no mar. Por causa da ação do mar, houve a transferência de sedimentos da plataforma continental interna para a praia, desviados pelas correntes litorâneas de deriva, até encontrarem o obstáculo representado pelos rios. Quando inexistiam grandes rios, os obstáculos que propiciavam a formação das planícies costeiras eram canais de marés,

a progradação da linha da costa se processa por depósitos alimentados por um curso d'água, com ênfase maior a fatores como a energia das ondas do mar, a amplitude das marés, a correnteza dos rios etc. No conceito revisto, as variações relativas do nível do mar desempenham um papel mais relevante e decisivo. Assim, as partes mais importantes das planícies costeiras brasileiras não foram construídas diretamente pelos rios, que, na verdade, desempenharam papel secundário.

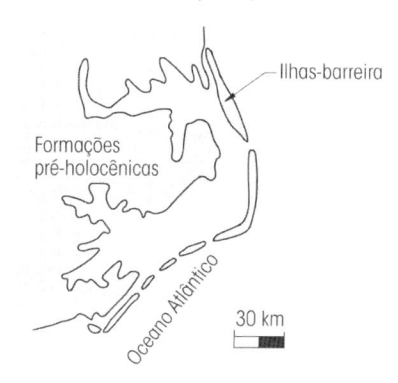

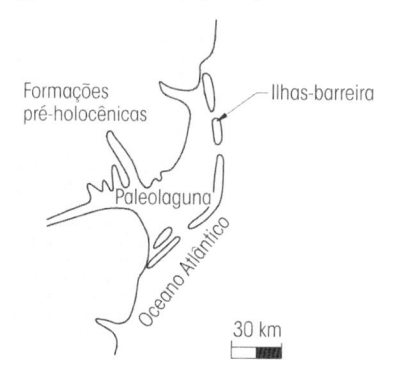

Quanto à Fig. 1.4, interessa ressaltar que,
a) durante o máximo da transgressão holocênica, há cerca de 5,1 mil anos, o mar deslocou as ilhas-barreira por um mecanismo de transferência de areias semelhante, mas no sentido inverso ao descrito por Brunn (Martin et al., 1983), que significa uma remoção de carga, importante para o estudo da condição sobreadensada de solos de baixadas litorâneas. Lembre-se de que subjacentes a essas areias encontram-se argilas de SFL, também holocênicas;
b) os sedimentos lagunares, argilas e areias, podem estar hoje recobertos por cordões de areia, nas partes externas, como em Santos e na Praia Grande, São Paulo, e mesmo nas partes mais internas, como foi verificado na planície costeira do rio Jequitinhonha (BA);
c) na desembocadura de rios importantes, como os rios Doce (ES) e Paraíba do Sul (RJ), ocorrem extensas áreas cobertas por sedimentos fluviais, formados pela ação direta dos cursos de água. Trata-se de sedimentos aportados pelos rios, que foram depositados em águas tranquilas de antigas lagunas, isoladas pelas ilhas-barreira. Os sedimentos argiloarenosos fluviais diferenciam-se pelo grau de

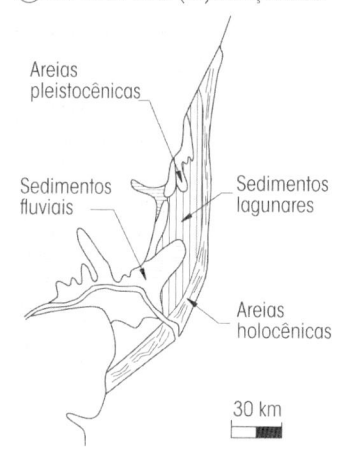

FIG. 1.3 *Formação de ilhas-barreira e delta intralagunas (Martin et al., 1993)*

recifes ou correntes litorâneas de deriva com direção oposta.

Implícita a esse modelo, há uma revisão do conceito clássico de delta (Suguio e Martin, 1981; Martin et al., 1993), em que

arredondamento dos grãos de areia, subangular a subarredondados, em contraposição a grãos arredondados das areias marinhas, que recobrem antigos sedimentos lagunares e de baías (Suguio et al., 1984).

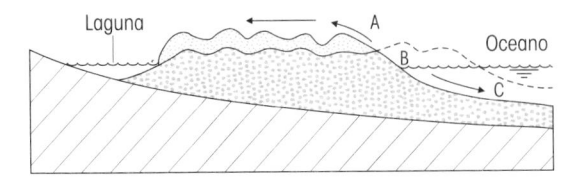

FIG. 1.4 *Perfil de equilíbrio da zona litorânea. Recuo da linha de costa, por perda de areia: (A) para dunas; (B) por deriva litorânea; e (C) para a plataforma continental (Bird, 1981 apud Suguio, 1996)*

1.3 Mecanismos de gênese das planícies sedimentares quaternárias paulistas

Suguio e Martin (1976c) propuseram um modelo geológico para explicar os mecanismos de gênese das planícies quaternárias do Estado de São Paulo. As flutuações relativas do nível do mar foram apontadas como a causa principal da formação dos depósitos sedimentares (Suguio e Martin, 1981).

De acordo com a Fig. 1.5, houve cinco diferentes estágios de evolução das planícies (Suguio e Martin, 1981).

1º Durante o máximo da Transgressão Cananeia, o mar atingiu o pé da Serra do Mar quando se formaram os sedimentos argiloarenosos, ditos transicionais, e as areias marinhas transgressivas, por sobre a Formação Pariquera-Açu, de sedimentos continentais.

2º Com o início da regressão, cordões de areias regressivas depositavam-se por sobre os sedimentos transgressivos e foram superficialmente retrabalhados pela ação do vento.

3º O nível do mar recuou acentuadamente em relação à sua posição atual, atingindo, por volta de 17 mil anos A.P. a cota -110 m. Em consequência, a superfície da Formação Cananeia foi erodida pelos rios, formando vales profundos, entre os quais a superfície original da formação foi preservada, com seus cordões de praias.

4º Durante a Transgressão Santos, o mar penetrou inicialmente nas zonas baixas, dando origem a um extenso sistema de lagunas, onde foram depositados sedimentos argiloarenosos, comumente ricos em matéria orgânica. Concomitantemente, as partes mais altas da Formação Cananeia foram erodidas pelo mar e as areias resultantes ressedimentadas, para formar os depósitos marinhos holocênicos arenosos.

5º Com o retorno do mar à sua posição atual, formaram-se cordões litorâneos de regressão. Notam-se várias gerações desses cordões como resultado das flutuações do nível do mar durante a parte final da Transgressão Santos.

Na região compreendida entre o Morro da Jureia e a Barra do Una, o processo de evolução foi muito parecido com o delineado anteriormente, diferindo apenas nos estágios quarto e quinto. Conforme Suguio e Martin (1981), durante a Transgressão Santos, o mar formou uma grande baía, conforme atestado pela presença de sambaquis, formado por moluscos cujo *habitat* normal corresponde ao fundo de baías e de lagunas (águas salgadas).

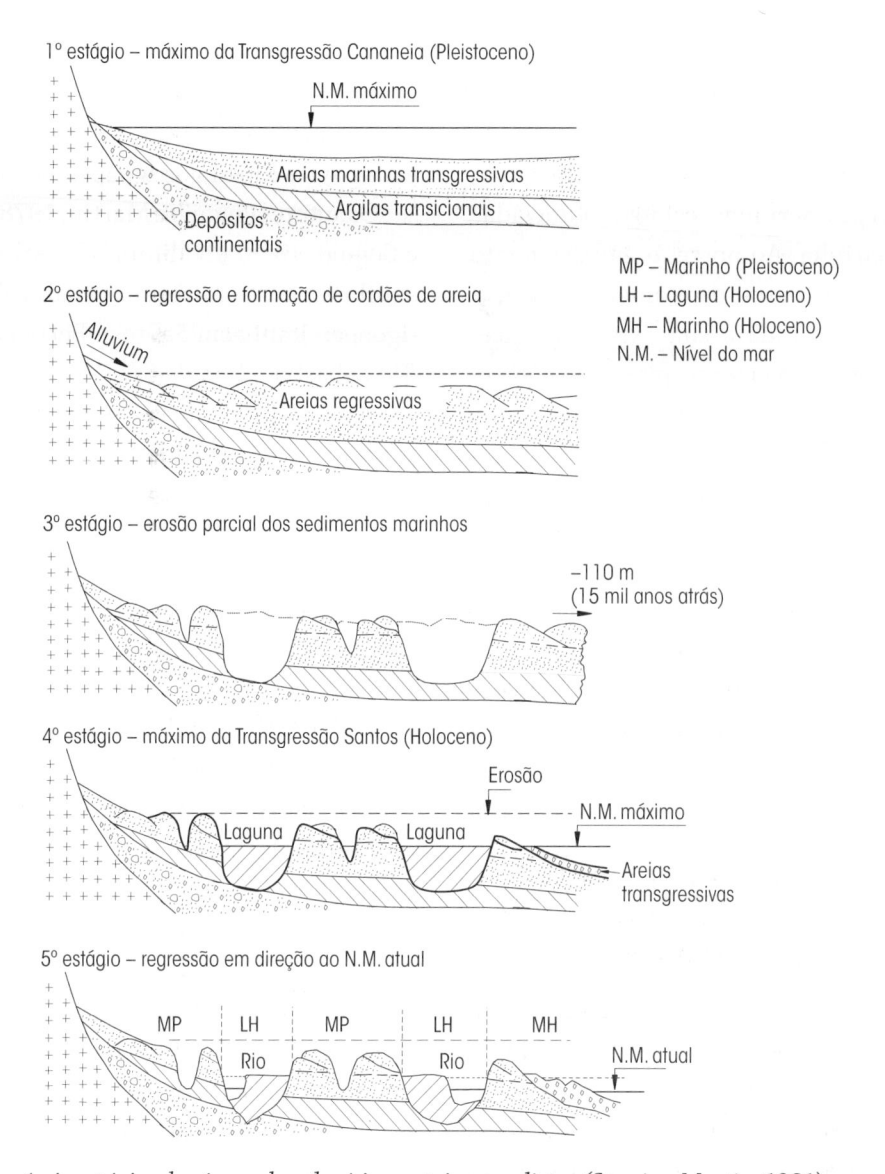

FIG. 1.5 *Possíveis estágios da gênese das planícies costeiras paulistas (Suguio e Martin, 1981)*

No decorrer da pequena regressão, formou-se uma ilha-barreira entre o Morro da Jureia e o Morro da Barra do Una, fechando-se a baía, que foi transformada em laguna. Esta seria a explicação para a ocorrência de depósitos lacustres em zona baixa, entre a Formação Cananeia e os Terraços Holocênicos, cordões de regressão que foram acrescidos à ilha-barreira ao lado do mar.

Outro fato digno de menção é a ação eólica sobre os sedimentos arenosos, remanescentes às Transgressões Cananeia e Santos. A presença de dunas foi constatada em diversos locais e, na Baixada Santista, destacam-se a região de Samaritá e a parte da Ilha de Santo Amaro, na faixa em frente ao Canal do Porto (Mapa Geológico Preliminar da Baixada Santista, 1973) e, mais recentemente, na cidade de Santos.

A distribuição e a extensão dos depósitos quaternários relacionam-se com a morfologia da região litorânea paulista, que pode ser dividida em duas partes, com características nitidamente distintas. A parte sul apresenta extensas planícies formadas por depósitos marinhos ou fluviolacustres, separadas pelos morros de rochas do Pré-cambriano em contato direto com o mar, e as escarpas serranas estão distanciadas da orla marinha. Ao norte, o embasamento Pré-cambriano desce diretamente sobre o mar, em quase toda a sua extensão, excetuando-se pelas pequenas planícies e enseadas que formam praias de bolso (Suguio e Martin, 1981; Melo e Ponçano, 1983). Há uma "correspondência" entre os morros de rochas ao sul, imersos nos sedimentos quaternários, e as ilhas ao norte.

Segundo Ab'Saber (1956), todos os modernos pesquisadores que têm cuidado do litoral paulista ressaltaram tais contrastes morfológicos entre o Litoral Norte e o Litoral Sul. Neste último trecho, distinguem-se as Baixadas de Santos, Itanhaém e do Ribeira de Iguape, a mais ampla (Almeida, 1964).

Fúlfaro et al. (1974) explicam as diferenças com base na dinâmica da sedimentação e na ampla erosão fluvial condicionada por alinhamentos estruturais (influência tectônica) oblíquos à linha da costa. Suguio e Martin (1978a) atribuem às diferenças morfológicas um mecanismo de flexura continental, que levou a uma sobrelevação ao norte e a um rebaixamento ao sul. A causa desses movimentos distintos foi um tectonismo paralelo à linha de costa, que remonta desde a época do levantamento da Serra do Mar, formação da fossa tectônica de Paraíba do Sul e a subsidência da Bacia de Santos, que prosseguiu até o Quaternário. As altitudes máximas encontram-se mais próximas da costa ao norte do que ao sul, e a passagem de uma parte à outra é gradual, o que descartaria a explicação dos outros autores. Sem rejeitar a explicação da dinâmica da sedimentação, com um aporte de sedimentos menos importante ao norte do que ao sul, Suguio e Martin (1981) argumentaram que a maior parte dos cursos de água nessa região começa na Serra do Mar e flui para o interior, exceto o rio Ribeira de Iguape.

Os autores (Suguio e Martin, 1978a; Martin e Suguio, 1978) dividiram o litoral paulista e sul-fluminense em cinco unidades: Cananeia-Iguape; Itanhaém-Santos; Bertioga-Ilha de São Sebastião; Ilha de São Sebastião-Serra do Parati; e Baía da Ilha Grande. A primeira é praticamente preenchida por sedimentos quaternários, e na última os depósitos são pouco desenvolvidos. Para cada unidade, Suguio e Martin (1978b) fizeram um mapeamento na escala 1:100.000. A unidade Itanhaém-Santos será objeto de estudo em outro capítulo.

1.4 As baixadas litorâneas paulistas

O risco de utilizar categorias consagradas como o de baixada litorânea é ater-se a uma concepção de gênese e mesmo de constituição litológica às vezes ultrapassada. O outro risco, de caráter até filosófico, diz respeito à "disponibilidade" dessas categorias e ao seu emprego, independentemente do "tempo de sua gestação" ao "bloco sedimentado", no dizer do filósofo francês Merleau-Ponty, em que se convertem quando passam de "instituintes a instituídas".

Nota-se em alguns trabalhos inovadores uma preocupação em não se valer dessas categorias, preferindo-se o emprego de *latu sensu*, que denota a sua essência. É o que se observa após uma leitura atenta dos trabalhos de Suguio e Martin (1978a, 1981), que dão preferência ao termo planícies "quaternárias" ao invés de "baixadas litorâneas".

Outras vezes, mantêm-se essas categorias com algumas adaptações, modificações ou ampliações de sentido, caso dos autores dos Mapas Geomorfológico (1981) e Geológico (1981) do Estado de São Paulo.

Apesar de correr riscos, manter-se-á aqui o conceito original de Almeida (1964, p. 225) de baixadas litorâneas: "terrenos não mais elevados que uns 70 m sobre o mar, dispostos em áreas à beira-mar", que compreendem cerca de 1/5 da área total da Província Costeira, assim definida: "área do Estado drenada diretamente para o mar, constituindo o rebordo do Planalto Atlântico. É, em maior parte, uma região serrana contínua, que à beira-mar cede lugar a uma sequência de planícies de variadas origens" (Almeida, 1964, p. 220).

Para Ab'Saber (1956, p. 75), as baixadas litorâneas são "planícies costeiras reduzidas e descontínuas, correspondentes à colmatagem fluviomarinha recente, de antigas indentações dos sopés das escarpas de falhas em recuo".

Os sistemas de relevo são as planícies costeiras, os terraços marinhos e os mangues. As planícies costeiras são tidas como terrenos mais ou menos planos, próximos ao nível do mar, com baixa densidade de drenagem, padrão meandrante com ramificações. Como formas subordinadas, têm-se os cordões (praias, dunas etc.). Os terraços marinhos são terrenos mais ou menos planos, mas situados poucos metros acima das planícies costeiras, com drenagem superficial ausente. Nota-se a presença de antigos cordões (praias, dunas etc.). Os mangues são terrenos baixos, quase horizontais, ao nível das oscilações das marés, caracterizados por sedimentos tipo vasa (lama), vegetação típica e drenagem com padrão difuso.

Quanto aos aspectos estruturais, a margem continental ao longo do litoral sudeste brasileiro caracteriza-se pela presença da Bacia Sedimentar de Santos, uma depressão tectônica mesocenozoica preenchida por depósitos sedimentares e derrames basálticos, e pela Serra do Mar.

No lado do continente, a Bacia de Santos é delimitada pela Falha de Santos, mais ou menos paralela à linha da costa. O embasamento Pré-cambriano estende-se sobre a plataforma continental com uma inclinação que se acentua à medida que se aproxima da falha. Em toda a região ocorrem numerosas ilhas de rochas pré-cambrianas ou rochas intrusivas.

Alguns dos reflexos da reativação da margem continental referem-se ao levantamento da Serra do Mar, à formação de fossas tectônicas, como a do Paraíba do Sul, e à subsidência da Bacia de Santos (Almeida, 1975). De acordo com Suguio (1969), essa reativação prosseguiu até o Quaternário, deixando marcas indeléveis na Bacia de Taubaté, onde as falhas cortam os sedimentos quaternários.

1.5 As coberturas cenozoicas nas baixadas litorâneas paulistas

As baixadas litorâneas paulistas constituem-se de sedimentos detríticos, provavelmente não anteriores ao Pleistoceno (Almeida, 1964).

Melo e Ponçano (1983) subdividem em dois grandes grupos os depósitos: morfogênese mecânica e controlados pela variação do nível do mar. Os primeiros são mais antigos, de provável idade pleistocênica, e encontram-se em geral em contato com as rochas pré-cambrianas. Localizam-se, no mais das vezes, ao pé da Serra do Mar e são constituídos por areia, às vezes entremeados por argilas, siltes e cascalhos.

Além da Formação Pariquera-Açu, ocorrem as linhas de seixos; os baixos terraços com cascalheiras; as depressões alveolares; os depósitos rudáceos em cones de dejeção no sopé da Serra do Mar; e os níveis de aplainamento (Melo e Ponçano, 1983).

Formação Cananeia, criando sedimentos argiloarenosos de origem fluviolagunar, conforme Suguio e Martin (1978a) (Fig. 1.7). Nas margens de lagunas, canais de marés ou no curso inferior de rios, desenvolvem-se os manguezais, principalmente na Baixada Santista. Os aluviões de várzeas dos rios da Baixada Santista apresentam constituição variada, podendo incluir material marinho retrabalhado (Relatório IPT, 1974).

Características gerais dos sedimentos

O Quadro 1.1 apresenta os tipos de sedimentos que ocorrem na Baixada Santista, com a indicação de algumas de suas características. Em resumo, as argilas marinhas podem ser classificadas da forma indicada: a) ATs (argilas transicionais), misto de solos continentais e marinhos, depositados durante o Pleistoceno; b) argilas de SFL (sedimentos fluviolagunares), que se depositaram no Holoceno; e c) argilas de manguezais, de deposição recente (Holoceno).

1.6 Formação da Paleobaía Santista

Desde meados do século passado, Ab'Sáber (1965) havia constatado que, por quase toda a costa brasileira, existem evidências de que a última transgressão do mar empurrou grandes massas de areias da plataforma para a zona litorânea atual durante a sua progressão. Além dos depósitos antigos de areias praiais, retrabalhados, existiam massas de areias dos cursos d'água submersos. "Assim, a última transgressão contou com uma fantástica massa de areias". Importa o trecho de costa do litoral paulista, que vai de Itanhaém até Santos, com ênfase neste último.

1.6.1 A região de Itanhaém

A Fig. 1.8 mostra um perfil esquemático da planície de Itanhaém, situada a sudoeste de Santos. Conforme Suguio e Martin (1978c), a maior parte da planície devia formar uma vasta baía por volta de 5,1 mil anos A.P., fechada por restinga (ilhas-barreira),

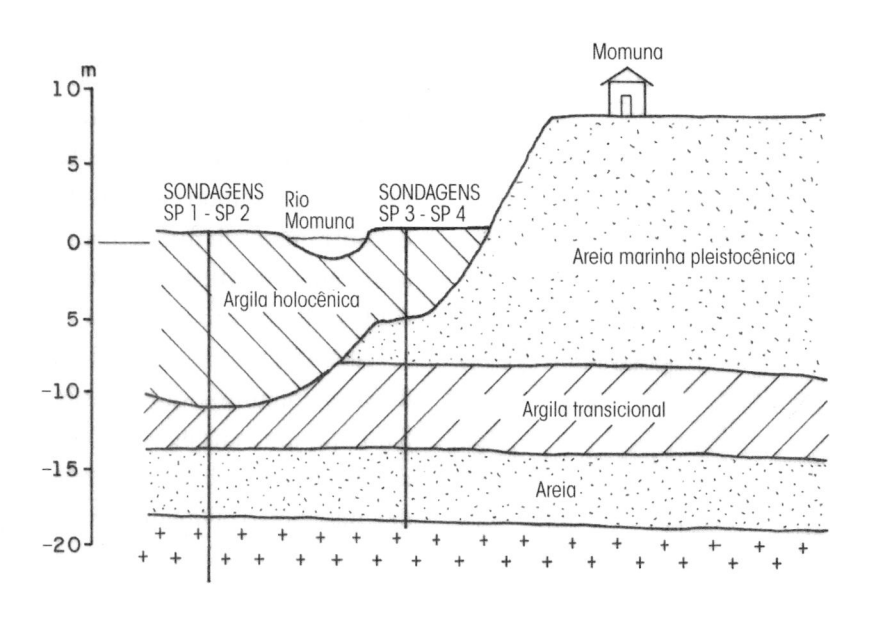

FIG. 1.7 *Deposição de argila holocênica em laguna originada pela erosão de partes da Formação Cananeia (Suguio e Martin, 1978a)*

Quadro 1.1 Características gerais dos sedimentos que ocorrem na Baixada Santista

	Sedimentos	Características gerais
Pleistoceno	Areias	Terraços alçados de 6 a 7 m acima do N.M.. Amareladas na superfície e marrom--escuras a pretas, em profundidade.
	Argilas transicionais (ATs)	Ocorrem a 20-35 m de profundidade, às vezes 15 m, ou até menos. Argilas médias a rijas, com folhas vegetais carbonizadas (Teixeira, 1960a) e com nódulos de areia quase pura, quando argilosas, ou bolotas de argilas, quando arenosas (Petri e Suguio, 1973).
Holoceno	Areias	Terraços de 4 a 5 m acima do N.M. Não se apresentam impregnados por matéria orgânica. Revelam a ação de dunas.
	Argilas de SFL	Deposição em águas calmas de lagunas e de baías. Camadas mais ou menos homogêneas e uniformes de argilas muito moles a moles (regiões de "calmaria"). Deposição pelo retrabalhamento dos sedimentos pleistocênicos ou sob a influência dos rios. Acentuada heterogeneidade, disposição mais ou menos caótica de argilas muito moles a moles (regiões "conturbadas").
	Argilas de mangues	Sedimentadas sobre os SFL. Alternâncias, de forma caótica, de argilas arenosas e areias argilosas.

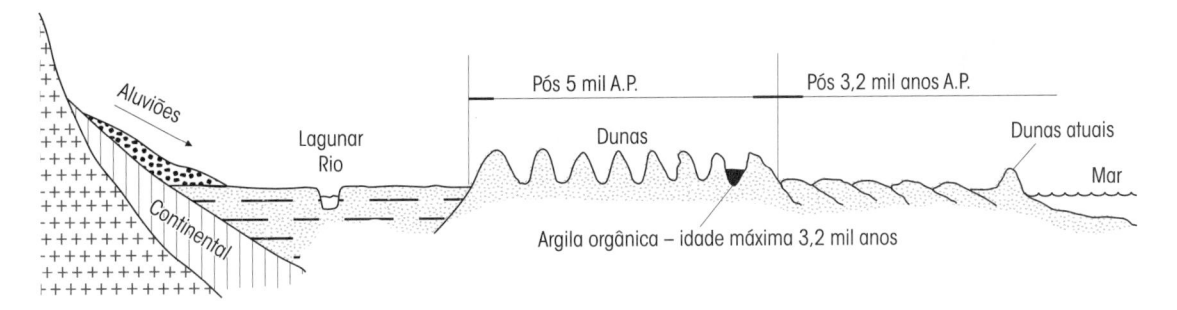

FIG. 1.8 *Perfil esquemático da planície de Itanhaém (Suguio et al., 1978c)*

apoiada em pontões de rocha cristalina. A laguna assim formada permaneceu parcialmente isolada, por longo período, em condição de nível do mar quase estável (Fig. 1.2). Com o abaixamento subsequente e períodos de emersão do continente, houve acreção de cordões litorâneos de areia à restinga, a dissecação da laguna desenvolvida no seu costado, e a formação de dunas bastante elevadas sobre os cordões, como as que se encontravam até recentemente ao longo da orla praiana. Para os autores, durante o segundo episódio transgressivo holocênico, ocorrido após 3,2 mil anos A.P. (Fig. 1.2), o mar erodiu uma parte dos depósitos arenosos e depositou sedimentos argilosos no baixios porventura existentes e areias marinhas apoiadas sobre cordões litorâneos mais antigos, com a formação de novas dunas.

1.6.2 Região de Santos

No caso da região de Santos, após a ingressão marinha, houve condições para o aparecimento de restingas ou praias-barreira (ilhas-barreira), em razão da "fantástica massa de areias" e da excelência do cenário geográfico criado pela formação do páleo arquipélago de ilhas cristalinas, constituído pela Serra de

Cubatão (Monguaguá), pelos maciços Monte Serrat-Itaipu e pelo Espigão Central da Ilha de Santo Amaro (Fig. 1.9). Segundo Ab'Saber (1965), a paleobaía santista apresentou dois núcleos bem definidos, com a mesma direção NE-SW: um, situado entre a Serra de Cubatão e os maciços Monte Serrat-Itaipu; e o outro, entre esses maciços e o Espigão Central da Ilha de Santo Amaro.

Para Kutner (1979), o fato das rochas metamórficas da Baixada Santista apresentarem suas xistosidades orientadas na direção SW-NE, com acentuados mergulhos, é um aspecto notável, o que resulta numa conformação dos morros alinhados e paralelos entre si, na mesma direção. A própria drenagem, nas áreas das encostas da Serra do Mar, sofre os efeitos estruturais, dando aos rios formas de "pinças de caranguejo".

A rede principal de drenagem (Fig. 1.9), que coletava as águas dos rios Cubatão, Mogi e Quilombo, deveria sair de algum ponto entre o Esporão do Monguaguá e a Ponta do Itaipu.

Outra drenagem deveria ter sua saída entre os Esporões Monte Serrat-Itaipu e o Espigão Central da Ilha de Santo Amaro. Finalmente, o Canal de Bertioga drenaria também água para o oceano, mas o forte desenvolvimento de restingas ou ilhas-barreira ao sul, entre Monguaguá e Itaipu, obrigaram os rios da baixada fluviomarinha atual a procurar saídas pelo estuário de Santos e do Largo de São Vicente (Ab'Saber, 1965).

A Fig. 1.10 mostra a seção geológica na planície de Santos (Suguio e Martin, 1978c), que passa por Samaritá e pela região de Cubatão, no Núcleo 1 (Fig. 1.9), onde ainda existem resquícios de areias pleistocênicas e onde havia dunas ativas até recentemente. Durante os segundo e terceiro estágios (Fig. 1.5), as areias foram dissecadas pela drenagem e, no quarto estágio, o mar penetrou nas zonas baixas, retrabalhou os sedimentos antigos e depositou sedimentos argiloarenosos. Provavelmente, os afloramentos das areias pleistocênicas de

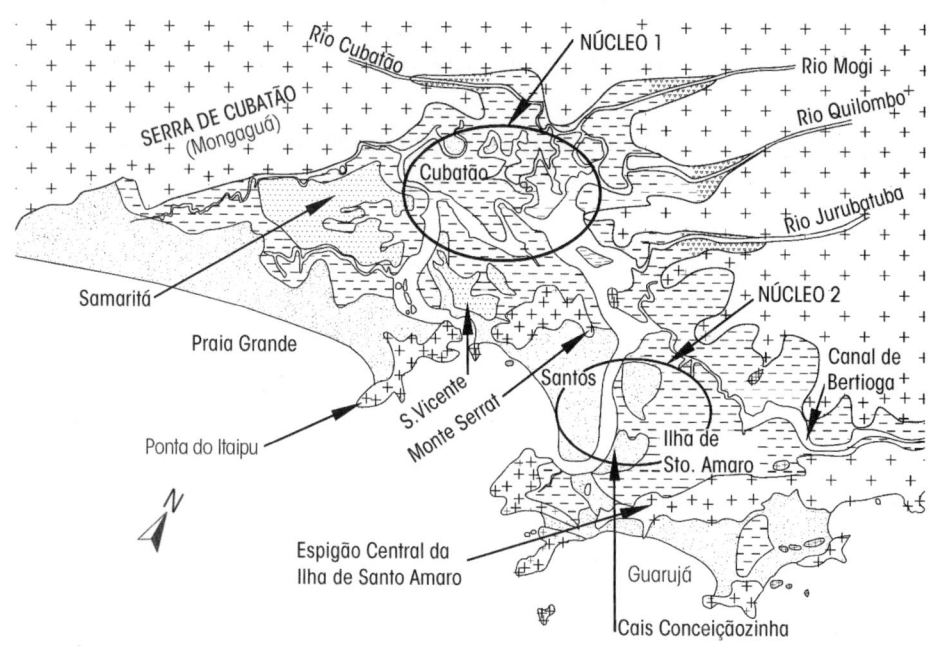

FIG. 1.9 *Baixada Santista – principais feições geográficas*

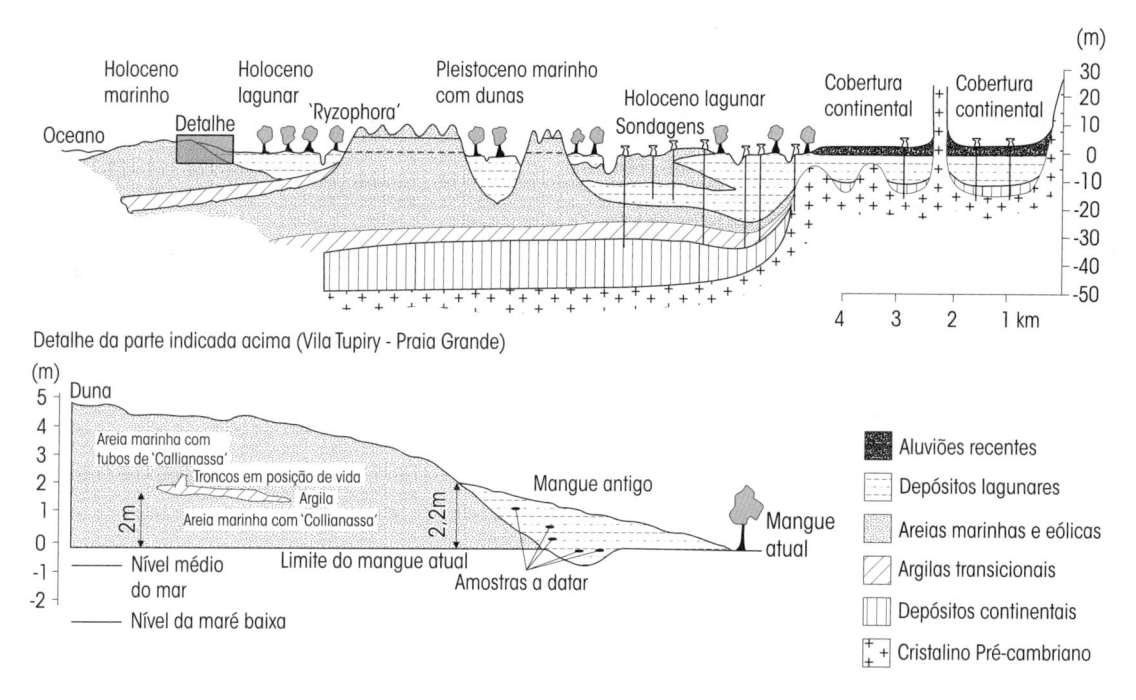

FIG. 1.10 *Perfil interpretativo do padrão de sedimentação na planície de Santos (Suguio e Martin, 1978c)*

Samaritá remanesceram protegidos pelos Morros de Santos (espigão Monte Serrat--Ponta de Itaipu). Após 5,1 mil anos A.P., é provável que uma restinga ou praias-barreira (ilhas-barreira), apoiadas sobre a Ponta do Itaipu e o Esporão de Monguaguá (Serra de Cubatão), tenham isolado uma região lagunar, hoje drenada pelo rio Piaçabuçu. Durante a regressão que se sucedeu (quinto estágio da Fig. 1.5), houve acreção de cordões litorâneos à restinga.

No Núcleo 2 (Fig. 1.9), um mecanismo semelhante deve ter ocorrido, mas sem a presença de areias pleistocênicas, que devem ter sido erodidas durante o segundo e terceiro estágios (Fig. 1.5). Encontram-se, em profundidade, resquícios das argilas transicionais, pleistocênicas. Após 5,1 mil anos A.P., pode ter-se formado uma restinga apoiada na Ponta do Itaipu e na extremidade mais avançada para o mar do Espigão da Ilha de Santo Amaro. No seu costado, desenvolveu-se uma grande baía, transformada na sequência em laguna, onde se depositaram sedimentos argiloarenosos, aportados pelos rios da região e retrabalhados pelo mar. Com base em ensaios do cone (CPTUs), feitos na Ilha de Barnabé, não se descarta a possibilidade de terem existido duas linhas de ilhas-barreira mais para o interior do Lagamar de Santos.

O deslocamento das ilhas-barreira em direção ao continente deram origem à Praia Grande e às praias de São Vicente e de Santos. Assim, parece plausível a conjectura de que os SFL da Baixada Santista depositaram-se por um mecanismo de ilhas-barreira e lagunas, conforme o esquema de Martin et al. (1993), ilustrado na Fig. 1.3.

1.7 Tipos de sedimentos da Baixada Santista e da cidade de Santos – ação de dunas

A cidade de Santos situa-se no Núcleo 2 (Fig. 1.9). Martin et al. (1982) haviam encontrado indícios da existência de paleolagunas anteriores a 7 mil anos A.P., que devem ter originado as argilas moles da cidade de Santos, pois, sobre elas, estão assentadas areias regressivas, provavelmente de 5,1 mil anos de idade.

A sedimentação na Baixada Santista ocorreu em dois ambientes diferentes (Fig. 1.9): em águas fluviomarinhas turbulentas, diante dos rios mais importantes da região (Núcleo 1); e em águas tranquilas de baías (Núcleo 2). No Núcleo 1, o subsolo apresenta-se muito heterogêneo, com alternâncias mais ou menos caóticas de camadas de areias e argilas, estas com lentes finas de areia. No Núcleo 2, há uma maior homogeneidade nas camadas de argilas, com pouca intercalação de camadas de areias, denotando "calmaria".

No centro do primeiro núcleo, região da Cosipa, sob as argilas de SFL, ocorrem sedimentos basais, constituídos de areias finas, médias e grossas, e siltes argilosos, geralmente com pedregulhos. Sua compacidade varia de fofa a compacta. Esse horizonte relaciona-se (Kutner, 1979) com a primeira fase deposicional, em que a energia de transporte era acentuada diante das prováveis grandes declividades dos rios. Os sedimentos basais tornam-se mais espessos ao longo das linhas de drenagem correspondentes aos atuais rios Cubatão e Mogi, confluindo num ponto distante, a cerca de 1 km a oeste do Morro da Tapera (Cosipa), onde a espessura dos sedimentos basais atinge mais de 10 m. As intercalações arenosas nas argilas de SFL, na paleolaguna do Núcleo 1 (Fig. 1.9), devem ter-se depositado durante os últimos 5 mil anos, em decorrência de desacelerações das torrentes ao longo de faixas marginais de rios. Os sedimentos basais são os depósitos rudáceos em cones de dejeção e coincidem em sua localização com o horizonte de cascalhos encontrado por Wolle et al. (1982) quando da construção das fundações do Viaduto Cosipa (conforme seção 1.5).

1.7.1 A ocorrência de dunas

Além das evidências geológicas da ocorrência de dunas, no contexto da gênese dos sedimentos, existem outras de natureza histórico-geográficas.

As primeiras evidências são dois mapas do século XVII. O primeiro, denominado "Vista do Porto de São Vicente", foi preparado pelo cartógrafo holandês Johan Vingboons (Galindo e Menezes, 2003). O segundo, "Mapa das Ilhas de São Vicente e Santo Amaro", foi reproduzido recentemente no livro de Ab'Saber (2005) e mostra com nitidez a moderna orla praiana da Santos coberta por dunas (Fig. 1.11).

A Fig. C da Introdução mostra a duna na Ponta da Praia, na cidade de Santos, sobre a qual foi construído o Forte Augusto, em 1734, para proteger a entrada do Canal do Porto. Desse forte, restaram marcas que podiam ser observadas até o início do século passado.

Outro registro é a duna no Valongo, entre Paquetá e Alemoa, em frente à Ilha Barnabé (Fig. 1.12, de Barbosa e Medeiros, 2007, p. 35), intitulada "O fotógrafo Marc Ferrez e seu Ajudante". Vê-se nitidamente uma duna com cerca de 4 a 5 m de altura, ainda com parte do jundu, uma vegetação típica de áreas litorâneas, que a cobria. Marc Ferrez, um renomado fotógrafo francês, desempenhou atividades itinerantes na Comissão Geográfica e Geológica do Império, integrando a expedição dirigida por Charles Frederick Hartt entre os anos de 1875 e 1877 (Barbosa e Medeiros, 2007, p. 38).

Na década de 1950, dunas com 1 a 5 m de altura ocorriam em Praia Grande, nas proximidades de Santos, conforme relatado e fotografado por Rodrigues (1965).

Do ponto de vista geotécnico, pode-se perguntar por que as dunas foram esquecidas e como a ação de dunas nos recalques de

FIG. 1.11 *"Mapa das Ilhas de São Vicente e Santo Amaro" (João Teixeira Albernaz, 1631: "Capitania de São Vicente")*

FIG. 1.12 *Duna na década de 1880, no Valongo, entre Paquetá e Alemoa, em frente à Ilha Barnabé (extraído de Barbosa e Medeiros, 2007)*

edifícios da Santos moderna passou insuspeita durante o século passado (Massad, 2006b, 2007 e 2008). A mesma pergunta cabe quanto aos rios que outrora corriam pela planície da Santos moderna (Araújo Filho, 1965). Mas ainda existe um nome na memória popular: "jundu", que significa "campo arenoso coberto de vegetação baixa, que fica junto ao mar, acima das marés e cheias normais. Sobre antigos jundus, cidades como Santos construíram seus belos jardins e avenidas asfaltadas" (Wikipedia, 2006). O jundu teve o papel de fixar areia e dunas, impedindo a erosão das praias pela ação dos ventos e das ondas.

Apêndice 1.1 – Os sambaquis

Algumas das primeiras inferências sobre a geologia da Baixada Santista e do Litoral Sul do Estado de São Paulo foram feitas no contexto de polêmica a respeito da origem dos sambaquis, também conhecidos por ostreiras ou casqueiros. Trata-se de morrotes constituídos pela carapaça de moluscos, esqueletos de peixes e ossadas de homens e animais, entre outros detritos. A polêmica foi apresentada em detalhes por Calixto (1904), em trabalho sobre as origens dos sambaquis no litoral santista.

Alguns estudiosos como A. Löfgren (apud Calixto, 1904) defendiam a tese de que os sambaquis eram de origem humana, restos de cozinha dos povos indígenas que habitavam a região. Outros, como H. von Ihering (apud Calixto, 1904), atribuíam uma origem natural às ostreiras.

O próprio Calixto tendia para esta segunda posição, pela comprovação de dados de

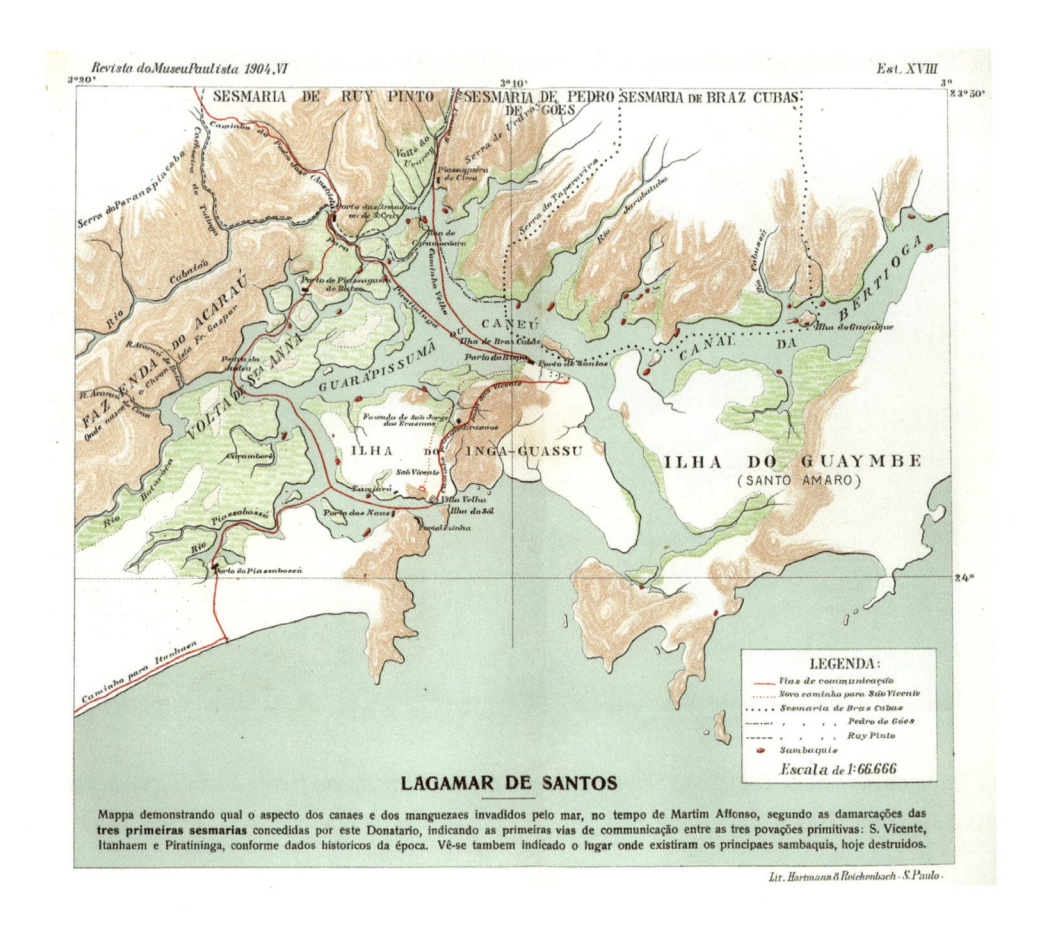

FIG. 1.13 *A Baixada Santista em 1532 (Calixto, 1904)*

documentos antigos, cartas de sesmarias, tradições etc., de que houve um recuo do nível do mar, desde o tempo do descobrimento do Brasil: "no tempo de Martin Afonso, 1532, o mar invadia toda essa zona de mangues, formando verdadeira bahia". E "toda essa região de mangues, ao redor de Santos, São Vicente e Bertioga, esteve coberta de água, há 300 ou 400 anos, e o recuo do mar, embora lento, tem sido aí bastante apreciável (p. 509)". Calixto (1904b) apresentou dois mapas do "Lagamar de Santos": um, da época de Martim Affonso, por volta de 1532 e, o outro, de 1904. O primeiro (Fig. 1.13), reconstituído com base em documentos e mapas antigos, mostra o Casqueiro, entre Cubatão e o Monte Serrat, debaixo d'água e o Canal de Bertioga com grande largura, por onde passavam navios portugueses. No segundo (Fig. 1.14), com o recuo "lento e apreciável" do N.M., o Casqueiro aparece emerso e o Canal de Bertioga, com uma pequena largura.

O mapa de 1532 indica:

a) as posições dos principais sambaquis, muitos deles destruídos no início da colonização, pois os casqueiros eram usados para a produção de cal, na construção de edifícios em Santos, São Vicente e São Paulo e mesmo em uma fortificação próxima a Buenos Aires;

b) que muitos dos sambaquis constituíam "ilhas de casca". Nas cartas de Anchieta, lê-se: "as ostras são em tanta quantidade que se acham ilhas cheias

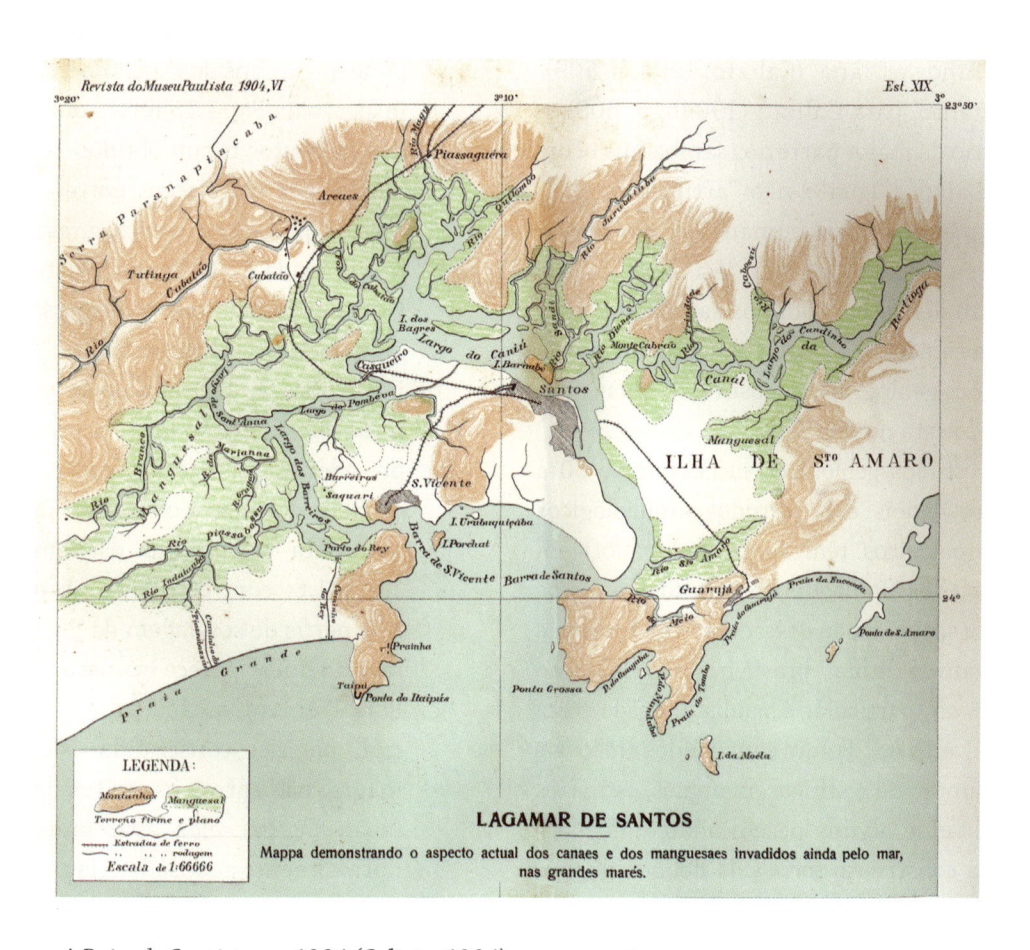

FIG. 1.14 *A Baixada Santista em 1904 (Calixto, 1904)*

de cascas e se faz cal para os edifícios, que é tão boa como a de pedra" (apud Calixto, 1904b, p. 509). Com o recuo contínuo e sem oscilações do nível do mar, as casqueiras foram rodeadas por mangues e deixaram de ser ilhas. E Calixto concluía: "se alguns dos sambaquis no tempo de Anchieta eram ilhas, como é que se pretende afirmar serem resíduos de cozinhas?" (p. 509);

c) a Ilha de Barnabé, no final do Canal do Porto, deixou de ser a ilha que era no tempo da colonização. Ligou-se ao continente e transformou-se em morro, rodeado por manguezal que vai da embocadura do rio Jurubatuba até o Canal de Bertioga, por onde "serpeiam os tortuosos canais dos rios Sandy e Diana" (Calixto, 1904, p. 509).

Portanto, para Calixto (1904b, p. 509), a formação da maior parte dos sambaquis ocorreu debaixo d'água e não "artificialmente", isto é, não por mãos humanas. E, ao término de seu trabalho, afirma: "Antes de formar um juízo definitivo sobre os sambaquis, tem ainda a ciência de estudar a sua biologia e as condições geológicas da costa [...]. Mas como isto tudo está por ser feito".

Os estudos geológicos sucederam-se 60 a 70 anos depois e os estudos arqueológicos e antropológicos têm confirmado a origem antrópica dos sambaquis, constituídos de restos de lixo e sepultura de pescadores-coletores que habitaram o litoral brasileiro no Holoceno recente, em particular o paulista, desde cerca de 5 mil anos A.P. Foram construídos em locais de conjunção de restingas, mangues, estuários e florestas, e alguns pesquisadores afirmam que sua construção teria sido deliberada, por constituírem verdadeiros monumentos para marcar a paisagem, com implicações sobre a organização social dos povos indígenas (Kipnis e Ybert, 2005).

Apêndice 1.2 – O SOBREADENSAMENTO DAS ARGILAS MARINHAS NORUEGUESAS

O sobreadensamento das argilas norueguesas e sua incompatibilidade com a história geológica conhecida foi objeto de estudos de Bjerrum (1967). A Fig. 1.15 reproduz alguns perfis de sondagens que o autor apresentou na sua *Rankine Lecture*, ao atribuir o sobreadensamento da camada de argila plástica (gorda) ao *aging*, isto é, a um ganho de resistência do solo sob adensamento milenar, com tensão efetiva constante. Aspectos dos dados:

a) No diagrama de pressão de pré-adensamento em função da profundidade, nem todos os pontos correspondem a ensaios oedométricos. A inspeção da Fig. 1.15 revela que muitos desses pontos foram obtidos indiretamente, por correlações entre as pressões de pré-adensamento, a resistência não drenada e o índice de plasticidade. Note-se também que as dispersões são grandes nesses diagramas.

b) Da explicação baseada no *aging*, infere-se que a relação entre a pressão de pré-adensamento e a pressão efetiva do solo deve ser constante. Bjerrum apresenta valores que oscilam entre 1,4 e 1,6, com dispersão acentuada. Nos perfis de sondagem da Fig. 1.15, a relação linear parece inexistir.

c) Para Bjerrum, a camada de solo inferior, por ser constituída de argila magra, não sofreu os efeitos do *aging*, razão de os solos aparentarem ser normalmente adensados (Fig. 1.15).

d) Nessas regiões, encontram-se, usualmente, afloramentos de camadas de

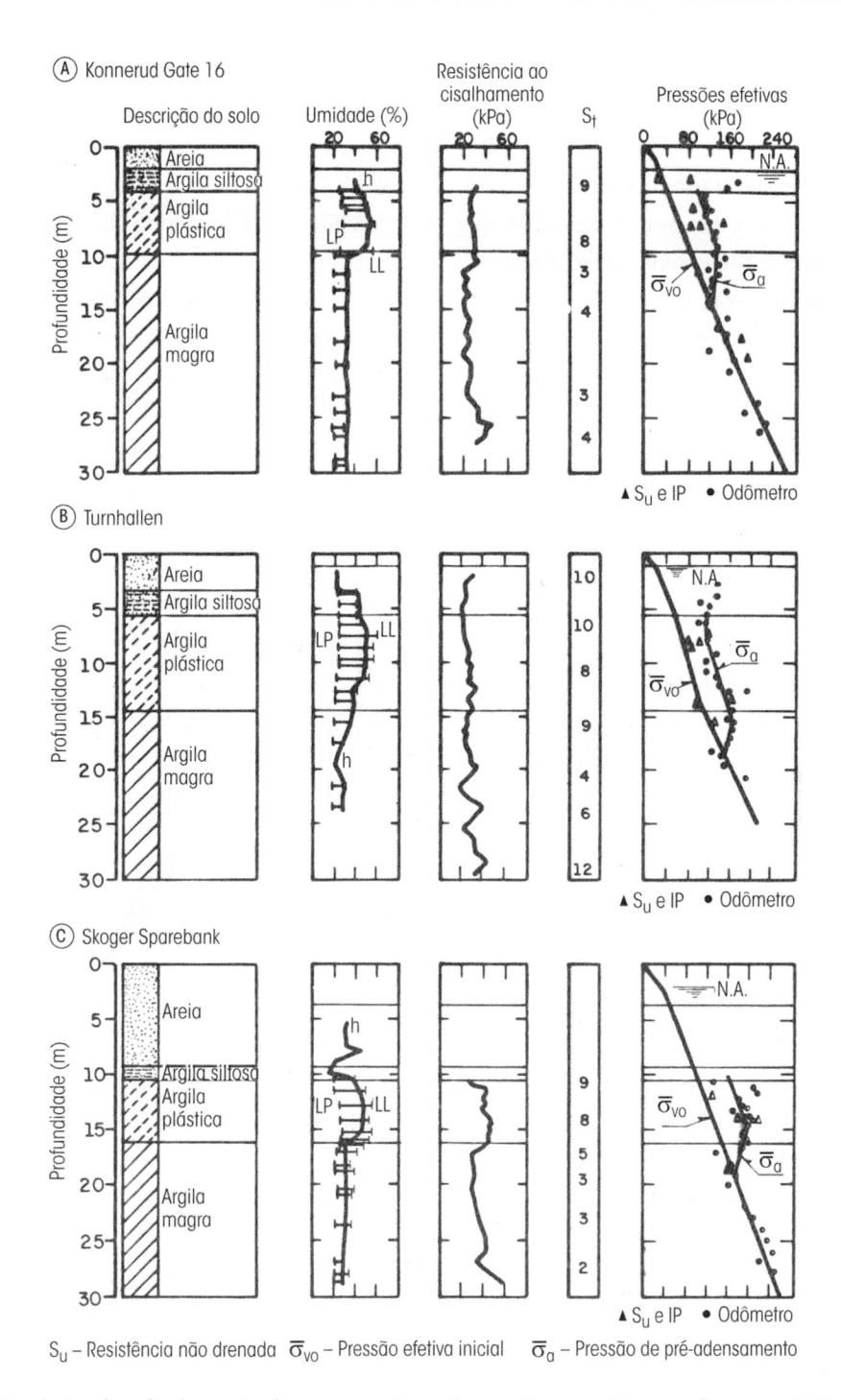

FIG. 1.15 *Condições do subsolo e pré-adensamento de argilas em Dramen, Noruega (Bjerrum, 1967)*

argila ressecada, de cerca de 4 m de espessura.

A partir dessas considerações e objeções, é possível criar um outro modelo para explicar o sobreadensamento dos solos noruegueses, sem o conceito do *aging*. O pressuposto é que 3 mil anos, ou mesmo 5 mil anos, é um tempo muito longo na escala do Quaternário, podendo ter havido variações do nível do mar.

Apesar de não se dispor de informações detalhadas sobre a costa norueguesa, a presença de crostas ressecadas e de argilas marinhas intemperizadas (*weathered clays*), hoje submersas, podem ser indícios de que o nível do mar esteve mais baixo do que o atual. É de se esperar que na costa do Sul da Noruega as variações relativas do nível do mar sejam semelhantes às de Kattegatt. Mörner (1980) chama a atenção para a expectativa de irregularidades no levantamento isostático nas regiões de Skagerack e Sul da Noruega, como observado em Kattegatt. É importante frisar que não se nega o efeito do *aging*, mas criticam-se as condições em que foi aplicado.

A Fig. 1.16, extraída de Massad (1988e), ilustra esse modelo explicativo, pressupondo uma camada de argila gorda de 5 m de espessura e de argila magra de 10 m. Admitiu-se também a condição de artesianismo, referida por Bjerrum (1967, p. 89), e relação de permeabilidade de 1:4 entre esses solos. Vê-se que os diagramas obtidos ($\overline{\sigma}_{v2}$) ajustam-se

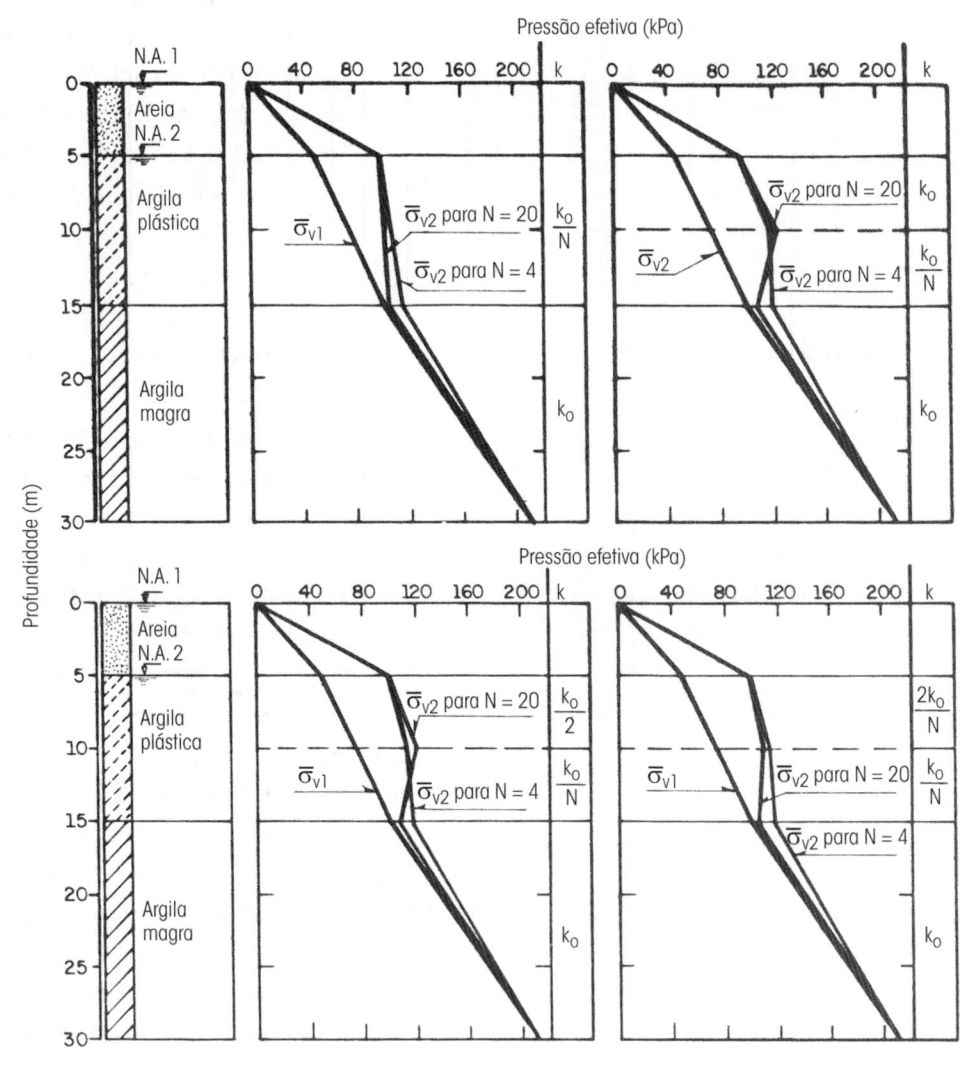

$\overline{\sigma}_{v1}$ – Pressão efetiva vertical (para N.A.1) $\overline{\sigma}_{v2}$ – Pressão efetiva vertical (para N.A.2)   k – Coeficiente de permeabilidade

FIG. 1.16 *Modelo mecânico de pré-adensamento com abaixamento do N.A., em locais com artesianismo (Massad, 1988e)*

bem ao formato dos gráficos de Bjerrum (Fig. 1.15), sem ser necessário postular que a camada de argila inferior, por ser de argila magra, não sofreu adensamento secundário.

Apêndice 1.3 – As variações do N.M. no litoral paulista

O trabalho de Suguio e Martin (1981) sobre as flutuações do nível do mar no litoral paulista evidencia os dois episódios: a Transgressão Cananeia, mais antiga e de nível marinho mais alto, e a Transgressão Santos, mais recente e de nível marinho mais baixo. Mapeamentos geológicos e datações permitiram distinguir duas gerações de terraços de areias, isto é, de terrenos mais ou menos planos, que se encontram em níveis diferenciados e a poucos metros acima do nível atual do mar, realçando as transgressões.

Pelas datações de radiocarbono de fragmentos de madeira carbonizada, coletados em camadas argilosas de depósitos transicionais, isto é, desenvolvidos em meio continental na base e marinho no topo, Suguio e Martin (1978a) tinham atribuído, inicialmente, idade superior a 35 mil anos A.P. para a Transgressão Cananeia. Posteriormente, a datação de um coral de aragonita, encontrado abaixo de um terraço arenoso no litoral baiano, feita pelo método do urânio (*uranium/ionium method*), indicaram idades superiores a 115 mil anos A.P. Ao comparar com dados de outras regiões do mundo, Suguio e Martin (1978a, 1981) atribuíram 120 mil anos A.P. ao máximo da Transgressão Cananeia, que teria, portanto, idade pleistocênica.

A Transgressão Santos é mais recente e também mais conhecida graças às centenas de datações por radiocarbono de conchas de moluscos, pelas evidências pré-históricas (sambaquis) e pela atividade biológica. São verdadeiros marcos cronológicos que permitem atribuir idade holocênica ao episódio e possibilitaram o traçado de curvas de variação do nível do mar durante os últimos 7 mil anos, em diversos setores da costa brasileira. A presença das conchas serve também para distinguir os sedimentos holocênicos dos pleistocênicos.

Os tubos de Callianassa, animais que possuem uma zona de vida muito restrita, são testemunhos da elevação do nível do mar, no Pleistoceno e no Holoceno, pois os animais migraram rumo ao continente, deixando suas marcas gravadas nos sedimentos.

O interesse científico pelos sambaquis remonta ao final do século XIX, conforme o Apêndice 1.1. Suguio e Martin (1978a) reconheceram que não eram ideais para a datação de antigas linhas de costas, pois não se sabe a relação que existiu entre a base do sambaqui e o nível médio do mar no momento de sua construção, mas postularam que o nível da maré alta não poderia ser superior à base do sambaqui e que os índios não transportavam os moluscos de muito longe do lugar da coleta. Assim, sambaquis situados muito no interior do continente, sobre formações pleistocênicas ou com suas bases apoiadas em cotas abaixo do nível da maré alta atual, são evidências de níveis marinhos superiores ou inferiores ao nível atual.

Na plataforma continental, isto é, no trecho de menor declividade da superfície submersa, encontram-se diversos indícios sobre antigos níveis do mar, com 15 mil a 9 mil anos A.P. Segundo Kowsmann e Costa (apud Suguio e Martin, 1981) e o Relatório IPT (1982), esses indícios são de natureza:

a) sedimentológica, com a presença de depósitos arenosos, resultantes do retrabalhamento de sedimentos terrígenos durante oscilações do nível do mar em épocas remotas, a profundidades de até 170 m abaixo do nível atual do mar, interpretados como antigas linhas de costa;

b) ambiental, haja vista a ocorrência de conchas de moluscos, coletadas a profundidades de 130 m abaixo do nível atual do mar, datadas ao radiocarbono, com 17 mil anos A.P.;

c) morfológica, em virtude da existência de terraços de abrasão (*wave cut terraces*), resultantes da ação erosiva do mar no litoral, associados às isóbatas de −130 m, −110 m, −90 m, −75 m e −40 m, e de escarpas de grande extensão regional, na maior parte cobertas por lamas holocênicas, interpretadas como remanescências de antigas praias (areias transgressivas).

A presença de canais externos na plataforma continental também indica níveis marinhos antigos (Melo e Ponçano, 1983). Esses canais estão espaçados regularmente e dispõem-se perpendicularmente às curvas de níveis, o que permite interpretá-los como feições resultantes de pretéritas regressões marinhas, representando o traçado da drenagem fluvial de então.

Apêndice 1.4 – Polêmica das oscilações negativas do N.M. no Quaternário

As rápidas oscilações negativas do nível do mar (Fig. 1.2), que ocorreram entre cerca de 3,9 mil e 2,7 mil anos A.P. no trecho Santos-Bertioga (Suguio e Martin, 1981), só encontram explicação plausível pelas deformações da superfície do geoide.

Essas oscilações negativas do N.M. foram questionadas por Ângulo et al. (1997), que admitem apenas uma transgressão do mar no Holoceno para o litoral brasileiro, do nordeste ao sul, cujo máximo teria sido atingido por volta de 5 mil anos A.P., seguida de regressão contínua até os dias de hoje. Rejeitaram as oscilações negativas do N.M. que, segundo Suguio e Martin (1978a) e Martin et al. (1979, 1980, 1984), teriam ocorrido pelo menos uma vez, por volta de 3,9 mil anos A.P., no litoral paulista.

Para chegar a essa conclusão, Ângulo et al. (1997) descartaram o uso dos sambaquis, porque questionaram o postulado de sua construção acima do nível das marés altas, como se fosse possível imaginar os povos indígenas depositando os "resíduos de comida" dentro d'água. Algumas evidências geomorfológicas referentes aos terraços de construção marinha, na reconstituição das curvas de variação do N.R.M. foram postas em dúvida com base em modelação matemática, da formação de novos sistemas de ilhas-barreiras-lagunas aderentes às existentes.

Martin et al. (1998, 1986) responderam às críticas, lembrando que os sambaquis, apesar de não fornecerem informações precisas da posição do N.M., indicam se era mais alto ou mais baixo que o atual e permitem determinar o sentido das oscilações e sua datação. Os pesquisadores que propugnam as oscilações negativas refutam a interpretação de Ângulo et al. (1997) quanto às consequências morfológicas de tais variações do N.M., como a formação de ilhas-barreiras-lagunas. A inspeção direta no campo mostra que a resposta às oscilações pode ser a mais variada, dependendo da largura dos terraços holocênicos preexistentes, centenas de metros ou dezenas de quilômetros. Contestam também o recurso à modelação matemática, por simplificar em excesso a realidade.

A curva proposta por Ângulo et al. (1997) baseia-se apenas nas datações e posicionamentos de vermitídeos e revela uma enorme dispersão, principalmente nas faixas de tempo associadas às oscilações negativas.

A "curva suave" obtida pelos autores resultou de uma regressão polinomial de 4º grau, sem indicar o desvio-padrão e o grau de confiança associado.

Reportando-se à polêmica da origem dos sambaquis, Benedito Calixto (ver Apêndice 1.1) atribuiu-lhes uma formação natural, pois não tinha como explicar as "ilhas de cascas" de Anchieta. Como a ocupação do litoral paulista pelos povos indígenas remonta há 5 mil anos, o argumento continuaria válido se fosse admitida a curva de variação do N.M. da Fig. 1.2, abstraindo-se as oscilações negativas, como querem Ângulo et al. (1997). A única explicação que resta é a da oscilação negativa do N.M.

Nesse contexto, convém rever o relato de Martin et al. (1998) da evolução dos conhecimentos sobre o sambaqui de Maratuá, na Ilha de Santo Amaro, às margens de rio homônimo, próximo ao Canal de Bertioga (Mapa Geológico do Litoral Paulista, de Suguio e Martin, 1978b). Escavações arqueológicas revelaram que sua base está abaixo do nível do mar atual. Segundo Martin et al. (1998), uma amostra do seu interior foi inicialmente datada em 7,8 mil + 1,3 mil anos A.P. por Laming-Emperaire, em 1968. Os resultados foram aceitos, porque coincidiam com um período em que o nível relativo do mar estava seguramente abaixo do atual. No entanto, essa mesma amostra foi redatada para 3.925 + 145 anos A.P. e 3.865 + 95 anos A.P., indicando um nível marinho mais baixo do que o atual, em 3,9 mil anos A.P.

A polêmica motivou uma interessante pesquisa de Mio e Giacheti (2007) sobre a relação entre os ambientes de sedimentação e as flutuações do nível do mar. Os autores recorreram ao ensaio do piezocone sísmico (CPTUS), por fornecer perfis estratigráficos contínuos, e concluíram que há diferenças nos padrões sequenciais dos sedimentos entre Paranaguá (Paraná) e outros dois locais pesquisados: Guarujá (Baixada Santista) e Caravelas (Bahia). Eles sugerem que para esses dois locais, diferentemente do que foi constatado em Paranaguá, ponto de partida dos estudos de Ângulo e Lessa, há uma correspondência entre a variabilidade dos sedimentos mais superficiais e as "rápidas" oscilações negativas do nível do mar.

No capítulo referente ao sobreadensamento das argilas moles da Baixada Santista mostrar-se-á que foi possível confirmar a oscilação negativa de 3,9 mil anos A.P., bem como indicar uma estimativa da sua amplitude (Massad et al., 1996).

2 Questões Geotécnicas Anteriores a 1980

Pacheco Silva (1953a) externava uma crença comum ao meio técnico nacional, que perduraria até meados da década de 1980: as argilas orgânicas moles da Baixada Fluminense, como de outras partes do nosso litoral, possuíam uma "história geológica simples", isto é, haviam se formado num ciclo contínuo de sedimentação, sem qualquer processo erosivo. Embasado nessa concepção de "história simples", posteriormente, atribuiu-se ao *aging* (envelhecimento) o fato observado no Rio de Janeiro e em Santos, de que mesmo as argilas moles possuíam um leve sobreadensamento.

Na Baixada Santista, os engenheiros de solos deparavam-se com uma realidade mais complexa, com a presença de argilas médias a rijas, mesmo duras e altamente sobreadensadas. Eram os "casos inusitados", termo empregado por Teixeira (1960a) ao caracterizar o subsolo atípico de edifício em São Vicente, que também ocorreu nas fundações da ponte sobre o Canal do Casqueiro, na Via Anchieta, conforme Relatório do IPT (1950) e na Via dos Imigrantes (Sousa Pinto e Massad, 1978). Esses casos levantavam a questão da origem real dos sedimentos.

A resposta foi encontrada na década de 1970, com as variações relativas do nível do mar na origem desses sedimentos. Como se viu no Cap. 1, dois episódios transgressivos de ingressão do mar rumo ao continente, um no Pleistoceno e outro no Holoceno, deram origem a diferentes tipos de sedimentos, com propriedades de engenharia distintas.

Neste capítulo serão descritos vários casos de obras em que os engenheiros se depararam com os solos moles da Baixada Santista e problemas geotécnicos suscitados até a década de 1980, para os quais não havia uma explicação racional. Para corroborar algumas informações ou dados, recorrer-se-á também a casos mais recentes de obras.

Em fins da década de 1940, o paulista Pacheco Silva e o carioca Costa Nunes, autores dos primeiros trabalhos de divulgação das propriedades desses solos, trabalharam de forma cruzada: o primeiro, na Baixada Fluminense, encetando estudos relacionados com fundações na variante Rio-Petrópolis, e o segundo, na Baixada Santista.

A Baixada Santista constituiu um desafio para a Engenharia Nacional, tanto no que se refere à sua travessia quanto às construções civis, portuárias e industriais. De ocorrência generalizada em toda a planície costeira santista, as argilas marinhas eram consideradas de consistência variável, de muito mole a mole, o que gerou o consenso de que eram normalmente adensadas e com características bem definidas.

2.1 Um caso inusitado: um "bolsão" de argila altamente sobreadensada

Teixeira (1960a) relatou o caso do Edifício I, de 13 andares, construído na Praia de Itararé, em São Vicente, apoiado sobre um "bolsão" de argila sobreadensada. Considerou-o "inusitado" pelas condições do subsolo de Santos, que descreveu como normalmente adensado (Teixeira, 1960b), atributo que manteve ao longo dos anos (Teixeira, 1994).

O caso "inusitado" descrito por Teixeira (1960a, p. 201 e 209):

> quase inesperadamente, as investigações do subsolo revelaram ser a camada de argila altamente pré-adensada, ainda que parecendo ser muito semelhante à argila usual de Santos. As sondagens revelaram que a ocorrência deste solo restringia-se a uma área de 200 x 500 m^2 em planta, [...] um bolsão para o qual não se encontrou nenhuma explicação geológica. [...] Em face à geologia local e à natureza das argilas vizinhas, que são normalmente adensadas, não se encontrou explicação plausível para o fenômeno.

Vargas (1973), ao discorrer sobre os solos da Baixada Santista, em linguagem simples, do "tamanho do homem", explicou o achado de Teixeira pelo secamento, durante certo ciclo de sedimentação, segundo sua concepção de gênese desses solos. Posteriormente, levantou a hipótese da troca de cátions adsorvidos pelas partículas de argila, mais especificamente, de sódio por potássio, oriundo das rochas gnáissicas, trazido por águas subterrâneas (Vargas, 1981, p. 269).

Perdurava a pergunta: o que seriam realmente as argilas altamente sobreadensadas de Teixeira?

Segundo o próprio Teixeira (1960a, p. 205-206), as referidas argilas, sotopostas a cerca de 13 m de areia fina, tinham espessura da ordem de 40 m; subjacente a elas ocorria camada compacta de areia de textura mais grossa do que a superficial. A argila altamente sobreadensada aparentava ser homogênea e, após uma análise mais atenta, desvelavam-se:

> inúmeros e delgados veios onde é mais elevado o teor de areia (de textura fina). [...] inúmeras lentes arenosas, dispersas na argila, resultando em variações bruscas.

Daí as dificuldades na realização dos ensaios de laboratório, à semelhança do que o autor teve ocasião de vivenciar ao ensaiar amostra de solo extraída da região de Iguape, nas proximidades do Morro do Grajaúna, e tida como "argila transicional", conforme conceito de Suguio e Martin (1978a). A descrição feita por Teixeira coaduna-se com a apresentada por Petri e Suguio (1973), como indicado no Quadro 1.1.

Teixeira (1960a, p. 209) menciona

> a única peculiaridade que se observou nas amostras indeformadas de modo a distinguir esta argila das demais foi a ocorrência de delgadíssimas camadas de folhas carbonizadas comprimidas e dispersas na argila orientadas de cerca de 15° com a horizontal.

Esses sinais também foram observados nas argilas transicionais de Iguape (Massad, 1985a), de que se fará menção em capítulo subsequente.

Geograficamente, o local de construção do Edifício I (Fig. 2.1) situava-se entre a Ilha Porchat e o Morro de Itararé, com outros morros no entorno, como o de Jacuí, de Itaipu e dos Barbosas, que formam os Esporões entre Monte Serrat e a Ponta de Itaipu. Tudo leva a crer que sejam realmente

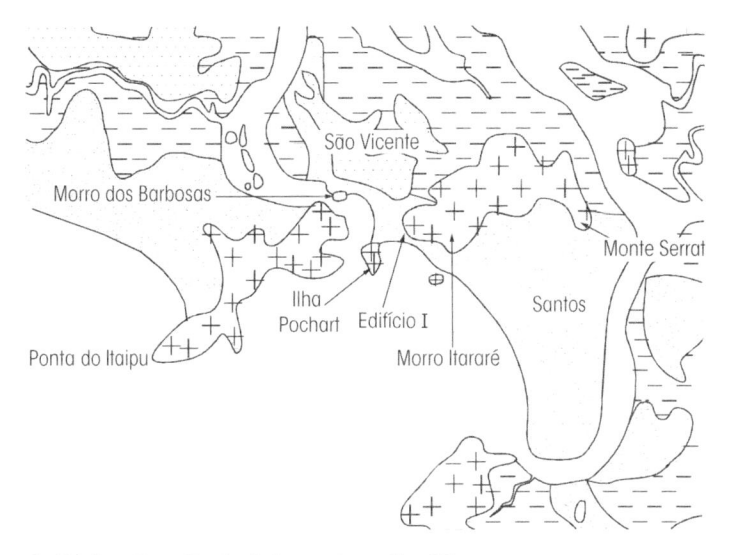

FIG. 2.1 *Localização do Edifício I, na Praia de Itararé, em São Vicente*

resquícios dos solos da Formação Cananeia que, graças ao escudo protetor dos pontões do embasamento pré-cambriano, resistiram à ação erosiva dos rios na época da regressão que sucedeu à Transgressão Cananeia.

Em termos geotécnicos, a Tab. 2.1 permite comparar algumas características das argilas altamente sobreadensadas com as argilas vizinhas de Santos, consideradas normalmente adensadas.

TAB. 2.1 COMPARAÇÃO ENTRE PARÂMETROS DE ARGILAS DO LITORAL SANTISTA

Parâmetro	Argila "inusitada"	Argilas vizinhas
Resistência à penetração Mohr-Geotécnica	5 a 10	1 a 2
Limite de liquidez (%)	100	100
Limite de plasticidade (%)	30	35
Pressão de pré-adensamento (kPa)	650	$\bar{\gamma} z$
Resistência à compressão simples (kPa)	200	120
Índice de consistência (%)	45	48
Índice de compressão	0,8 a 2	0,4 a 1,6

Fonte: Teixeira, 1960a, 1960b.

Outro dado que revela a peculiaridade da formação de argila "inusitada" é o valor do recalque máximo do edifício de 13 andares que, cerca de cinco anos após a construção, atingiu apenas 12 cm!

Ao investigar o subsolo da cidade de Santos (as "argilas vizinhas" da Tab. 2.1), Teixeira (1960b) constatou, além da heterogeneidade, que a argila marinha comporta-se como se fosse média a rija quanto à resistência não drenada, apesar da classificação, baseada nos índices de resistência à penetração, indicar consistência muito mole a mole. Teixeira considerava as argilas marinhas normalmente adensadas, embora devam ser consideradas ligeiramente sobreadensadas.

2.2 Os tanques de óleo em Alemoa, Santos

Teixeira (1960b, 1994) estudou alguns dos edifícios de 10 a 20 andares, construídos na cidade de Santos que, desde 1946, viveu um notável surto de crescimento, principalmente na sua orla marítima. Antes dele, outros autores preocuparam-se com as argilas marinhas da Baixada Santista. Os Tanques de Óleo construídos na região de

Alemoa, Santos, mereceram a atenção dos engenheiros do IPT, liderados por Odair Grillo (Relatório IPT, 1942). Um dos tanques, o OCB-9, foi objeto de um trabalho de Costa Nunes (1948), no qual abordou aspectos do comportamento das fundações diretas: o tanque apoiava-se em camada superficial de areia fofa, densificada por estacas de areia.

Os primeiros ensaios em amostras indeformadas das argilas marinhas de Santos devem ter sido feitos nessa época. Como as fundações dos tanques eram rasas, havia a preocupação com os recalques, principalmente os diferenciais, razão das diversas medições de recalques, como no caso do tanque OCB-9.

2.2.1 Pacheco Silva e o método das trajetórias de tensões

Além dos recalques, a capacidade de carga dos solos moles de fundação era também motivo de preocupação.

No início da década de 1950, Pacheco Silva (1953a) propôs uma técnica inovadora para controlar a estabilidade das fundações de um tanque de grandes dimensões por meio da medida das pressões neutras na camada superior de argila mole. A técnica é uma antecipação do método das trajetórias de tensões, alguns anos antes da divulgação feita por Lambe (1964), como observou Sousa Pinto (1992).

A partir da hipótese de que qualquer incremento de tensão vertical induz a igual acréscimo de pressão neutra, Pacheco Silva imaginou controlar o carregamento sem que o círculo de Mohr, correspondente ao estado inicial de tensões, ao ser deslocado para a esquerda no diagrama de Mohr-Coulomb, atingisse a envoltória de resistência. Dessa forma, estabeleceu um programa de carregamento que permitisse o enchimento do tanque com água, sem nenhum problema à estabilidade.

Na mesma obra, introduziu-se uma inovação na técnica da instalação de drenos verticais de areia, projetados para acelerar a dissipação das pressões neutras, com a cravação de tubos com ponta aberta e o posterior enchimento com areia fofa.

Na homenagem que prestou a Pacheco Silva, Vargas (1974) lembrou a originalidade dessa técnica e fez algumas observações:

a) aos incrementos de carga corresponderam acréscimos de pressões neutras um tanto dissipadas;

b) os cuidados necessários na instalação dos drenos tornava-os excessivamente caros;

c) os tempos de dissipação das pressões neutras não foram "extremamente econômicos".

Depois da publicação da pesquisa, procedeu-se a um novo carregamento brusco, com o terreno estabilizado. Segundo Vargas (1974), Pacheco constatou que houve uma indução limitada de pressões neutras, como se o solo fosse sobreadensado.

2.3 A ponte sobre o Canal do Casqueiro

Durante a construção da Via Anchieta, a travessia do Canal do Casqueiro era um desafio à engenharia nacional, pelas peculiaridades do subsolo, constituído de 40 m de solo orgânico sobre alteração de rocha. Superficialmente, no lado de Santos, o terreno era arenoso e, no de São Paulo, apresentava uma camada de 5 m de espessura de "lodo" inconsistente.

Em agosto de 1949, o Prof. Casagrande veio ao Brasil proferir algumas palestras e, por sugestão do IPT, atuou como consultor do DER-SP na solução dos problemas das fundações da ponte e dos aterros de encontro. A visita é relatada na *Revista Politécnica* (1950, p. 47):

> Não querendo, simplesmente, o DER resolver mais um caso particular de fundação de ponte rodoviária sobre terreno mole, decidiu estudar o problema em todos os seus detalhes, indo mesmo a um certo requinte de pesquisa, visando o estabelecimento de uma solução geral que pudesse posteriormente ser utilizada nos inúmeros casos semelhantes, no nosso litoral, existentes atualmente ou que irão aparecer no futuro.

O IPT foi incumbido de realizar as pesquisas necessárias para a solução do problema da travessia, descritas nos relatórios do IPT de 1949, 1950 e 1951.

Uma das conclusões da pesquisa (*Revista Politécnica*, 1950) refere-se ao fato de a argila orgânica ser constituída de dois horizontes nitidamente distintos. O primeiro, com espessura variável, predominando 15 m, entre as cotas -5 e -20, em geral de consistência mole, eventualmente média, tinha características de um depósito por vezes interdigitado, com a entremeação de lentes e camadas de areia fina, pouco argilosa e fofa; a umidade dessa camada superior de argila era, em média, de 80%; o LP, cerca de 30% e o LL, 120%. O segundo, entre as cotas -25 e -35, apresentava consistência rija, muito mais uniforme, com umidade natural de 70%, LP de cerca de 48% e LL de 120%, constituindo o que será denominado camada inferior.

Entre as camadas argilosas, ocorriam camadas de areias finas, quase puras ou pouco argilosas, fofas. Entre cota −35 e a superfície da rocha alterada existiam camadas arenosas compactas e algumas lentes de argila dura.

As camadas de argila orgânica apresentavam-se sobreadensadas, com pressões de pré-adensamento sem relação com o peso efetivo de terra, mesmo admitindo-se a existência de dois níveis de água distintos, detectados pelas sondagens. Portanto,

> ou a história geológica do local não é simples, ou há outro fato desconhecido perturbando a correlação normal entre pressão de pré-adensamento e pressão de terra (Relatório IPT, 1950, p. 6).

Ao rever-se os Relatórios do IPT (1949, 1950 e 1951), nota-se a ocorrência, próximo à estaca 410, de uma camada de argila dura, preta, a uma profundidade de aproximadamente 45 m, sobreposta à camada de pedregulho. Seria da Formação Cananeia? A camada de pedregulho estaria associada aos baixos terraços com cascalhos? O que dizer das camadas superior e inferior?

2.4 Fundações de edifícios na cidade de Santos

A partir de meados do século passado, algumas centenas de edifícios de grande porte foram construídos ao longo da orla marítima da cidade de Santos. Quase todos foram projetados com fundações rasas, apoiadas na camada superficial de areia, de acordo com Gerber et al. (1975), ao relatar a técnica utilizada para estabilizar os recalques e endireitar um prédio de 18 andares.

Vargas (1965, p. 31) tinha antecipado problemas dessa natureza, talvez não com a gravidade do caso desse edifício, e recomendou a adoção de um máximo de 12 andares para os edifícios de Santos, pois "tal gabarito garantiria a margem de segurança para evitar ruptura da camada inferior de argila".

Essa afirmação foi feita na hipótese de uma crescente concentração dos edifícios de porte e as consequentes interferências dos bulbos de pressões. Na mesma ocasião, Golombek (1965) foi favorável a fundações profundas para grandes estruturas, acima de 12 andares. De qualquer forma, mesmo que se esteja longe de situações de instabilização, verifica-se em Santos, há muito tempo, prédios trincados e fora de prumo.

Até recentemente, fundações profundas eram proibitivas pelas dificuldades e impossibilidades técnicas de atravessar as camadas de argilas compressíveis e atingir estrato firme (Teixeira, 1960b, 1994), além dos dispêndios que implicavam cerca de 15% do custo global da construção, em prazo curto (Golombek, 1965).

Daí a importância que se deu à medida dos recalques dos edifícios. Assim, o Edifício S. A., citado por Teixeira (1960b), o primeiro de grande porte (15 pavimentos) a ser construído na orla marítima de Santos, em 1947, foi instrumentado e monitorado pela firma Geotécnica S. A. Na década de 1950, o IPT fazia as medições de recalques de vários edifícios, relatadas por Machado (1961). Mais recentemente, outros edifícios foram e continuam sendo monitorados e analisados por diversos autores, como Reis (2000), Cardozo (2002) e Gonçalves et al. (2002a).

Em geral, os recalques máximos dos edifícios situavam-se entre 40 e 120 cm (Teixeira, 1994); em alguns casos, com uma inesperada dispersão de valores, abaixo e acima dessas cifras. De acordo com Nunes (2003), cerca de cem edifícios são inclinados (recalques diferenciais excessivos); num caso extremo, e muito conhecido, o Edifício Núncio Malzoni, construído em 1967, inclinou-se 2,2° e foi reaprumado com o emprego de fundação profunda (Maffei et al., 2001).

As causas mais frequentes dos desaprumos foram atribuídas (Teixeira, 1994):

a) à construção simultânea de edifícios vizinhos (interferência entre bulbos de pressão);

b) à construção de edifício com uma distância de 4 a 10 m de outro mais antigo (sobreadensamento de parte do terreno, induzido por prédios vizinhos);

c) à forma da área carregada ("T" e "L" eram tidas como as mais problemáticas);

d) a carregamentos não uniformes (blocos de um mesmo edifício com diferentes alturas).

Todavia, ocorreram casos que desafiavam explicações.

A começar pela forma, em planta, vários edifícios comportavam-se como indicado na Fig. 2.2A (Teixeira, 1960b, 1994), divergindo de outros casos em que o comportamento dos edifícios foi o esperado: um maior recalque para o pilar A (Fig. 2.2A), mais carregado; um exemplo recente é o Edifício da Unisanta (Gonçalves e Oliveira, 2002a).

O Edifício S. A. apresentou recalques diferenciais entre os pilares 1 e 40 (Fig. 2.2B), fato que, segundo Teixeira (1960b), não pode ser explicado racionalmente. Da mesma forma, o Edifício Excelsior (Fig. 2.3), construído em 1965, ao lado do Canal 4, permaneceu isolado por vários anos e, mesmo assim, inclinou-se para a frente e para o lado do canal, também sem nenhuma explicação racional.

Os recalques absolutos dos edifícios mostram uma grande dispersão de valores. Reportando-se à Tab. 2.2, para os

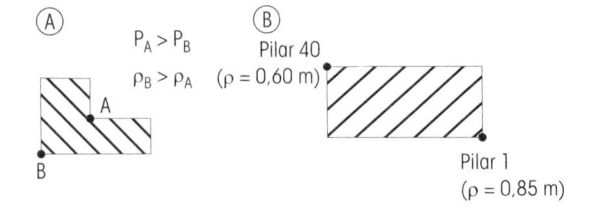

FIG. 2.2 *Recalques anômalos: (A) em edifícios com planta em forma de "L"; e (B) Edifício S. A. (P e ρ são a carga e o recalque nos pilares) (Teixeira, 1960b)*

Edifícios C e D, o que não se justifica pela diferença entre as espessuras (Δh) das camadas de argila mole. Comparando o Unisanta e o Edifício U, com o mesmo número de andares e Δh, os recalques máximos estavam na proporção de 1:3.

Em 1978-79, colocou-se uma sobrecarga temporária, de 20 MN, no lado menos recalcado do Edifício Excelsior (Pilares P52/53 da Fig. 2.3B), na tentativa frustrada de diminuir os recalques diferenciais e reaprumar o prédio. Por que o insucesso?

Além dos valores absolutos e diferenciais dos recalques, os engenheiros preocupavam-se também com a velocidade de seu desenvolvimento e com o adensamento secundário. Os valores do coeficiente de adensamento primário situavam-se na faixa de $5 \cdot 10^{-4}$ a $1 \cdot 10^{-3}$ cm²/s (Machado, 1961; Teixeira, 1960b), posteriormente alterados por Teixeira (1994) e Massad (1988d, 1999, 2004).

As inferências eram sempre prejudicadas pela presença de vigas de rigidez ligando as sapatas, o que provocava dúvidas quanto à hipótese de flexibilidade das fundações, e pela influência de edifícios vizinhos, construídos durante as medições dos recalques. Machado chegou a instalar

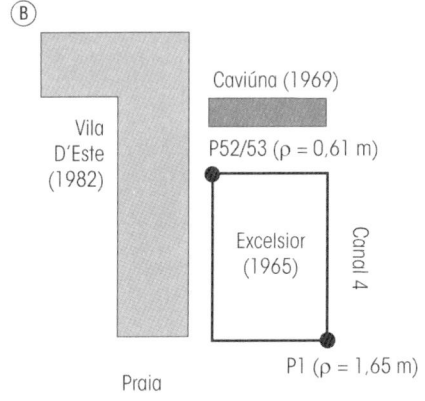

FIG. 2.3 *(A) Edifício Excelsior, Santos; (B) planta da área com datas de construção dos edifícios vizinhos (Cardozo, 2002)*

edifícios do Macuco, com 12 andares, os recalques atingiram 60 mm após 900 dias, bem inferiores aos cerca de 300 mm dos

TAB. 2.2 RECALQUES DE ALGUNS EDIFÍCIOS DA CIDADE DE SANTOS

Edifício	N	Δh (m)	Recalques primários (mm)		Fonte
			900 dias	Máximos	
Unisanta	7 (10)	16,0	110	140	Gonçalves e Oliveira (2002a)
Edifício IA	8	13,5	113	121	Teixeira (1960b)
Edifício U	10	16,0	253	435	Teixeira (1960b)
3 edif. Macuco	12	9,0	60	—	Reis (2000)
Edifício C	12	12,0	315	345	Machado (1961)
Edifício D	12	12,0	274	315	Machado (1961)

N – número de andares e Δh é a espessura do estrato de argila mole (SFL)

diversos piezômetros na camada mais superficial de argila orgânica, a fim de conhecer o efeito do *creep* no processo de adensamento, questão que ainda preocupa os nossos engenheiros. Para Vargas (1965, p. 31),

> há casos em que os recalques progridem, ultrapassando os previstos. Isso demonstra a existência, no solo santista, do que chamamos de compressibilidade secundária [...]. É possível ainda que alguns recalques verificados tenham sido produzidos por pressão excessiva de ruptura na camada argilosa.

Gerber et al. (1975, p. 202) observaram

> que os recalques secundários têm ordem de grandeza maior do que as primeiras estimativas teóricas, tanto que edifícios com 25 anos de construção continuam recalcando além dos valores indicados pela teoria clássica de adensamento"

Os registros de recalques de cerca de três dezenas de edifícios, muitos deles monitorados durante 5, 10 e até 40 anos revelam a ocorrência de recalques secundários da ordem de 5 a 20 mm/ano (Teixeira, 1994; Cardozo, 2002). Por que essa dispersão?

O Cap. 7 aborda esses temas (Massad, 2007, 2008), com explicações para as anomalias à luz da história geológica da região.

2.5 Os aterros na Baixada Santista

A primeira estrada rodoviária para Santos foi feita pelo processo de lançamento de aterro pela ponta, com os inconvenientes da vasa tragar o material lançado, o que tornava difícil prever o custo da estrada e os recalques diferenciais, pela existência simultânea de trechos com substituição de solo mole e outros sem.

2.5.1 As observações de Milton Vargas

Para consolidar uma parte do Pátio de Minérios da Cosipa, Vargas (1973) utilizou o processo de remoção da "lama" por meio de *drag-line*. Uma parte do pátio apoiou-se sobre o terreno mole e outra sobre um corte do sopé da serra. Por se tratar de um aterro em meia encosta, o solo mole apresentava um declive, o que facilitou a remoção da "lama".

Um dos problemas mais intrigantes sobre o comportamento dos solos marinhos da Baixada Santista refere-se ao tempo necessário para o desenvolvimento dos recalques. Diversos aterros construídos na Cosipa e em outros locais da Baixada Santista levaram alguns engenheiros a intuir que o coeficiente de permeabilidade que rege o fenômeno é muito maior quando obtido em campo do que em laboratório (Vargas, 1973). À mesma conclusão chegaram outros autores ao tratarem de formações de solos semelhantes.

Um dos aterros construído em terreno da Cosipa foi instrumentado e documentado pelo IPT (Sousa Pinto e Massad, 1978). Era experimental, levantado na área do Pátio de Carvão e apoiado sobre camadas de argilas moles. O coeficiente de adensamento médio inferido pelas medições de recalques mostrou-se dezenas de vezes superior ao determinado em laboratório, que era da ordem de 10^{-4} cm^2/s.

Diante desses dados, Vargas (1973, p. 62) asseverava:

> De um modo geral [...] a experiência que se tem já permite concluir que os recalques por adensamento na Baixada Santista são mais rápidos do que os calculados a partir dos ensaios de laboratório". Sugeria que se projetasse com uma permeabilidade média, entre valores de laboratório e da "prática", para concluir que os recalques dar-se-iam no tempo de construção das estradas, na sua grande maioria.

No entanto, ainda hoje, projetam-se drenos verticais de areia, às vezes, sem nenhuma necessidade.

A descoberta do "colchão de areia", técnica de construção proposta por Vargas (1973) como alternativa aos processos de lançamento de aterro em ponta ou remoção dos solos moles, baseava-se na ideia de que

> quando há uma camada de areia na superfície, na Baixada Santista, o terreno é firme, apesar de haver solo mole por baixo. Então, se se fabricasse artificialmente uma camada de areia superficial, essa camada poderia transformar um terreno extremamente mole num terreno mais resistente (Vargas, 1973, p. 60).

A primeira vez que Vargas se valeu dessa técnica foi para resolver um problema de cravação de estacas no local dos Fornos de Laminação da Cosipa, onde um homem a pé "atolava até os joelhos". Portanto, era impossível a movimentação dos equipamentos de construção no terreno. Inicialmente, tentou-se dragar a "lama" mais superficial, criar um lago e trabalhar, infrutiferamente, de cima de batelões. A ideia evoluiu até reaterrar hidraulicamente a escavação com areia, e possibilitou a operação simultânea de diversos bate-estacas.

Posteriormente, para a construção de um trecho da Rodovia Piaçaguera-Guarujá, dragou-se um canal que foi preenchido com areia, transformando-se em um "colchão de areia", sobre o qual assentou-se o aterro de estrada. Evitava-se assim o problema das rupturas sucessivas do lançamento de ponta. A ideia

> tinha sido comprovada experimentalmente; mas não conheço teoria publicada que possa explicar a melhoria da resistência. Pode-se intuir a idéia que a melhoria da resistência seja devida ao fato da crescente resistência da argila com a profundidade [...] mas isso não basta para justificar o processo (Vargas, 1973, p. 60).

O colchão de areia impõe um peso maior ao substituir parte do solo mole, prejudicial à estabilidade. No entanto, a parte removida do solo mole tem, em geral, consistência de vasa, isto é, é a parte menos resistente e mais compressível da camada de argila marinha, responsável pelo grosso dos recalques.

Outra experiência com o "colchão de areia" foi na construção da Via dos Imigrantes, no trecho da Baixada Santista (Vargas, 1973; Vargas e Santos, 1976). Durante a fase de investigação do subsolo, realizou-se um ensaio de permeabilidade *in situ* que revelou valores da ordem de 10^{-5} cm/s (Vargas e Santos, 1976), ou seja, cem vezes superiores aos obtidos em laboratório.

2.5.2 Via dos Imigrantes

Em meados da década de 1970, o IPT instrumentou diversas seções experimentais, apresentadas por Massad (1977) e Sousa Pinto e Massad (1978). Além da medição dos recalques das camadas de argila mole, foram extraídas amostras Shelby, de 10 cm (4") de diâmetro, que possibilitaram uma melhor compreensão de algumas propriedades das argilas marinhas da Baixada Santista, com resultados bastante conclusivos.

Algumas vezes, o subsolo ao longo do eixo da estrada, entre as estacas 40 e 128, apresentava-se com espessas camadas superficiais de argilas orgânicas, de consistência mole a média, por vezes entremeadas por camadas de areia, à semelhança do que se constatou no local de implantação da ponte sobre o Canal do Casqueiro. Outras vezes, como na Ilha de Santana (Estaca 128), apareceram "ilhas de areia" na superfície do terreno, feição geomorfológica importante para a interpretação dos resultados da pesquisa, e constatou-se a presença de camada profunda, abaixo dos 14 m de profundidade, com consistência média, em nítida "discordância" em relação às camadas superficiais (Tab. 2.3).

Vargas e Santos (1976) haviam classificado os solos ao longo da Imigrantes em três tipos: os dois primeiros correspondiam às camadas superficial e profunda, e o terceiro, à areia fina, de ocorrência generalizada, entremeando camadas de argilas, ou aflorando na superfície dos terrenos.

Para explicar o pré-adensamento da camada inferior na Ilha de Santana, Sousa Pinto et al. (1978) lançaram a hipótese de que a "ilha" de areia existente teve, num passado remoto, dimensões maiores e, posteriormente, parte da "ilha" teria desaparecido por processos erosivos, e novos sedimentos argiloarenosos depositaram-se, dando origem à forma atual do terreno.

Sousa Pinto e Massad (1978) citam a velocidade de desenvolvimento dos recalques e o seu valor final, inferidos de medições de campo. Em média, o coeficiente de adensamento de campo obtido foi 90 vezes o de laboratório, o que, em termos práticos, significa que seriam necessários cerca de 50 dias para que ocorressem 90% do adensamento de uma camada de argila orgânica de 10 m de espessura. Com o valor de laboratório, levaria 12 anos. Esse comportamento foi atribuído à presença de lentes e finas camadas de areia na argila.

As deformações finais, extrapoladas das curvas de campo de recalque-tempo, indicaram valores inferiores a 10%, quando se esperava, em alguns casos, pelo menos o dobro. A explicação para essa diferença baseou-se no sobreadensamento da camada superior em decorrência do fenômeno de envelhecimento (*aging*) das argilas (Bjerrum, 1967). Vargas (1981, p. 269) considerava o seu efeito desprezível para as argilas de Santos, apesar de a idade dos sedimentos, no seu entender, ser de pelo menos 5 mil anos.

De acordo com o trabalho de Sousa Pinto e Massad, concluiu-se que a coesão das argilas da camada superior, obtida de ensaios de palheta, crescia linearmente com a profundidade, segundo as expressões:

$c = 6{,}0 + 1{,}7 \cdot z$ próximo à estaca 56 **(2.1)**

$c = 16{,}3 + 1{,}5 \cdot z$ próximo à estaca 127 **(2.2)**

Os valores da coesão (c) estão em kPa e as profundidades (z) em metros. Notou-se que a taxa de crescimento da coesão com a

TAB. 2.3 COMPARAÇÃO ENTRE PARÂMETROS DE ARGILAS AO LONGO DA VIA DOS IMIGRANTES

Parâmetro	Estaca 56 e camada superficial da estaca 128	Camada profunda da estaca 128 (Ilha de Santana)
Resistência à penetração IPT	0	4
Limite de liquidez (%)	117	86
Limite de plasticidade (%)	40	29
Índice natural de vazios	3,5	1,5
Pressão de pré-adensamento (kPa)	55	260
Relação de sobreadensamento	1,7	2,5
Índice de consistência (%)	−17	47
Índice de compressão	2	0,7

profundidade era praticamente constante para as argilas dos dois locais e que a relação entre o aumento da coesão e o aumento da pressão efetiva, com a profundidade, era de 0,4. Por outro lado, a diferença nos valores da parte constante da expressão justificar-se-ia pelo fato de o local próximo à estaca 127 estar numa cota 0,70 m superior, o que teria provocado um maior sobreadensamento no subsolo.

Uma expressão semelhante:
$$c = 10,0 + 2,0 \cdot z \qquad (2.3)$$
foi proposta por Vargas (1973), cuja taxa de crescimento aproxima-se das fórmulas já apresentadas. No entanto, essa expressão é a envoltória superior de uma série muito grande de ensaios feitos na Cosipa. Seria o que Vargas denominou de "coesão obtida com um mínimo de perturbação possível".

2.5.3 Rodovia Piaçaguera-Guarujá

Samara et al. (1982) apresentaram seus resultados dos estudos geológico-geotécnicos para a duplicação da Rodovia Piaçaguera-Guarujá, com base em sondagens de simples reconhecimento, com medida do SPT, e de ensaios *Vane Test*, além de extração de amostras indeformadas Shelby, de 10 cm (4") de diâmetro.

O subsolo ao longo do eixo da estrada apresentava-se bastante heterogêneo, com destaque aos seguintes trechos:

a) Vale do rio Mogi, onde a estrada atravessava aluviões marinhos muito heterogêneos, constituídos por argila mole, ou por areias finas siltosas, ou areias pedregulhosas;

b) da Serra do Quilombo até o Canal de Bertioga, em que a estrada cortava sucessivos vales de rios de planícies, em locais onde a argila marinha mole apresentava espessuras de 25 a 30 m;

c) do Canal de Bertioga até Guarujá, na Ilha de Santo Amaro, onde a argila marinha atingia espessuras de 40 m.

Ao longo desses trechos ocorriam pequenas lentes de areia ou camadas mais arenosas, entremeando a argila marinha.

Algumas das propriedades obtidas por Samara et al. (1982) estão indicadas na Tab. 2.4. Os dados aproximam-nas das camadas de argilas muito moles a moles, descritas anteriormente.

TAB. 2.4 PARÂMETROS MÉDIOS DAS ARGILAS – RODOVIA PIAÇAGUERA-GUARUJÁ

Parâmetro	Valor médio
Resistência à penetração SPT	0
Limite de liquidez (%)	100
Limite de plasticidade (%)	40
Teor de umidade (%)	100
Relação de sobreadensamento	1,3 a 2,0
Índice de compressão	1,5 a 3,0

Outros dados apresentados referem-se à relação $c/\bar{\sigma}_a$, isto é, coesão-pressão de pré-adensamento, da ordem de 0,4, confirmando resultados obtidos por Sousa Pinto e Massad (1978), e à relação E_{50}/c, ou razão entre o módulo de deformabilidade correspondente a 50% da resistência e a resistência não drenada, em torno de 250. Este dado é do maior interesse para o dimensionamento de fundações profundas de obras de arte, sujeitas a esforços horizontais.

2.6 A geologia dos engenheiros antes da década de 1980

Teixeira (1960b) apresentou um esboço da geologia da região que associa a Baixada Santista a uma bacia de sedimentação subaquática quaternária. Os depósitos seriam constituídos de camadas de areias e argilas, com espessuras quase sempre superiores a 10 m. Em alguns pontos, os sedimentos estendiam-se por até 65 m de profundidade, onde então se encontrava o embasamento cristalino, constituído por rochas gnáissicas e graníticas. Nas partes adjacentes ao mar, os depósitos superiores eram de areia, de elevada compacidade, sotopostos a argilas de baixa consistência. Nas partes mais afastadas da praia, os depósitos arenosos desapareciam, restando horizontes de argila de consistência muito mole, com até 50 m de profundidade.

Para Vargas (1973), o subsolo na Baixada Santista era constituído de espessas camadas de argila mole, provavelmente de deposição marinha, entremeadas por camadas de areias, provenientes da erosão das encostas da Serra do Mar e depositadas nos vários ciclos de sedimentação. As camadas de solo mole encontravam-se sobre um horizonte de areia e pedregulho grosso, presente principalmente no sopé da Serra do Mar. Abaixo desse horizonte, irregular tanto em granulometria, quanto em compacidade e espessura, ocorria solo de alteração de rocha. Atribuiu a ocorrência de solos argilosos altamente pré-adensados a secamentos entre ciclos de sedimentação, e a fenômenos de troca catiônica. Para o autor, os sedimentos são recentes, "ainda estão se fazendo hoje". Seriam do Quaternário, com a sedimentação ocorrida nos últimos 5 mil a 10 mil anos. Quanto às espessuras das camadas de solos moles, começavam no pé da Serra do Mar, em Cubatão, com 15 a 20 m; em Santos, alcançavam profundidades de 70 a 100 m aproximadamente e, na altura do Canal do Casqueiro, atingiam profundidades de 40 m (Vargas, 1965).

Essas concepções, apresentadas em linhas gerais, não conseguiam explicar alguns achados dispersos no tempo, mas passíveis de serem concatenados, e algumas questões surgidas antes da década de 1980 demandavam respostas.

As questões motivaram, em meados da década de 1980, uma pesquisa (Massad, 1985a) sobre os sedimentos quaternários na Baixada Santista, à luz dos conhecimentos geológico-geomorfológicos quanto à sua gênese, expostos no Cap. 2, e com base em dados de arquivo do IPT, informações divulgadas na literatura técnica e ensaios complementares, executados pelo autor. Essa pesquisa foi aprofundada nos anos seguintes, tanto para a Conferência Pacheco Silva (Massad, 1999) quanto para o relato de Massad (2003), por ocasião do *workshop* em Santos, promovido pela ABMS-NRSP.

3 Estratigrafia e Litologia dos Depósitos Quaternários

A palavra estratigrafia será tomada no seu sentido mais amplo que inclui (Stokes e Varnes, 1955) as condições de formação das camadas de rochas (e solos), suas características, idade, o seu arranjo, sequência, distribuição e a correlação dos estratos. É também a definição de Suguio (1998), acrescentando que o termo se aplica mais aos sedimentos. No seu glossário geológico, Leinz e Leonards (1977) não incluem explicitamente a distribuição.

Evidencia-se a estratificação por diferenças de constituição, textura, cor, resistência, mineralogia etc., ou seja, pela sua litologia, termo que é sinônimo de petrografia, mas que se aplica mais a rochas sedimentares clásticas (Stokes e Varnes, 1955).

No seu mapa Geológico da Baixada Santista, na escala 1:100.000 (Fig. 3.1), Suguio e Martin (1978b) usaram os dois termos, estratigrafia e litologia, dando ao primeiro mais um sentido de distribuição espacial do que de sequência de camadas. O mapa mostra a distribuição em superfície dos sedimentos quaternários.

Do ponto de vista da Engenharia Civil, havia uma lacuna nesse ponto, ou "coluna estratigráfica". As sondagens disponíveis permitiram caracterizar os diversos sedimentos que ocorrem na Baixada Santista e conhecer a sua distribuição em subsuperfície.

O objetivo deste capítulo é confrontar os conhecimentos geológicos da Baixada Santista com as informações geotécnicas, extraídas de sondagens de simples reconhecimento SPT-T, isto é, com medida do SPT e do Torque e, quando disponíveis, de ensaios de adensamento e, mais recentemente, de ensaios do cone (CPTU). Como resultado, será apresentada uma classificação genética dos sedimentos argilosos de subsuperfície, separando-os em universos homogêneos, a fim de estudar suas propriedades geotécnicas.

Do ponto de vista litológico, os depósitos detríticos que ocorrem na Baixada Santista foram subdivididos em cinco grandes grupos (Suguio e Martin, 1978b):

a) sedimentos continentais (areias e argilas);
b) sedimentos de mangue e de pântano (areias e argilas);
c) sedimentos fluviolagunares e de baías (SFL) (areias e argilas);
d) areias marinhas litorâneas, retrabalhadas pelo vento;
e) areias marinhas litorâneas.

Estratigraficamente, os autores distinguiram quatro unidades:

a) quaternário continental indiferenciado, que pode recobrir formações marinhas e fluviolagunares;
b) holoceno marinho e lagunar;

c) pleistoceno marinho (Formação Cananeia);

d) pré-cambriano.

A Fig. A da Introdução também mostra a localização de algumas obras de indústria e infraestrutura existentes na região, com sondagens de simples reconhecimento, entre as quais destacam-se: a) Ponte sobre o Casqueiro (Via Anchieta); b) Via dos Imigrantes; c) Rodovia Piaçaguera-Guarujá; d) Ponte sobre o Mar Pequeno; e) Vale do Rio Mogi (Cosipa); f) Região de Alemoa; h) Região de Vicente de Carvalho; i) as cidades de Santos e São Vicente.

3.1 Formações quaternárias marinhas, fluviolagunares e de baías

A apresentação detalhada da distribuição destes depósitos será lastreada em sua gênese, explicada em essência no Cap. 1, em que se mostraram os mecanismos de formação dos depósitos associados às Transgressões Cananeia e Santos.

Por ocasião do máximo da Transgressão Cananeia, o mar atingia o sopé da Serra do Mar. Com base em perfis de sondagens, Suguio e Martin (1978a) admitiram a deposição de uma argila transicional, formada em ambiente misto, continental-marinho, sobre sedimentos continentais, provavelmente equivalentes à Formação Pariquera-Açu. Sobre os sedimentos argilosos transicionais foram depositadas areias transgressivas. Na regressão que se seguiu, formaram-se os cordões litorâneos e as dunas eólicas.

Na região sudoeste da planície de Santos, entre os rios Piaçabuçu e Branco, região de Samaritá (Fig. 3.1), ainda se encontram afloramentos dessas areias marinhas litorâneas, com seus cordões regressivos e suas dunas, usadas na construção de obras na região. Ao longo do rio Mariana (Fig. A), o topo da formação situa-se 7 m acima do nível atual de maré alta. Para Suguio e Martin (1978a), datações de fragmentos de madeira carbonizada confirmam a idade pleistocênica desses depósitos.

A oeste da Ilha de São Vicente, encontram-se outros resquícios da Formação Cananeia, desde o Morro dos Barbosas (Fig. A) até a localidade denominada Bairro Areia Branca, em São Vicente.

Durante a regressão que sucedeu a Transgressão Cananeia, o nível do mar esteve 110 m abaixo do nível atual, e parte dos depósitos pleistocênicos foi erodida, até mesmo o embasamento cristalino. Durante a Transgressão Santos, o mar penetrou nas zonas baixas, formando lagunas e baías, onde foram depositados sedimentos argilosos com restos de conchas e fragmentos vegetais (Suguio e Martin, 1978a). Concomitantemente, as partes mais altas da Formação Cananeia foram erodidas pelo mar e as areias ressedimentadas, para formar os sedimentos holocênicos, arenosos, com seus cordões regressivos, gerados durante a última fase regressiva. A paleobaía santista formou-se a partir dos 7 mil anos A.P. (Cap. 1).

Areias marinhas litorâneas, com cordões regressivos, estendem-se desde o Morro de Mongaguá até a Ponta do Itaipu (Praia Grande). Essas areias holocênicas ocorrem também na orla marítima das cidades de Santos e de Guarujá (Figs. 1.9 e 3.1). A idade holocênica desses depósitos foi confirmada por datações de troncos de árvores e conchas (Suguio e Martin, 1978a) e a altitude do seu topo situa-se em torno de 4,5 m acima do nível da maré alta.

Sedimentos fluviolagunares e de baía (SFL) desenvolvem-se em quase toda a Baixada Santista, inclusive na cidade de Santos, sob as areias marinhas litorâneas. Na Ilha de

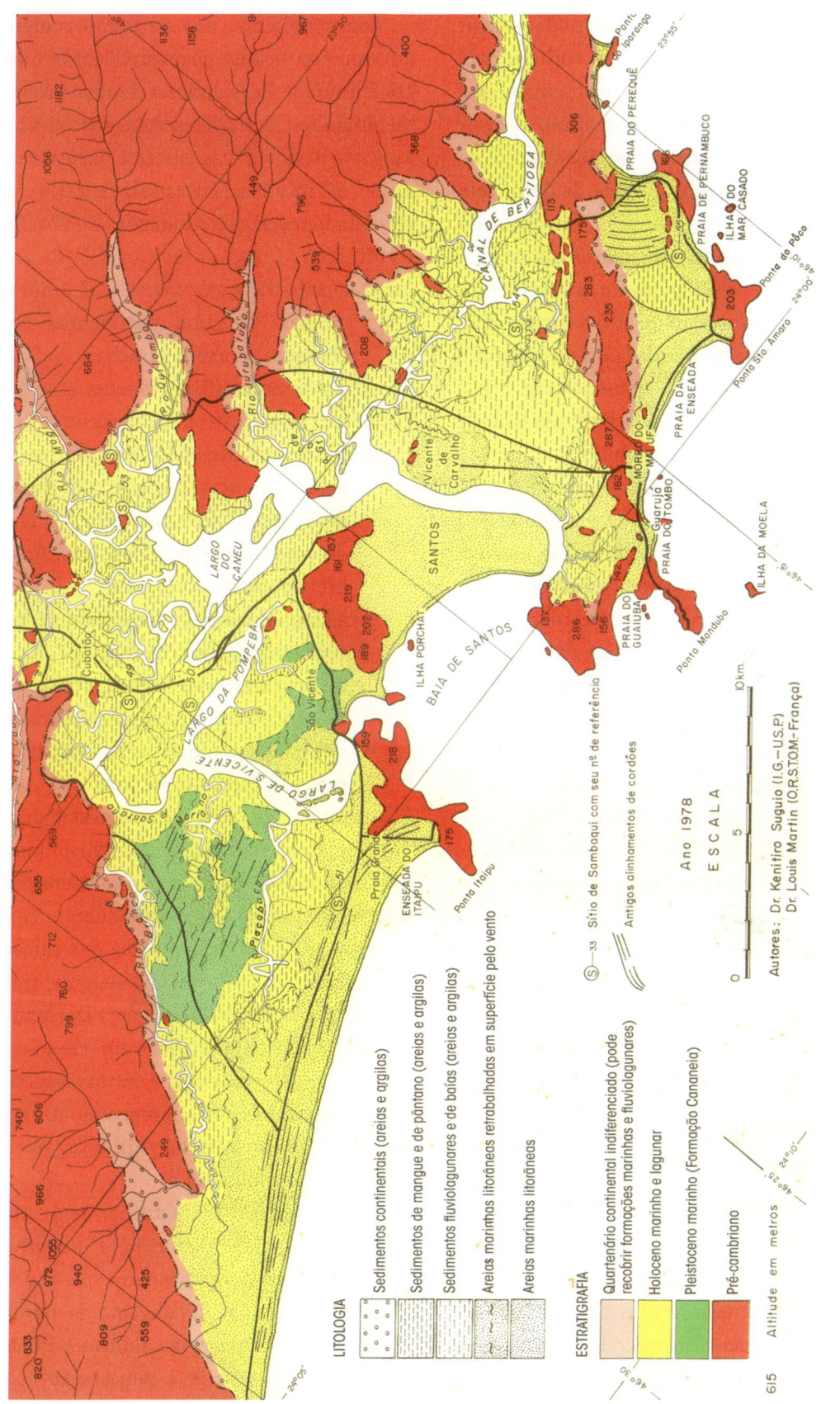

3– Estratigrafia e Litologia dos Depósitos Quaternários | 67

Fig. 3.1 *Mapa geológico da Baixada Santista (Suguio e Martin, 1978b)*

Santo Amaro, esses depósitos podem atingir 50 m de profundidade, em contato com sedimentos transicionais e continentais, que recobrem o embasamento cristalino.

Ocorrem formações importantes de mangues nas margens da rede de drenagem da planície de Santos, que se desenvolvem ao longo das lagunas e dos canais de maré.

Duas seções geológicas foram apresentadas por Suguio e Martin (1978a) para ilustrar a interpretação que deram à estratigrafia da Baixada Santista. A primeira (Fig. 3.2A) mostra uma seção geológica da Praia Grande até Cubatão, cortando a região de Samaritá (Fig. 3.1). Trata-se de uma seção que cruza os rios Piaçabuçu, Mariana e Santana e a Ilha de Santana ou Candinha (Fig. A). No centro da ilha, que foi atravessada pela Via dos Imigrantes, existe um banco de areia (Cap. 2), que a seção geológica da Fig. 3.2A indica ser uma formação holocênica, provavelmente resultante do retrabalhamento das areias pleistocênicas de Samaritá.

A segunda seção geológica (Fig. 3.2B) foi levantada ao longo da Rodovia Piaçaguera-Guarujá (Fig. A). Cunha e Wolle (1984), ao interpretarem as sondagens feitas ao longo dessa rodovia, para estudar a sua duplicação e a localização de jazidas de areias, confirmaram a seção de Suguio e Martin. A diferença refere-se à nomeação dos sedimentos e à detecção de camada profunda de argila transicional, não indicada por Suguio e Martin (1978a).

3.2 Reinterpretação de sondagens na Baixada Santista

É muito frequente encontrar perfis de sondagens feitos na região da Baixada Santista em que os sedimentos mais finos são designados por argilas orgânicas, argilas marinhas ou argilas siltosas ou plásticas, quando não se cruzam os termos (argilas marinhas orgânicas etc.).

Aparentemente, não há muita coerência no emprego desses termos. O autor teve a oportunidade de submeter a uma prova os testemunhos de várias sondagens feitas ao longo da Rodovia Piaçaguera-Guarujá, recorrendo, em meados da década de 1980, a experimentado mestre de sondagens do IPT. Eis o resultado:

a) a palavra *argila marinha* é empregada para designar sedimentos finos. Quando ocorrem conchas, o SPT é muito baixo (0-1, às vezes 2), e a cor varia entre cinza, cinza-escura e preta;

b) as *argilas orgânicas* caracterizam-se pela "aparência" turfosa, com pedaços de madeira, troncos, folhas e restos de vegetais em decomposição. A cor é preta ou marrom-escuro;

c) as *argilas plásticas* apresentam consistência mais plástica, com SPT variando de 4 a 6, e não contêm fragmentos de conchas, mas podem ser encontrados pedaços de troncos ou madeira podre. A cor é cinza-clara;

d) as *argilas siltosas* diferem das argilas plásticas por serem mais "quebradiças".

Constata-se que as distinções, em parte, são subjetivas ou, em parte, sobrepõem-se. Como regra geral, a sequência das camadas é: argilas orgânicas, argilas marinhas, argilas plásticas e argilas siltosas. Às vezes, encontram-se perfis de sondagens em que só constam as argilas marinhas; outras vezes, as argilas marinhas são sobrepostas às argilas plásticas, ou camadas de argilas orgânicas a grandes profundidades.

Neste capítulo, trabalhar-se-á tanto com valores da resistência à penetração SPT – número de golpes para que o amostrador-padrão da sondagem de simples reconhecimento penetre os últimos 30 cm – quanto da resistência à penetração com o

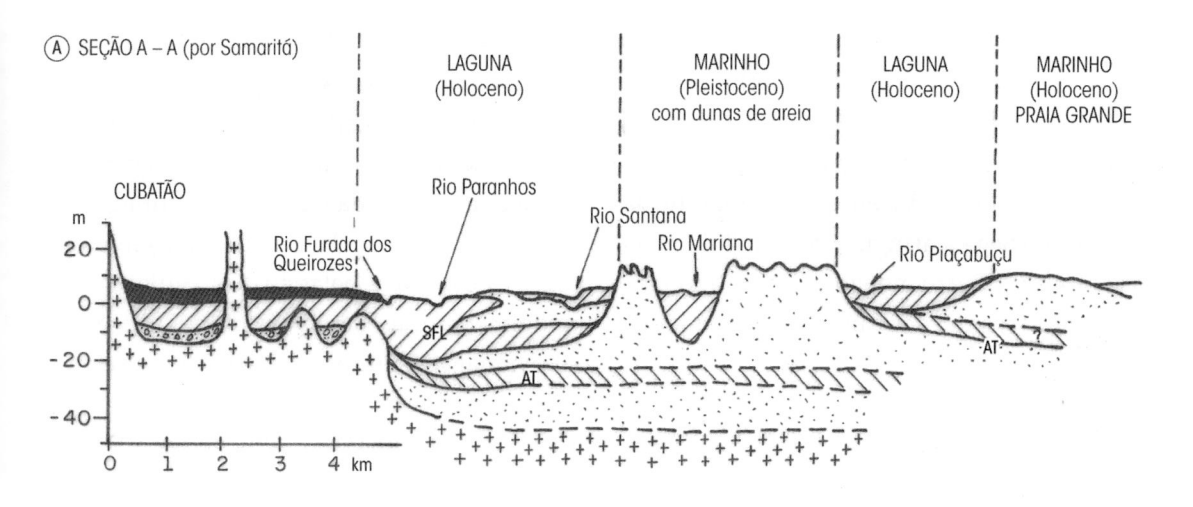

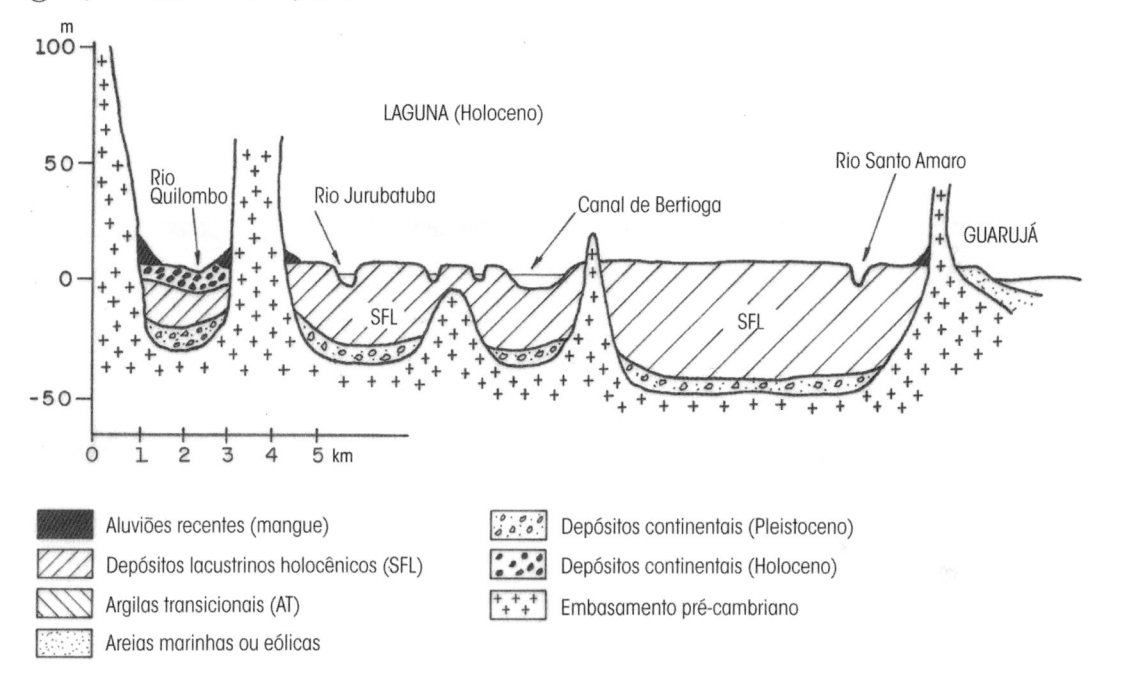

FIG. 3.2 *Seções geológicas esquemáticas (Suguio e Martin, 1978a)*

amostrador IPT, mais antigo. Infelizmente, as informações mais antigas não puderam ser rejuvenescidas, pois não se dispõe ainda de correlações verdadeiramente estatísticas entre esses dois índices de resistência à penetração. Em uma comparação um tanto grosseira, pode-se admitir uma relação da ordem de 1,6 entre os números de golpes SPT e o IPT. Ademais, deve-se tomar cuidado na comparação entre pressões de pré-adensamento de solos semelhantes, mas obtidas de ensaios em amostras extraídas com técnicas de amostragem diferentes no tempo (Mello, 1982, p. 61).

3.3 Sedimentos transicionais

Uma análise das sondagens localizadas em sítios da Ilha de São Vicente e Ilha de

Santana ou da Candinha revela indícios da presença da Formação Cananeia. Um primeiro indício são as ocorrências das areias marinhas pleistocênicas na região de Samaritá e a oeste da Ilha de São Vicente, em que o topo da formação chega a atingir 7 m acima do nível da maré alta. Outro indício refere-se à consistência média a rija das camadas profundas de argilas.

3.3.1 Via dos Imigrantes – Ilha de Santana e imediações

Na Fig. A, considerou-se interessante analisar perfis de sondagens na Ilha de Santana e imediações, local onde (Suguio e Martin, 1978b) ocorrem camadas de argila transicional a cerca de 25 m de profundidade, sobreposta a depósitos continentais.

A Fig. 3.3 mostra a seção geológica ao longo do traçado da Via dos Imigrantes, obtida a partir da seção apresentada por Vargas (1973), com base em sondagens realizadas pelo IPT e pelas firmas Paulo Lorena e Solmec. A Fig. 3.4 apresenta alguns perfis de sondagens, tanto nas imediações da estaca 60 quanto da 126. Na profundidade de cerca de 10 m para a estaca 60, entre os rios Furada dos Queirozes e Paranhos, e 15 m para a estaca 126, Ilha de Santana, ocorre camada de argila siltosa, com consistência média (IPT em torno de 5), entremeada por camadas de areia, ocorrendo, a cerca de 32 m, sedimentos

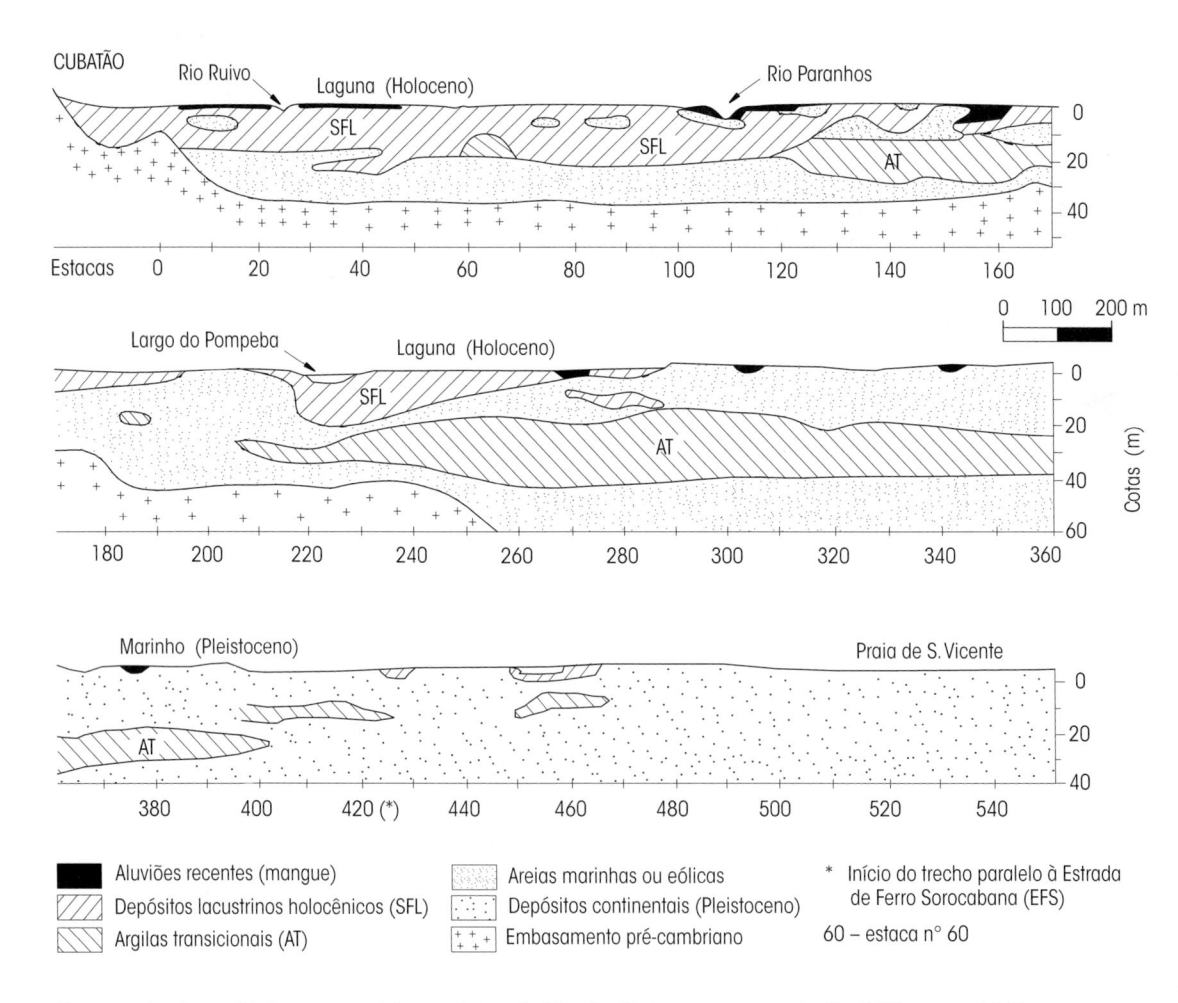

FIG. 3.3 *Seção geológica esquemática ao longo da Via dos Imigrantes – tração final (Vargas, 1973)*

granulares grossos, não mostrados nos desenhos. A sondagem S93, estaca 60, revela uma "discordância" entre as argilas acima e abaixo de 10 m de profundidade.

Os sedimentos sobrejacentes, isto é, as camadas de argilas orgânicas predominantemente moles e de areias alternadas, correspondem aos sedimentos fluviolagunares e de baías (SFL). Assim, constata-se uma discordância entre dois tipos de sedimentos: o superior, com consistência mole, e o inferior, com consistência média.

Uma análise da seção geológica da Fig. 3.3 e de perfis de sondagens individuais, dos arquivos da Themag Engenharia (1971), permite confirmar a discordância. Próximo à estaca 60 (Figs. 3.3 e 3.4), detectou-se uma "discordância" entre sedimentos argilosos acima (IPT de 0 a 2) e abaixo (IPT de 3 a 7 golpes) dos 10 m de profundidade.

Entre as estacas 100 e 120, perto do rio Paranhos (ou Laranjeiras), o topo do solo de alteração encontrava-se a cerca de 35 m de profundidade. Sobreposta, ocorria camada de areia fina, pouco argilosa, com cerca de 15 m de espessura, entremeada por camadas delgadas de argila arenosa rija (sondagem S6, estaca 99, com IPT variando de 6 a 12; sondagem S48, estaca 114, com IPT de 5 a 11). No contato com o solo de alteração, ocorria material pedregulhoso.

Na região entre as estacas 120 e 170, ocorriam, de forma generalizada, bolsões de areia, que devem ter se originado por ocasião do avanço da Transgressão Holocênica. Seriam areias pleistocênicas retrabalhadas, que se depositaram sobre sedimentos transicionais remanescentes. É o que deve ter ocorrido nas imediações da estaca 130, onde, subjacente a um grande bolsão de areia (10 m de espessura, conforme Fig. 3.3), ocorria argila pouco arenosa média a rija. Próximo à estaca 133, a sondagem S86 (Fig. 3.4) revelou, entre as profundidades 13 e 21 m, argila com IPT variando de 7 a 10 golpes e, entre 22 e 27 m, de 10 a 11 golpes. A sondagem S8, estaca 126,

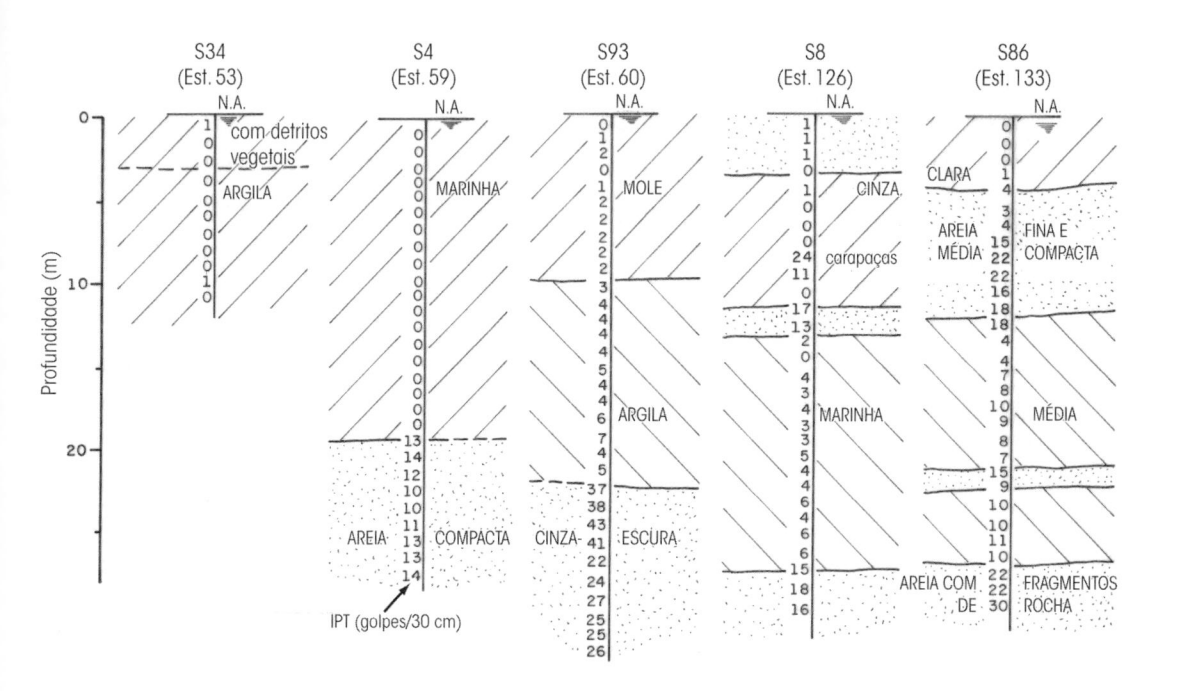

FIG. 3.4 *Perfis de sondagens nas imediações das estacas 56 e 127, Via dos Imigrantes*

confirma essas informações. Os sedimentos não poderiam ser fluviolagunares ou de baías (SFL), holocênicos, pois na cidade de Santos ocorrem argilas marinhas holocênicas sob 12 m de areia com IPT de apenas 1 a 3. Próximo à estaca 165, a sondagem S88 revelou, abaixo dos 15 m, argila pouco arenosa, média a rija, cinza-escura, com IPT de 4 a 11 golpes.

Ainda nessa região, nas imediações da Ilha de Santana, as sondagens feitas para a construção da interligação Imigrantes-Anchieta (Themag Engenharia, 1971) revelaram de novo a discordância entre argilas muito moles a moles e médias a rijas. A linha demarcatória fica, em geral, a uma profundidade de aproximadamente 15 m, comportando algumas oscilações, como entre as estacas 65 e 75, que chega a apenas 7 m.

3.3.2 Via dos Imigrantes, na Ilha de São Vicente

No trecho do Largo da Pompeba, estaca 230, até a Rua Manuel de Abreu, estaca 330 (Fig. 3.3), diversas sondagens revelaram, abaixo dos 20 a 25 m de profundidade, ou às vezes 15 m, camada de argila marinha com IPT variando de 4 a 8 golpes. São exemplos as sondagens S57 (estaca 230), S110 (estaca 276) e S122 (estaca 336) (Fig. 3.5). A espessura da camada variava de 15 a 25 m, aproximadamente (Fig. 3.3), e sobrejacente, predominava uma camada de areia, podendo ocorrer argila marinha mole na superfície. É nítida a discordância em relação às camadas superficiais, correspondentes a formações de sedimentos fluviolagunares e de mangues.

Entre as Ruas José Marrey Jr. (estaca 350) e Américo Brasiliense (estaca 540), próximas à praia de São Vicente, a Imigrantes corta região onde, de acordo com o mapa de Suguio e Martin (Fig. 3.1), ocorrem areias da Formação Cananeia. A Fig. 3.3 mostra que:

a) a altura máxima dessa formação, em relação ao nível do mar, chegava a cerca de 6 m próximo à estaca 480;
b) abaixo de 15 m de profundidade, às vezes 25 m, ocorria novamente a "discordância";
c) existiam "bolsões" de argila marinha arenosa muito rija (Fig. 3.5) revelados pelas sondagens S126 (estaca 356), onde o IPT oscila de 3 a 16 golpes entre 15 e 24 m de profundidade; e S130 (estaca 376), com o IPT variando de 5 a 13 e até mesmo 25 golpes, entre as profundidades de 23 e 35 m. Invariavelmente, abaixo dos bolsões, ocorriam camadas de areias compactas a muito compactas;
d) entre as estacas 400 e 412, ocorriam camadas de argila com IPT variando de 2 a 8, superando, às vezes, os 30 golpes.

Em relação aos sedimentos arenosos, constata-se, às vezes, "discordância" entre areias fofas e areias compactas, como no trecho entre as estacas 346 e 356, nas proximidades do Largo da Pompeba, em contato na forma de um vale. Provavelmente, as areias fofas estavam "entalhadas" nas areias previamente densificadas por atividade sísmica na região, cortada por falhas geológicas.

As sondagens feitas pelas firmas Geotécnica e Tecnosolos, entre o ponto de travessia, pela Via dos Imigrantes, do Largo da Pompeba e o rio dos Bugres, em São Vicente, é um trecho estudado pela Themag Engenharia (1973) como traçado alternativo para a rodovia. A Fig. 3.6 mostra a localização do trecho e a camada profunda de argila rija, abaixo de 15 a 20 m de profundidade, com o SPT atingindo valores de até 26 golpes, caso da sondagem SPA-8 (Fig. 3.5, perfil à direita). Seriam esses solos resquícios de uma sedimentação mais antiga, propiciada pela

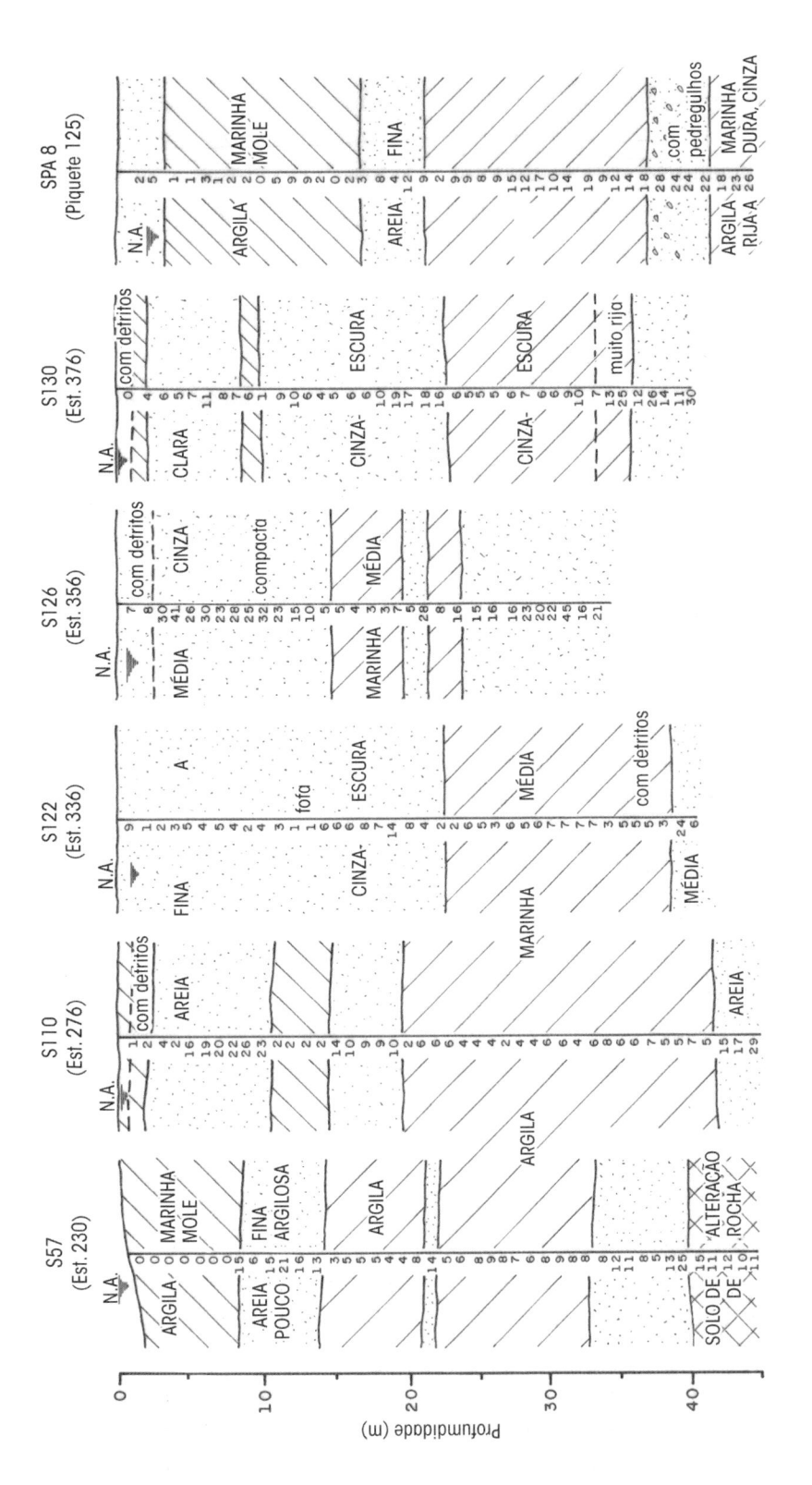

3– Estratigrafia e Litologia dos Depósitos Quaternários | 73

Fig. 3.5 *Perfis de sondagens em São Vicente, Via dos Imigrantes*

e destas em relação às ATs. A definição pode ser facilitada por ensaios do cone (CPTU) ou do SPT-T.

A partir da década de 1990, foram realizados ensaios de piezocone (CPTU) em alguns locais da Baixada Santista, cujos resultados permitiram avanços significativos no conhecimento desses solos e do seu comportamento em obras (Massad, 2003, 2004). Os ensaios foram feitos em dois locais, no Núcleo 2 da Fig. 3.1, divididos em 15 ensaios no Cais Conceiçãozinha, Ilha de Santo Amaro, ao lado do Canal do Porto, e três ensaios na cidade de Santos, no terreno onde foi construído o Edifício Unisanta.

As Figs. 3.16 a 3.19 mostram alguns dos resultados obtidos, nos quais q_t é a resistência de ponta do cone, corrigida; u_o e u são, respectivamente, as pressões neutras hidrostática e medidas durante o ensaio; B_q é o parâmetro de pressão neutra e R_f, a razão de atrito. Os piezocones utilizados possuíam as características indicadas na Tab. 3.2.

Como mencionado no Cap. 1, a Ilha de Santo Amaro esteve sujeita à ação eólica sobre dunas durante o Holoceno. O peso próprio dessas dunas justificaria tanto os valores de SPTs relativamente elevados nas camadas superiores de solo mole (argilas de SFL com 1 a 4 golpes/30 cm) quanto o

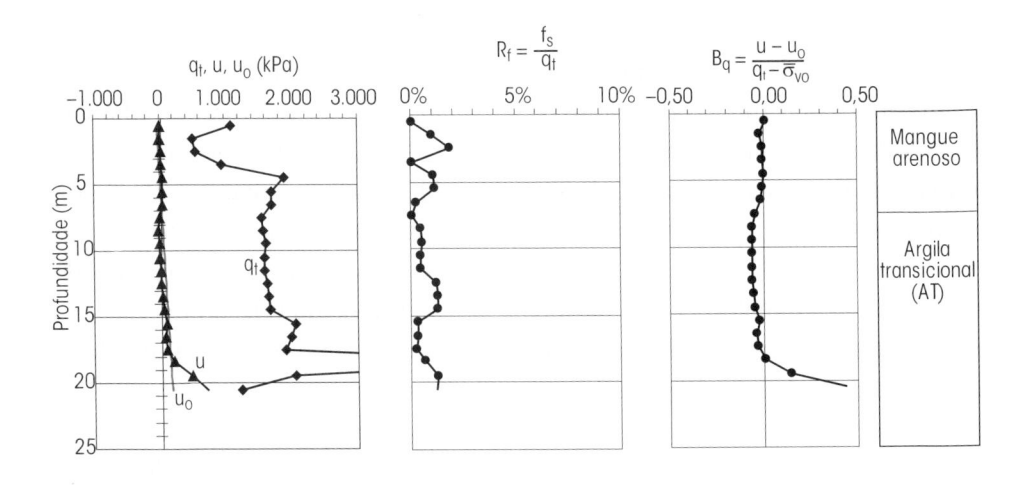

FIG. 3.16 *CPTU-4, Ilha de Santo Amaro, próximo a Conceiçãozinha*

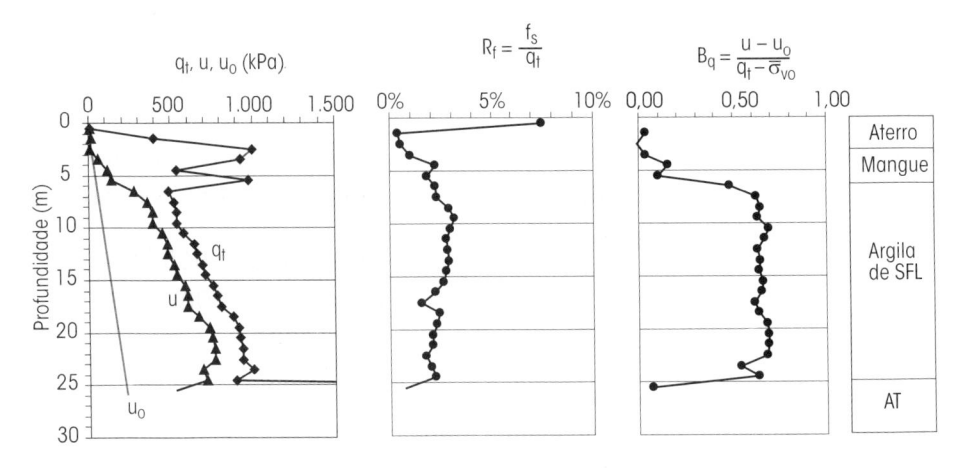

FIG. 3.17 *CPTU-9, Ilha de Santo Amaro, próximo a Conceiçãozinha*

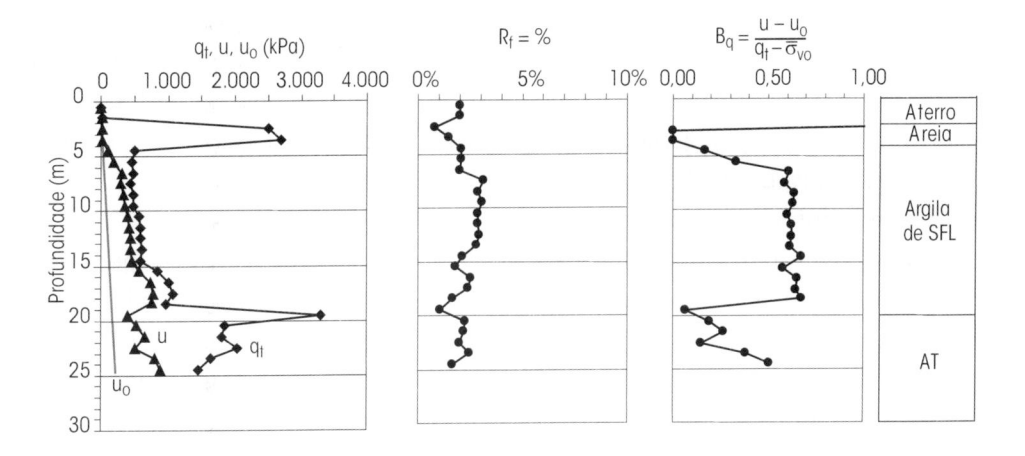

FIG. 3.18 *CPTU-12, Ilha de Santo Amaro, próximo a Conceiçãozinha*

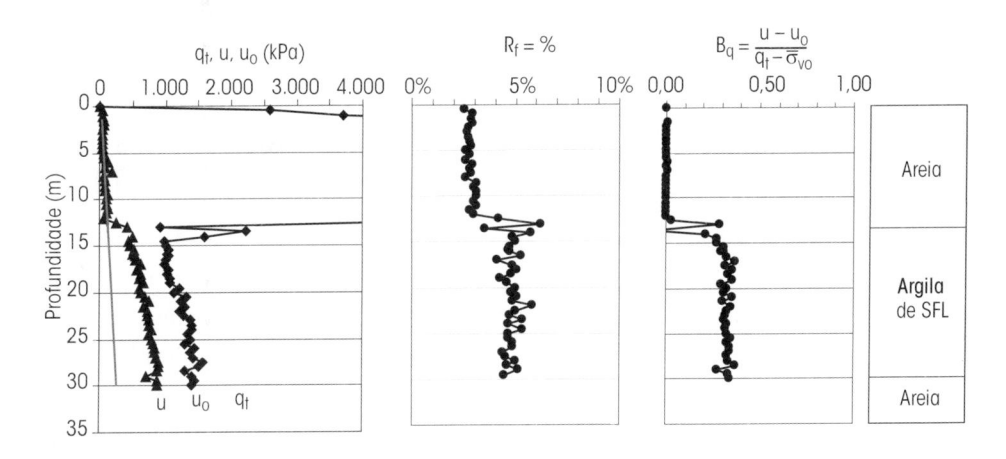

FIG. 3.19 *CPTU- 2, Edifício Unisanta, Santos*

sobreadensamento, bastante significativo: como se verá no Cap. 6, um aterro experimental de grandes dimensões, com 6,4 m de altura, construído na década de 1980, próximo ao Cais Conceiçãozinha, indicou relações de sobreadensamento (RSA) de ~2,5, confirmando os resultados de ensaios em amostras indeformadas do local.

Quanto à planície da cidade de Santos e, em particular, à orla praiana, as argilas de SFL são levemente sobreadensadas, com RSA variando de 1,1 a 1,25, cifras obtidas por ensaios de adensamento e medidas de recalques de edifícios (ver Cap. 7).

TAB. 3.2 CARACTERÍSTICAS DOS PIEZOCONES UTILIZADOS NA BAIXADA SANTISTA

Característica	Ilha de Sto. Amaro	Cidade de Santos
Diâmetro (mm)	35,7	35,7
Luva de atrito (cm^2)	150	150
Ângulo da ponta	60°	60°
Relação de áreas (a)	0,74	0,58
Pressão neutra	u_1 (face), com $u_2/u_1 = 0,75$	u_2 (base)

3.6.1 Ilha de Santo Amaro

A aplicação das classificações de Senneset-Janbu (1984) e de Robertson-Campanella (1983) permitiu concluir (Massad, 2004) que predominam as argilas médias, vindo na sequência as areias fofas a compactas, seguidas de argilas rijas e, finalmente, de argilas moles a muito moles. Além disso:

a) as argilas médias e, em parte, as moles, estão associadas às argilas de SFL (B_q = 0,4 a 0,9; q_t = 0,5 a 1,0 MPa e R_f = 1,5 a 3%); as argilas rijas correspondem às ATs (B_q = –0,1 a 0,2; q_t = 1,5 a 2,0 MPa e R_f = 1,5 a 2%); e as argilas muito moles, às partes mais argilosas dos mangues; as partes mais arenosas dos mangues fogem das faixas de classificação de Senneset e Janbu, pois tanto os valores de q_t quanto os de B_q são baixos;

b) as ATs, entre as profundidades 19 e 25 m, aproximadamente (Fig. 3.18), confirmam uma característica indicada no Quadro 1.1: a matriz é de argila, com núcleos de areia pura ou vice-versa, daí as variações nas classificações entre argila rija e areia medianamente compacta;

c) em geral, os ensaios indicaram, acima dos 20-30 m de profundidade, valores de pressões neutras superiores às hidrostáticas iniciais, comportamento de solos levemente sobreadensados (portanto Argilas de SFL); e, abaixo dessa cota, valores inferiores, denotando dilatação, comportamento típico de solos muito sobreadensados (portanto, ATs). Abaixo dos 20-30 m, obteve-se SPT = 5 a 6;

d) a separação entre as diversas camadas de solo pode ser feita pelo SPT, da seguinte forma:

Mangue argiloso: SPT = 0
Mangue arenoso: SPT = 1/60 a 1/40
Argilas de SFL: 0 ≤ SPT ≤ 4
ATs: 5 < SPT < 25

3.6.2 Cidade de Santos

As classificações citadas permitem atribuir (Massad, 2004) à camada de argila de SFL (15-30 m), com B_q = 0,4 a 0,7, q_t = 1,0 a 1,5 MPa e R_f = 3 a 4%, a designação "argilas siltosas médias".

Para a camada de areia superficial (0-15 m), a classificação pelo ábaco de Senneset-Janbu (1984) é "areia densa", compatível com os valores de SPT. Encontrou-se: B_q = 0,01, q_t = 12,1 MPa e R_f = 1,2%.

3.7 Confirmação dos tipos de sedimentos com o SPT-T

Com base em algumas sondagens de simples reconhecimento, com medida do SPT e do torque T, realizadas na Baixada Santista, é possível vislumbrar um outro critério para diferenciar as argilas de SFL e as ATs. Os ensaios SPT-T foram feitos na região de Alemoa-Saboó (Alonso, 1995); em local próximo a Vicente de Carvalho (Peixoto, 2001); na cidade de Santos, entre os canais 3 e 4, cerca de 1,5 km da praia, no Bairro de Macuco; e na Ilha de Santo Amaro.

Os dados de Alonso mostram que ocorre um salto nos valores de f_T – adesão de Ranzini (1988, 1994) – quando se passa das argilas de SFL para as ATs. Para as SFL (SPT ≅ 0 a 2), a variação situou-se na faixa de 5 a 25 kPa; e, para as ATs, de 40 a até 80 kPa. As argilas de SFL ocorrem sob delgada camada de aterro, de cerca de 2,5 m de espessura.

Peixoto realizou ensaios SPT-T no km 80, na Rodovia Piaçaguera-Guarujá, com torquímetros de capacidade adequada e elevada precisão, que mostram, em números

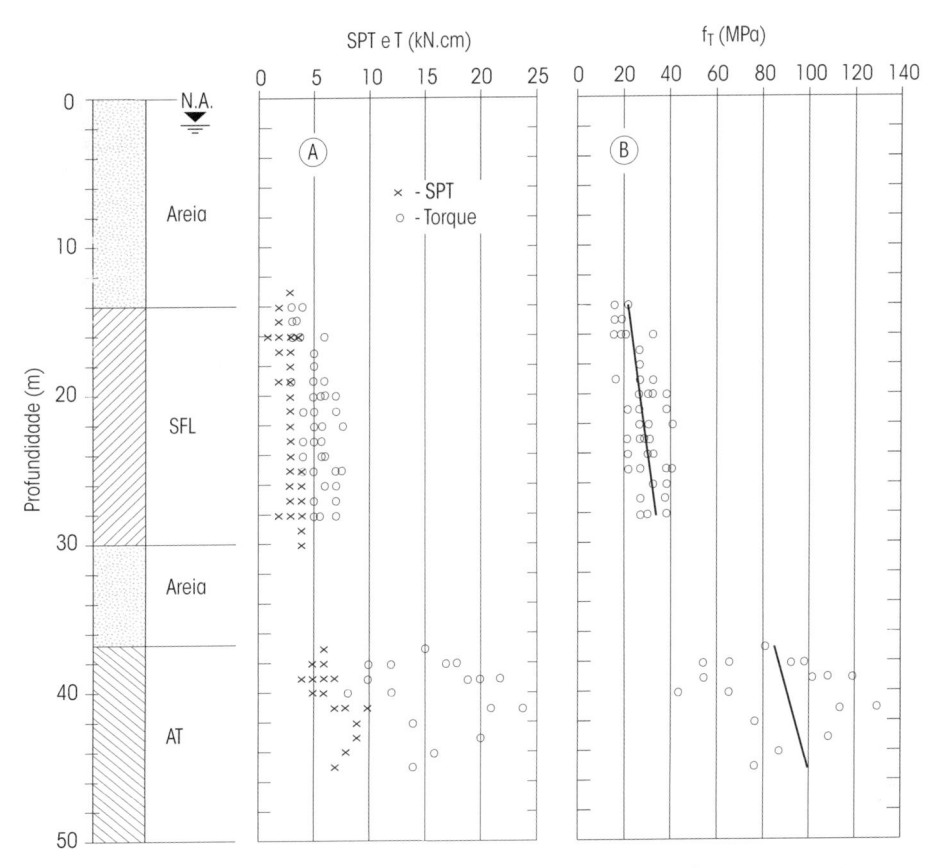

FIG. 3.20 *Ensaios SPT-T na cidade de Santos (sondagem feita pela Engesolos)*

redondos, variações de f_T entre 7 e 26 kPa para as argilas de SFL, que afloram na superfície do terreno (SPT $\cong$ 0).

A análise dos resultados de quatro sondagens da Engesolos (Fig. 3.20) revelam nitidamente um salto quando se passa das argilas de SFL (entre 12 e 30 m) para as ATs (abaixo dos 37 m). Para as primeiras, a faixa de variação dos f_T é de 15 a 40 kPa (SPT = 1-4); e, para as segundas, de 50 a 120 kPa (SPT = 5-10).

A Fig. 3.21 mostra resultados relativos a seis sondagens de simples reconhecimento com medida do SPT e do torque (T), executadas na Ilha de Santo Amaro. Para as argilas de SFL, os f_T variaram de 10 a 50 kPa (SPT de 0 a 5) e, para as ATs, de 40 a 260 kPa (SPT de 5 a 28). Várias dessas sondagens acusaram a presença de lentes finas de areia ou nódulos de areias em profundidades correspondentes às ATs.

Na Fig. 3.21 foram incluídos os dados relativos a Macuco (Santos) da Fig. 3.20 e à Rodovia Piaçaguera-Guarujá, confirmando que o subsolo da cidade de Santos e o da Ilha de Santo Amaro mostram similaridades e pertencem ao Núcleo 2 (Fig. 3.1). Para as argilas de SFL, os valores do torque (T) situam-se na faixa de 2 a 10 kN.cm (ou 2 a 10 kg.m) e, para as ATs, acima de 10 kN.cm (ou 10 kg.m). Valores de f_T variaram de 5 a 40 kPa para as argilas de SFL e, para as ATs, acima de 40 kPa.

As Figs. 3.22 e 3.23 mostram como a relação T/N varia em função do tipo de argila. Há uma sobreposição de valores, o que dificultaria o seu uso na diferenciação dos sedimentos; no entanto, pode-se afirmar, de forma aproximada, que (a) para as argilas de SFL que não sofreram a ação de dunas (o caso da sondagem na Rodovia Piaçaguera-Guarujá),

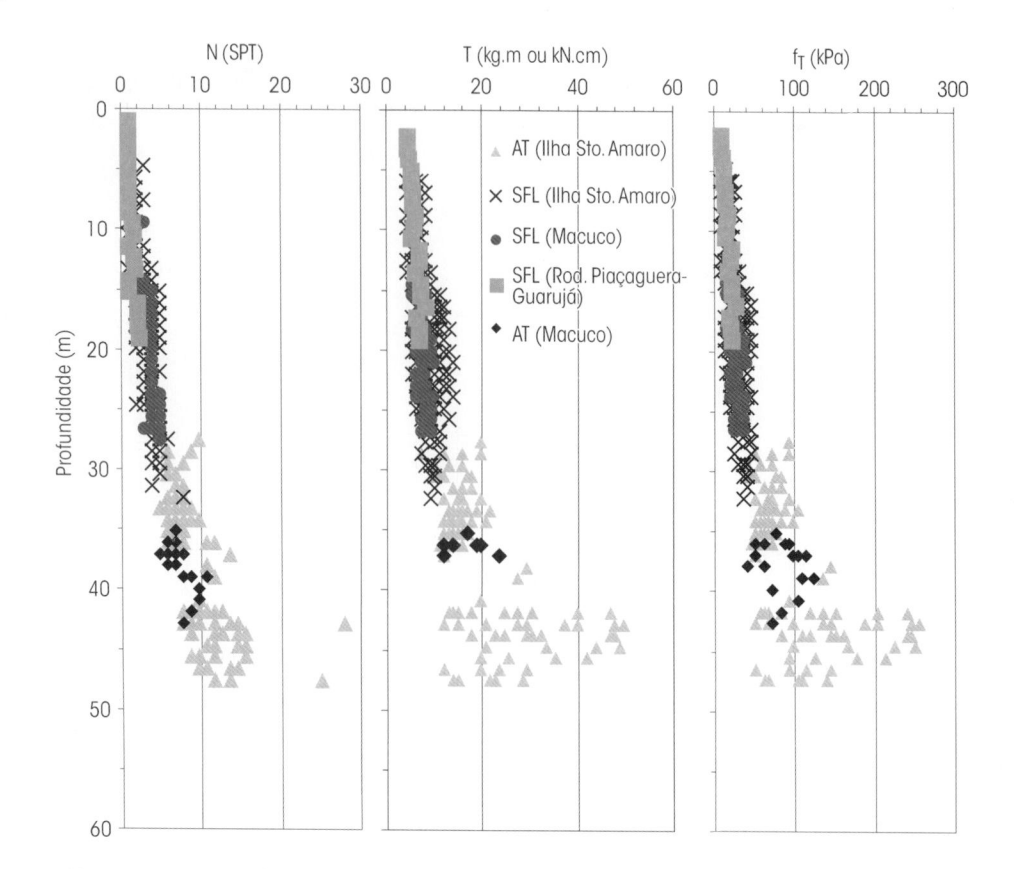

FIG. 3.21 *Ensaios SPT-T, na Ilha de Santo Amaro*

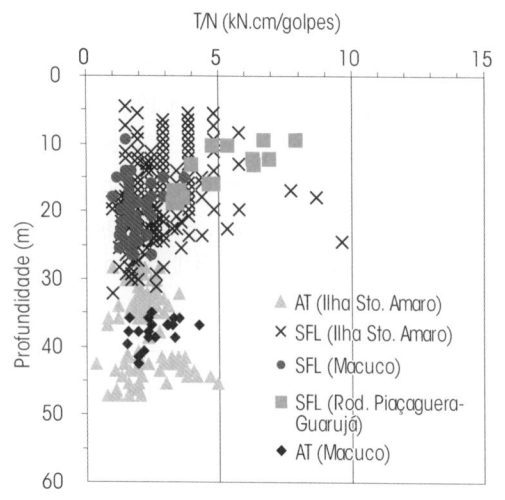

FIG. 3.22 *Valores de T/N em função da profundidade*

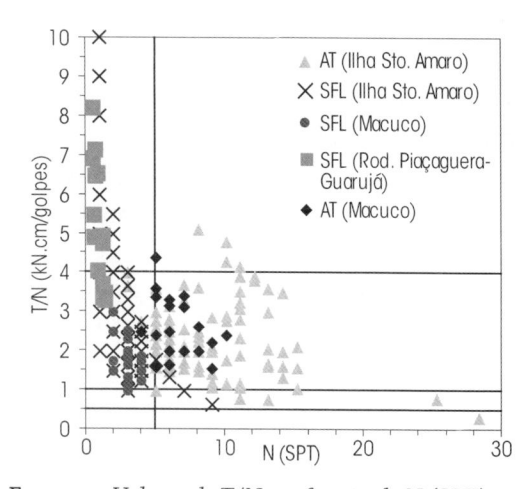

FIG. 3.23 *Valores de T/N em função do N (SPT)*

T/N > 3; (b) para as argilas de SFL que sofreram a ação de dunas (é o caso da quase totalidade das sondagens na Ilha de Santo Amaro), T/N varia de 1 a 4, e (c) para as ATs, T/N varia de 0,5 a 4.

As cifras referem-se a um estado um tanto amolgado desses solos (Alonso, 1995). Apesar de essas conclusões precisarem ser confirmadas com novos ensaios, pode-se atestar a utilidade do SPT-T na diferenciação entre os tipos de argilas da Baixada Santista.

3.8 Súmula

As sondagens analisadas por Massad (1985a, 1986b) permitiram caracterizar os diversos sedimentos que ocorrem na Baixada Santista e conhecer a sua distribuição em subsuperfície. Mapas do litoral paulista, com a distribuição em superfície, haviam sido apresentados anteriormente por Suguio e Martin (1978b). O Quadro 3.1 dá uma indicação sumária dessa distribuição.

As areias pleistocênicas constituem terraços alçados de 6 a 7 m em relação ao nível atual do mar, na Baixada Santista. Superficialmente, essas areias são amareladas, tornando-se de cor marrom, ou marrom-escura a preta, em profundidade, pela impregnação com matéria orgânica.

As camadas de argila média a rija, abaixo dos 20-25 m de profundidade, às vezes 15 m ou até menos, em toda a região oeste do Largo do Caneu, incluindo Alemoa e o Casqueiro, são resquícios das ATs. Foram também constatadas a leste, na Ilha de Santo Amaro e em partes da cidade de Santos. A profundidades abaixo dos 25-35 m, encontraram-se fortes indícios da presença das ATs que aparentam ser mais uniformes e homogêneas, numa macroescala, quando comparadas a outros sedimentos. A presença de folhas vegetais carbonizadas e de nódulos de areia quase pura, quando argilosas, ou bolotas de argilas, quando arenosas, parecem marcas distintivas das ATs.

Os terraços de areias holocênicas ocorrem entre o mar e os terraços de areias pleistocênicas, por vezes separados por

QUADRO 3.1 CARACTERÍSTICAS GERAIS E DISTRIBUIÇÃO DOS SEDIMENTOS NA BAIXADA SANTISTA

	Sedimentos	Características gerais	Distribuição
Pleistoceno	Areias	Terraços alçados de 6 a 7 m acima do N.M. São amareladas na superfície e marrom-escuras a pretas em profundidade.	SW da planície de Santos (Samaritá; bairro Areia Branca etc.).
	Argilas transicionais (ATs)	Ocorrem a 20-35 m de profundidade, às vezes, 15 m, ou até menos. Argilas médias a rijas, com folhas vegetais carbonizadas (Teixeira, 1960a) e com nódulos de areia quase pura, quando argilosas, ou bolotas de argilas, quando arenosas (Petri e Suguio, 1973).	SW da planície de Santos, incluindo Alemoa e o Casqueiro. Leste da planície de Santos (Ilha de Santo Amaro, perto do Cais Conceiçãozinha); cidade de Santos.
Holoceno	Areias	Terraços de 4 a 5 m acima do N.M.. Não se apresentam impregnados por matéria orgânica. Revelam a ação de dunas.	Entre o mar e os terraços de areias pleistocênicas, com grandes extensões em Santos e Praia Grande.
	Argilas de SFL	Deposição em águas calmas de lagunas e de baías. Camadas mais ou menos homogêneas e uniformes de argilas muito moles a moles (regiões de "calmaria").	Cidade de Santos, Ilha de Santo Amaro e partes da Cosipa.
		Deposição pelo retrabalhamento dos sedimentos pleistocênicos ou sob a influência dos rios. Acentuada heterogeneidade, disposição mais ou menos caótica de argilas muito moles a moles (regiões "conturbadas").	Na Ilha de Santana ou Candinha. Nos vales dos rios Piaçaguera, Mogi, Jurubatuba etc.
	Argilas de mangues	Sedimentados sobre os SFL. Por vezes, alternâncias de argilas arenosas e areias argilosas de forma caótica.	Nas margens e fundos de canais, braços de marés e da rede de drenagem.

paleolagunas holocênicas e são de grandes extensões nas regiões de Santos e Praia Grande. Sem matéria orgânica, revelam a ação pretérita de dunas, particularmente em Samaritá, na Ilha de Santo Amaro e mesmo na cidade de Santos.

As argilas de SFL mostram, por vezes, características de homogeneidade e uniformidade, com a entremeação de camadas de areias contínuas, de espessuras constantes. A palavra que descreve essa feição é "calmaria". Regiões de "calmaria" são encontradas, por exemplo, na Ilha de Santo Amaro, onde a erosão que antecedeu a Transgressão Santos aproximou-se do topo rochoso e, posteriormente, com o advento desse último episódio, deve ter-se formado uma grande baía ou laguna (águas paradas, Núcleo 2 da Fig. 3.1), onde depositaram-se os sedimentos. As argilas que ocorrem na cidade de Santos aparentam ter essas características, depositadas há 7 mil anos, sob camada de areia regressiva, provavelmente com idade de 5,1 mil anos.

Outras vezes, os SFL apresentam-se com acentuada heterogeneidade e distribuição caótica, como na Ilha de Santana ou Candinha, como consequência de um retrabalhamento dos sedimentos pleistocênicos, provocado pela Transgressão Santos. Nos Vales de rios como Mogi e Piaçaguera, onde se localiza a Cosipa, existem sedimentos que aparentam "calmaria" e, outros, deposição em ambientes "conturbados", mostrando interdigitação, provavelmente devido à proximidade da rede fluvial (Núcleo 1 da Fig. 3.1).

Conforme dados de Massad (1985a) e Teixeira (1988), ao longo do Canal do Porto até o Largo do Caneu, em locais como Alemoa, Saboó, Macuco e Conceiçãozinha, os solos apresentam-se mais arenosos, o que se reflete nos índices de compressão, mais baixos, e nas densidades naturais, mais elevadas.

Os mangues, sedimentados sobre os SFL, nas margens e fundos de canais, braços de marés e da rede de drenagem, podem apresentar alternâncias, de forma caótica, de argilas arenosas e areias argilosas, com consistência de vasa.

Para diferenciar os solos das três unidades genéticas, pode-se recorrer ao SPT, ao CPTU, ou ao SPT-T. Como mostra a Tab. 3.3, com exceção de T/N e R_f, os outros parâmetros permitem diferenciar os diversos tipos de sedimentos, e as situações limítrofes poderão ser resolvidas usando-os de forma complementar.

Nos Caps. 4 e 5, a classificação sintetizada na Tab. 3.3 e os critérios de diferenciação serão postos à prova, em confronto com resultados de ensaios específicos da Engenharia de Solos.

TAB. 3.3 SÍNTESE DAS PROPRIEDADES DIFERENCIADORAS DAS ARGILAS

Características	Argilas holocênicas		Argilas pleistocênicas
	Mangue	SFL	ATs
Prof. (m)	≤ 5	≤ 50	20-45
SPT	0	0-4	5-25
T (kg.m ou kN.cm)	-	2-10	> 10
T/N(kN.cm/golpe)	-	> 1	0,5 a 4
f_T (kPa)	-	5-50	> 40
B_q	-	0,4-0,9	(−0,1)-0,2
q_t (MPa)	-	0,5-1,5	1,5 a 2,0
R_f (%)	-	1,5-4,0	1,5-2,0

B_q – coeficiente de poropressão do CPTU
q_t – resistência de ponta do cone, corrigida
R_f – razão de atrito do CPTU
f_T – adesão de Ranzine (1994), determinada pelo torque (SPT-T)

4 O Sobreadensamento das Argilas da Baixada Santista e da Cidade de Santos

Um período de 5 a 7 mil anos é bastante longo para considerar o nível do mar estável. Suas variações podem explicar o sobreadensamento de argilas, em bases puramente mecânicas (Massad, 1987 e 1988c) em vez de químicas (troca catiônica, cimentação entre partículas etc.) ou pelo efeito do *aging* (Bjerrum, 1967) nos solos de Oslo (Cap. 1). É o que se pretende enfatizar neste capítulo com as argilas marinhas da Baixada Santista e, sempre que possível, em contraponto com outros solos do litoral brasileiro.

4.1 Mecanismos de sobreadensamento na Baixada Santista

Para as argilas marinhas da Baixada Santista, os possíveis mecanismos de sobreadensamento são: a) pressão total de terra; b) oscilação negativa do nível do mar durante os últimos 7 mil anos; c) a ação de dunas; d) os movimentos das "ilhas-barreira"; e) o *aging* ou "envelhecimento". Cerca de duas dezenas de perfis geotécnicos foram apresentados por Massad (1985a, 1987), ilustrando os mecanismos a, b e c.

Em alguns locais no Rio de Janeiro (Costa Filho et al., 1985; Gerscovich et al., 1986; Teixeira, 1988; Almeida et al., 2005), em Recife (Coutinho et al., 1993, 2000, 2002), no Sergipe (Brugger et al., 1994; Sandroni et al., 1997) e em Porto Alegre (Soares et al., 1997; Schnaid et al., 2000, 2001), encontram-se pressões de pré-adensamento mais elevadas perto da superfície, caracterizando, por vezes, crostas ressecadas. O primeiro a observá-las na Baixada Fluminense (RJ) foi Pacheco Silva (1953b), que as atribuiu a abaixamento do N.A., por ação antrópica. Em contraponto com um caso constatado em Santa Cruz, Rio de Janeiro, Teixeira (1988) destacou que o fenômeno não foi observado na Baixada Santista, fato atestado pelas quase duas dezenas de perfis de subsolo. É uma situação semelhante à que ocorre em certos trechos da Baía de Sepetiba (RJ) e da Baía de Guanabara (Costa Filho et al., 1985).

4.2 Argilas transicionais (ATs)

Como se viu no Cap. 1, há muito tempo que os engenheiros de solos deparavam-se com a presença de argilas médias a rijas, mesmo duras e altamente sobreadensadas. Esse sobreadensamento era revelado por ensaios de adensamento, feitos em amostras indeformadas. A partir da década de 1990, começaram a ser executados ensaios de piezocone na Baixada Santista, que confirmaram a presença de argilas sobreadensadas. Todos os ensaios confirmam a história geológica delineada no Cap. 1: as pressões de pré-adensamento são consistentes com as pressões totais de terra (Massad, 1999).

4.2.1 Ensaios de adensamento

Em alguns locais, em que se dispunha de informações mais completas, constata-se uma relação entre peso total de terra (atual) e pressão de pré-adensamento. A comparação é com o peso "atual", pois desconhecem-se as espessuras e os tipos de sedimentos (areia, ou argila, ou ambas) que se sobrepunham às argilas transicionais, antes da sua erosão parcial (terceiro estágio na Fig. 1.5 e como já citado no Cap. 3). Lembra-se que as areias marinhas pleistocênicas alçavam 6 a 7 m acima do nível atual da maré alta.

Um dos locais é a região da Ilha de Santana ou Candinha (Cap. 2), onde ocorre, abaixo dos 14 m, camada de argila transicional, com SPT da ordem de 5. As pressões de pré-adensamento aproximam--se do peso total atual de terra (não submersa) (Fig. 4.1).

Em Alemoa (Fig. A da Introdução), constatou-se um resultado análogo: amostras de argilas transicionais, de até cerca de 40 m de profundidade, permitiram estabelecer a variação da pressão de pré-adensamento com a profundidade (Fig. 3.11). Camadas de ATs, de consistência média a rija, foram encontradas em dois outros locais (Caps. 2 e 3).

Amostras extraídas no local para a construção da Ponte sobre o Canal do Casqueiro – Via Anchieta – revelaram pressão de pré-adensamento de 250 kPa para as camadas profundas (argilas transicionais), de consistência média a rija (Figs. 3.7, 3.8 e Apêndice 4.1).

No trabalho de Samara et al. (1982), encontram-se duas sondagens: a primeira, SP-7 (Cap. 3), revelou a ocorrência de camada inferior de argila, abaixo dos 18 m, com SPT de até cinco golpes e pressão de pré-adensamento de 200 kPa, aproximadamente. A segunda, a SP-6, mostrou, a 23 m de profundidade, um valor de 250 kPa para essa pressão. Em ambos os casos, as pressões não encontraram justificativas no peso efetivo atual de terra.

Perto da Praia de Itararé, em São Vicente, Teixeira (1960a) encontrou 600 a 700 kPa para um "bolsão" de argila marinha. Em relatório não divulgado, ao qual se teve acesso em fins da década de 1990, Kutner (1979) apresentou resultados de estudos geológicos na área da Cosipa que mostravam conhecimentos dos estudos de Suguio e Martin (1978a, 1978b), e a conjetura de que os dados de Teixeira implicariam coberturas de mais de 40 m de solos sobre os analisados. Kutner aventou duas hipóteses: 1) teria ocorrido uma deposição no fim do Pleistoceno, até cotas desconhecidas, mais elevadas que a atual, para, na glaciação

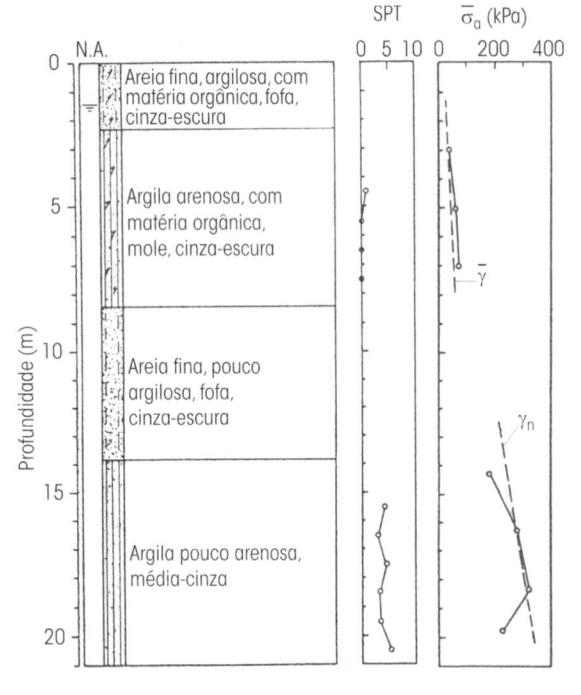

FIG. 4.1 *Parâmetros geotécnicos, Via dos Imigrantes (Est. 127, 15 mE)*

que se seguiu, serem total ou parcialmente erodidas; 2) teria havido uma deposição de sedimentos no Holoceno, em cota mais baixa do que a atual, resultando em um depósito de grande espessura, que teria sido alçado, por um processo de soerguimento da Serra do Mar e, em seguida, removido parcialmente até o nível de erosão. No entanto, tudo leva a crer que o "bolsão" mencionado por Teixeira seja resquício da Formação Cananeia (argila transicional), conforme hipótese aventada por Massad (1985a): graças ao escudo protetor dos morros, pontões do embasamento pré-cambriano, o referido bolsão resistiu à ação erosiva dos rios na época da regressão que sucedeu à Transgressão Cananeia (Fig. 2.1).

Castello et al. (1986) observaram pressões de pré-adensamento de 300 kPa para amostras de argilas em Vitória (ES), extraídas de 13 m de profundidade, subjacentes a camadas de areia medianamente compactas ou compactas. Corresponderiam às ATs da Baixada Santista?

4.2.2 Piezocones (CPTUs)

Ensaios de piezocone (CPTU) realizados na década de 1990, em Conceiçãozinha e na cidade de Santos (Fig. A), forneceram novos dados (Cap. 3) para a identificação e classificação dos sedimentos. Os piezocones utilizados têm as características apresentadas na Tab. 3.2.

As pressões de pré-adensamento ($\bar{\sigma}_a$) foram calculadas pela correlação empírica proposta por Kulhawy e Mayne (1990), citada por Coutinho et al. (1993):

$$\bar{\sigma}_a = \frac{q_t - \sigma_{vo}}{N_{\sigma t}} \quad (4.1)$$

onde:

q_t – resistência de ponta corrigida;
σ_{vo}, – pressão vertical total;
$N_{\sigma t}$ – fator empírico igual a 3,3 (Mayne et al., 1998) ou 3,4 (Demers e Lerouiel, 2002).

Adotou-se para $N_{\sigma t}$ um valor igual a 3, com o que se obteve $\bar{\sigma}_a$ entre 400 e 800 kPa, com média de 500 kPa (Figs. 4.2 a 4.4). Outra confirmação de que se tratava de ATs foram os valores de pressão neutra medidos

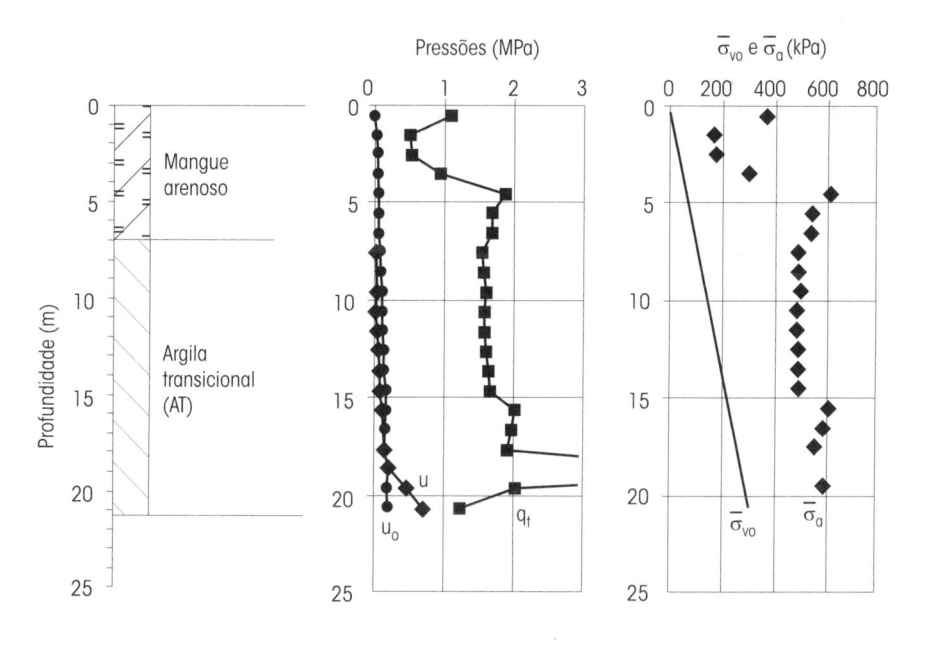

FIG. 4.2 *CPTU-4, Ilha de Santo Amaro, próximo a Conceiçãozinha*

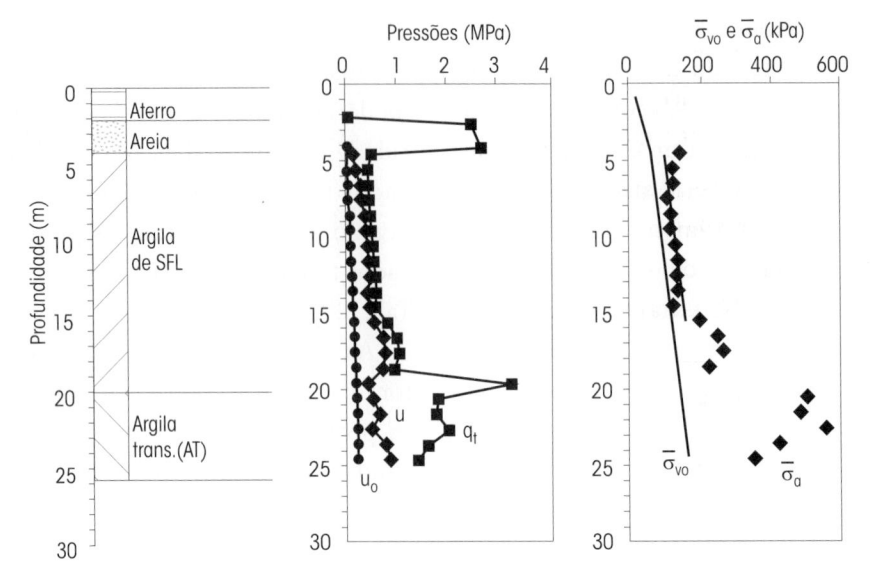

FIG. 4.3 *CPTU-12, Ilha de Santo Amaro, próximo a Conceiçãozinha*

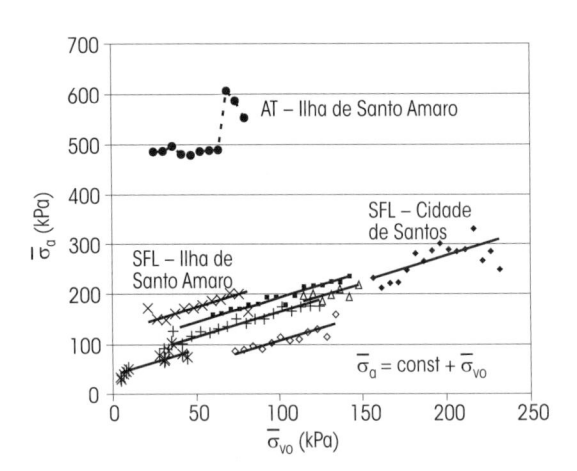

FIG. 4.4 *Pressão de pré-adensamento ($\overline{\sigma}_a$) dos CPTUs em função de $\overline{\sigma}_{vo}$ – Baixada Santista*

durante os ensaios, menores do que as pressões hidrostáticas iniciais, indicando dilatação dos solos (Figs. 3.16 e 3.18). Ademais, os solos, com SPT = 5 a 6, eram constituídos de argila com núcleos (bolotas) de areia fina, ou vice-versa, fato marcante nas ATs (Tab. 3.2).

A validação da expressão (4.1) com $N_{\sigma t}$ = 3 será feita mais adiante, confrontando-se dados de um aterro de 5,8 m de altura, construído em cinco etapas, e resultados de um CPTU. O Apêndice 4.3, que descreve a metodologia para fixar o valor de $N_{\sigma t}$ à luz da história geológica ou das tensões, seguindo recomendação de Demers e Lerouiel (2002), também confirma $N_{\sigma t}$ = 3 para a Ilha de Santo Amaro.

4.3 Argilas de SFL

Para as argilas holocênicas (SFL) de diversos pontos da Baixada Santista, em regiões de antigos manguezais, pântanos, lagunas e vales de rios, identificaram-se mecanismos de pré-adensamento como a oscilação negativa do nível do mar; a ação de dunas; e o *aging* ou envelhecimento das argilas.

A Tab. 4.1 mostra as classes de argilas holocênicas (SFL), classificadas quanto ao tipo de sedimento aflorante e ao mecanismo de pré-adensamento. A Classe 1 predomina principalmente nas partes centrais da planície costeira de Santos; a Classe 2 encontra-se na Ilha de Santo Amaro; e as Classes 3 e 4, na cidade de Santos. Dispunha-se de cerca de 20 perfis de história das tensões (PHT), obtidos por ensaios odométricos em amostras indeformadas (Apêndice 4.1) e 15 ensaios de cone (CPTUs).

TAB. 4.1 CLASSES DE ARGILAS HOLOCÊNICAS (SFL) – BAIXADA SANTISTA

N°	Condição da argila	Mecanismo de pré-adensamento	SPT	RSA	Tipo de ensaio	Local	$\overline{\sigma}_a - \overline{\sigma}_{vo}$ (kPa)	c_o (kPa)
1	Aflorante	Oscilação negativa do nível do mar	0	1,3-2,0	Oedométrico (12 PHT)	Interior da Baixada Santista	20-30	5-20 (VT)
2	Aflorante	Ação de dunas	1-4	> 2,0	Oedométrico (2 PHT)+ 14 CPTUs	Ilha de Santo Amaro	50-120	25-35 (VT)
3	Sob camada de 8-12 m de areia	Oscilação negativa do nível do mar	1-4	1,0-1,3	Oedométrico (4 PHT)+1CPTU	Orla praiana da cidade de Santos	15-30	10-20 (UU)
4	Sob camada de 8-12 m de areia	Ação de dunas	1-4	> 1,4	Oedométrico (2 PHT)	Cidade de Santos	40-90	> 35 (VT)

RSA – relação de Sobreadensamento; c_o – constante da expressão (2.1); PHT – Perfis de história das tensões; CPTU – Cone penetration test, com medida da pressão neutra; VT – Vane Test; UU – ensaio triaxial não adensado, rápido; $\overline{\sigma}_p$ e $\overline{\sigma}_{vo}$ – pressão de pré-adensamento e pressão vertical efetiva inicial, respectivamente

4.3.1 Classe 1: argilas de SFL aflorantes, levemente sobreadensadas

Em geral, as pressões de pré-adensamento ($\overline{\sigma}_a$) das argilas de SFL da Classe 1 situam-se ligeiramente acima do peso efetivo de terra. São aflorantes, ou com pequena cobertura de camadas de areia ou de aterro, levemente sobreadensadas, com 1,3 ≤ RSA ≤ 2, em que RSA é a relação de sobreadensamento, isto é, a razão entre $\overline{\sigma}_a$ e a pressão vertical efetiva de terra (atual).

A análise de cerca de 20 perfis de subsolo (Apêndice 4.1), de diversos pontos da Baixada Santista (Figs. 3.11, 4.1, 4.5A e 4.5B), mostrou

TAB. 4.2 BAIXADA SANTISTA: ARGILAS DE SFL, COM RSA ≤ 2 E SPT = 0 (CLASSE 1)

Local	SPT	γ_n (kN/m³)	$C_c/(1 + e_o)$	$\overline{\sigma}_a$ (kPa)	s_u (kPa) (VT)
Alemoa	0	15,5	0,33	35 + 5,5z	13 + 2,0z
Cubatão	0	13,5	0,47	20 + 3,5z	6 + 1,7z
			—	30 + 5,0z	15 + 1,6z
Vale dos rios Mogi e Piaçaguera	0	13,6	—	24 + 3,6z	8 + 1,8z
		14,0	—	33 + 3,5z	14 + 1,7z
		14,2	0,42	33 + 4,2z	11 + 1,7z
Vale do rio Quilombo	0	14,0	0,44	13 + 4,0z	6 + 2,3z
Vale do rio Jurubatuba	0	13,8	0,48	26 + 3,8z	18 + 1,4z
Vale do rio Diana/Canal de Bertioga	0	14,6	0,41	28 + 4,6z	7 + 2,1z
		13,5	0,45	21 + 3,7z	7 + 1,6z
		13,5	0,51	27 + 3,3z	15 + 1,0z
Ilha de Santo Amaro	0	13,8	0,48	22 + 3,8z	5 + 2,1z

Fonte: Massad, 1985a.
VT – Vane Test

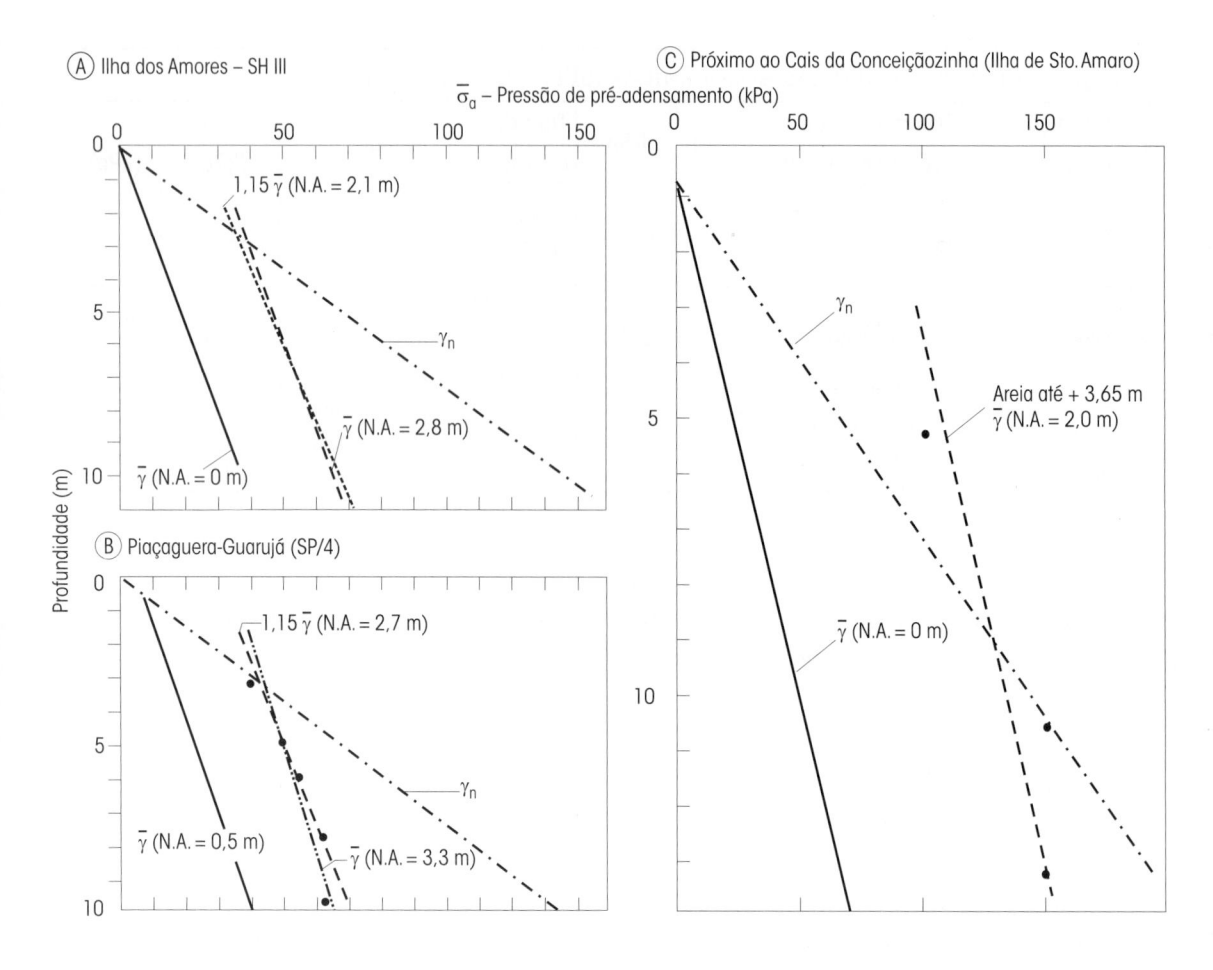

FIG. 4.5 *História das tensões - argilas de SFL (Classe 1) - Baixada Santista*

que há um paralelismo entre a pressão de pré-adensamento e a pressão efetiva de terra, ou uma correlação do tipo:

$$\bar{\sigma}_a = const + \bar{\sigma}_{vo} \quad (4.2)$$

As Tabs. 4.2 e 4.3 mostram algumas das correlações obtidas por Massad (1985a) e Teixeira (1988).

Tal constatação sugere um sobreadensamento por sobrecarga, devido ao abaixamento do nível d'água, o que vem de encontro à oscilação negativa do N.R.M. (Fig. 1.2). As Figs. 4.6A e B (Martin et al., 1982) mostram posições de amostras datadas em relação à curva de variação do N.M. Massad (1985a) havia estimado em 2 a 3 m, média de 2,4 m, o

TAB. 4.3 BAIXADA SANTISTA: ARGILAS DE SFL, COM RSA > 2 E 1 ≤ SPT ≤ 4

Local	SPT	γ_n (kN/m³)	$C_c/(1 + e_o)$	$\bar{\sigma}_a$ (kPa)	s_u (kPa) (VT)
Conceiçãozinha	0,3 + 0,077z	14,8 + 0,05z	0,34*	80 + 5,3z*	35 + 2,3z
Saboó	0,4 + 0,113z	—	—	—	32 + 2,0z
Macuco	0,3 + 0,100z	14,9 + 0,10z	—	—	26 + 2,4z

*Fonte: Teixeira (1994) e *Massad, 1985a.*

VT – Vane Test

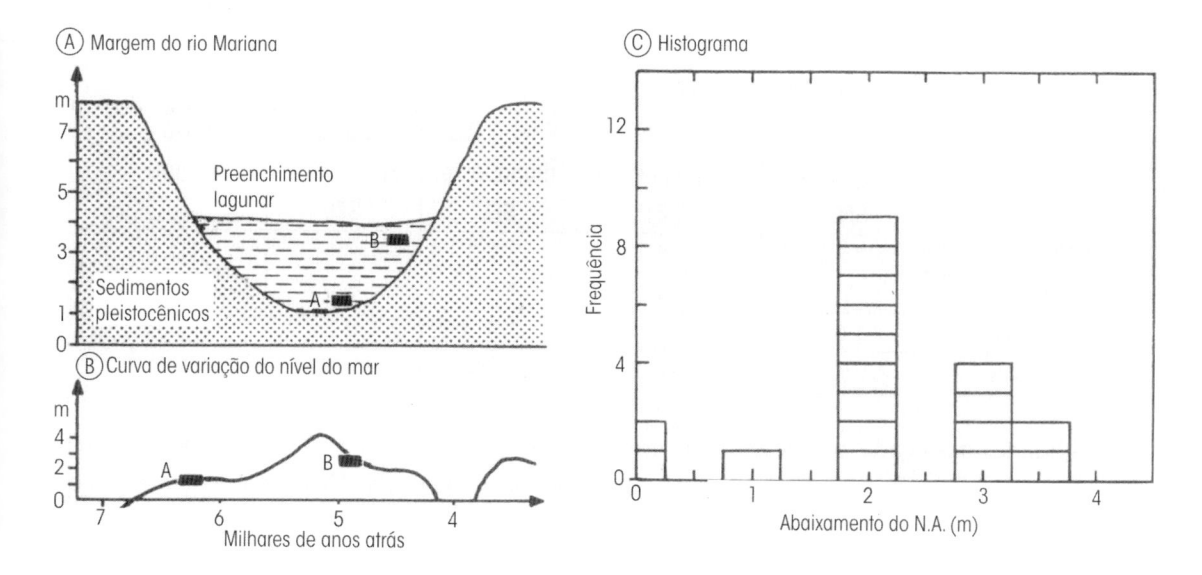

FIG. 4.6 *Argilas de SFL: influência da variação do N.M. na história de tensões. (A) e (B): Martin et al. (1982); (C): Massad (1985a).*

abaixamento do N.A. (Fig. 4.6C), mas fez-se uma revisão dessas cifras, após estudo sobre o efeito combinado abaixamento do N.A. – *aging*.

A hipótese exclusiva de envelhecimento (*aging*) das argilas de SFL não se sustenta pois, fosse ela verdadeira, as pressões de pré-adensamento deveriam crescer com o peso efetivo de terra ($\bar{\sigma}_{vo}$), com RSA constante, independentemente da profundidade, o que não se constatou. Pode-se argumentar que o pré-adensamento, provocado pelas oscilações negativas do nível do mar, sobrepôs-se ao efeito do *aging*, mascarando-o com um mecanismo compreensível. E sete mil anos é muito tempo para supor um nível do mar constante. A hipótese de um efeito combinado, de "sobrecarga" e *aging*, aplicada a dois locais da Baixada Santista (Pérez e Massad, 1997), levou à conclusão de que a oscilação negativa do N.M. é responsável por cerca de 80% do sobreadensamento desses solos, ou que $\bar{\sigma}_a$ poderia crescer com a profundidade a uma taxa 15% acima da de $\bar{\sigma}_{vo}$, desviando-se levemente do paralelismo

mencionado (Figs. 4.5A e B), e a máxima amplitude da oscilação negativa do N.M. pode ser estabelecida em 2 m (Massad et al., 1999, Apêndice 4.2).

As argilas moles do Rio de Janeiro, dos tipos SFL e mangue (Tab. 4.4), apresentam-se levemente sobreadensadas, com pressões de pré-adensamento linearmente crescentes com a profundidade, a uma taxa pouco maior do que o crescimento do peso efetivo de terra, fato atribuído ao *aging* (Lacerda et al., 1977). Costa Filho et al. (1985) citam *aging* e variação do N.A., enquanto Almeida (1982) e Almeida et al. (2005) dão mais importância a este último fator.

As argilas de Recife, também dos tipos SFL e mangue (Tab. 4.4), aparentam ser normalmente adensadas ou com certo sobre-adensamento, cuja causa foi atribuída ao ressecamento de camadas superiores e ao *aging* (Ferreira et al., 1986; Coutinho, 2002). A variação da pressão de pré-adensamento com a profundidade é do tipo solo ressecado entre 6 e 10 m de profundidade e, abaixo dos 10 m, linearmente crescente com a

TAB. 4.4 OUTROS SOLOS DA COSTA DO BRASIL: CARACTERÍSTICAS E PROPRIEDADES GEOTÉCNICAS

Item	Rio de Janeiro mangues e SFL	Recife (PE) mangues e SFL (PE)	Vitória (ES) mangues e SFL	Porto Rio Grande SFL	Porto Sergipe —
Prof. (z) (m)	15	28	13	40	11
SPT	0	0-2	0-5	—	—
e	1-5	1-5	—	0-9	1-2
$\bar{\sigma}_a$ (kPa)	≤ 60	15-190	≤ 300	30-350	60-100

profundidade, deslocada paralelamente em mais de 20 kPa em relação ao peso efetivo de terra, o que denota influência de variações do N.A. (Ferreira et al., 1986). Coutinho et al. (1993 e 1994) apresentaram um perfil de subsolo em que não há esse deslocamento em local em que houve terraplenagem.

Pressões de pré-adensamento mais elevadas, perto da superfície, são observadas nas argilas marinhas de Sergipe (Brugger et al., 1994; Sandroni et al., 1997) e de Porto Alegre (Soares et al., 1997; Schnaid et al., 2001), muitas vezes atribuídas ao ressecamento. A ocorrência de artesianismo nos depósitos de argilas moles, em Sergipe, Pernambuco e no Rio Grande do Sul, pode explicar o sobreadensamento das camadas superiores, pelo mecanismo apresentado no Apêndice 1.2.

Uma camada de argila mole do Rio Grande do Sul, com 15 m de espessura média, subjacente a 25m de areia, revelou ser normalmente adensada ou levemente sobreadensada (Dias et al., 1994 e 2001; Dias, 2001; e Bastos et al., 2008). A Tab. 4.4 mostra outros dados sobre a argila.

4.3.2 Classe 2: argilas de SFL aflorantes muito sobreadensadas

Casos de argilas de SFL muito sobreadensadas (Classe 2 da Tab. 4.1) foram detectados na Ilha de Santo Amaro (Fig. 4.5C), cuja causa foi atribuída ao peso de dunas eólicas na região e em outros locais, como na parte oeste da Ilha de São Vicente, imediações do rio dos Bugres, e na região de Samaritá. O peso próprio das dunas justificaria tanto os valores de SPTs relativamente elevados nas camadas superiores de solo mole (argilas de SFL com 1 a 4 golpes/30 cm, conforme Cap. 3) quanto o sobreadensamento, bastante significativo: um aterro experimental de grandes dimensões, com 6,4 m de altura, construído na década de 1980, próximo ao Cais Conceiçãozinha, indicou Relações de Sobreadensamento (RSA) de ~2,5, confirmando resultados de ensaios em amostras indeformadas do local (Massad, 1985a e 1999). Nesses locais, a argila é praticamente aflorante, por vezes coberta por camadas de areias, ou aterros, ou mesmo de mangues.

Ensaios de laboratório, em amostras indeformadas, revelaram uma relação do tipo da expressão (4.2) (Fig. 4.5C), com a constante igual a 80 kPa, corroborando um adensamento por sobrecarga.

Os 15 ensaios feitos no Cais Conceiçãozinha, Ilha de Santo Amaro, ao lado do Canal do Porto (Núcleo 2 da Fig. 3.1), confirmam a expressão (4.2), com dispersão muito pequena em cada furo (Figs. 4.3, 4.7 e 4.8). A Fig. 4.4 permite comparação com resultados das ATs.

Quando se comparam os furos (Tab. 4.5), a constante da expressão (4.2) oscila em uma ampla faixa de valores, com cerca de 60% dos

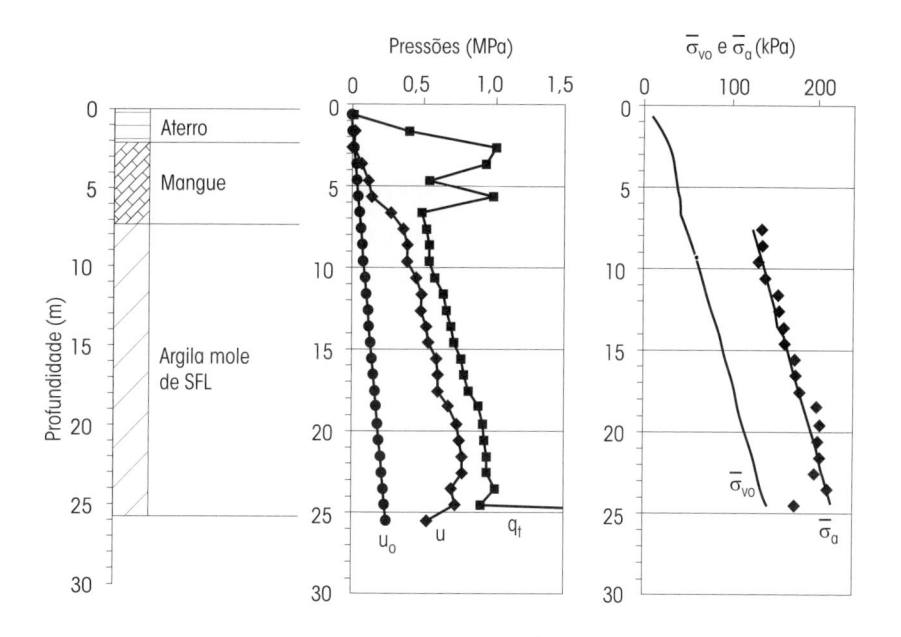

FIG. 4.7 CPTU-9, Ilha de Santo Amaro, próximo a Conceiçãozinha

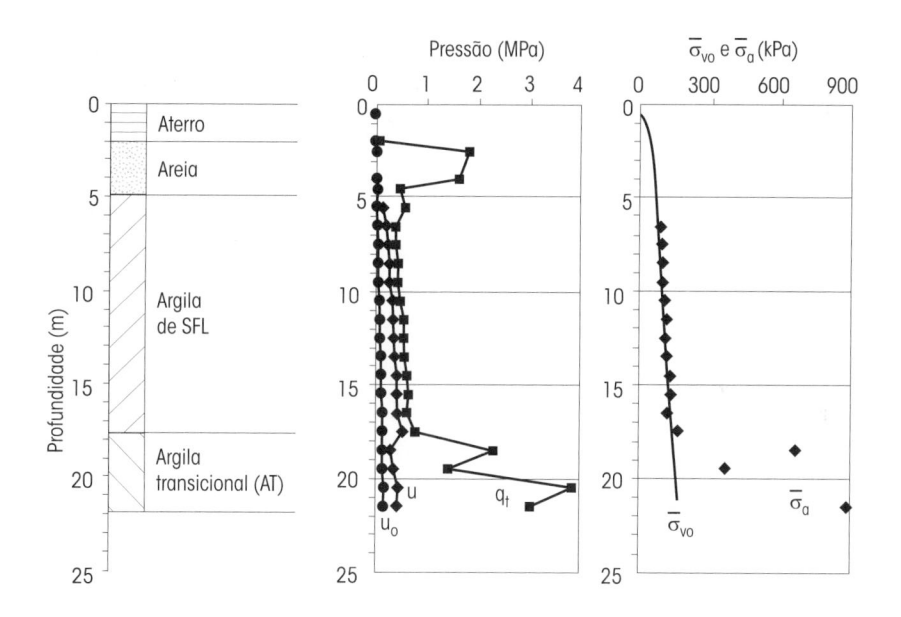

FIG. 4.8 CPTU-10, Ilha de Santo Amaro, próximo a Conceiçãozinha

casos variando entre 80 e 120 kPa, o que é justificável por se tratar da ação do peso de dunas, cujas alturas variam (predominantemente) entre 4 e 6 m.

Os dados apresentados na Fig. 4.9 mostram a curva carga-recalque obtida por monitoração de um aterro de 5,8 m de altura, construído em cinco etapas na Ilha de Santo Amaro, próximo a Conceiçãozinha, que será retomado no Cap. 6. O subsolo no local era constituído de camada de 22 m de argila holocênica (SFL, Classe 2 da Tab. 4.1), sobrejacente a 18 m de argila pleistocênica (AT). Enquanto para esta última camada

$\bar{\sigma}_a \cong 500$ kPa (Fig. 4.4), para a primeira camada, $\bar{\sigma}_a$ = 164 kPa, em média, valor extraído da Fig. 4.7 e que se aproxima da cifra $\bar{\sigma}_a$ = 168 kPa (Fig. 4.9). O resultado foi considerado por Massad (1999) uma validação da expressão (4.1), com $N_{\sigma t}$ = 3.

4.3.3 Classe 3: argilas de SFL profundas e levemente sobreadensadas

O leve sobreadensamento das argilas de SFL da cidade de Santos, com RSA variando entre 1,0 e 1,3, é consequência de oscilações negativas do nível do mar associadas a efeitos secundários de envelhecimento (*aging*) (Massad, 1985a; Massad et al., 1996). As cifras são relativamente baixas se comparadas com outros locais da Baixada Santista, pela existência de espessa camada de areia (Figs. 4.10 e 4.12), que, ao longo da orla marítima, oscila em geral entre 8 e 12 m, sobrejacente à argila mole, o que significa tensões verticais iniciais maiores e, consequentemente, menor influência das oscilações negativas do nível do mar (Figs. 4.11A e B). Os baixos valores, com RSA pouco acima de 1 (Fig. 4.10), explicam porque Teixeira (1994) chegou a considerar essas argilas normalmente adensadas, apesar do caso do Edifício U, por ele analisado, ter revelado uma RSA $\cong$ 1,1.

TAB. 4.5 RESULTADOS DE ENSAIOS DE PIEZOCONE EM CONCEIÇÃOZINHA - ARGILAS DE SFL

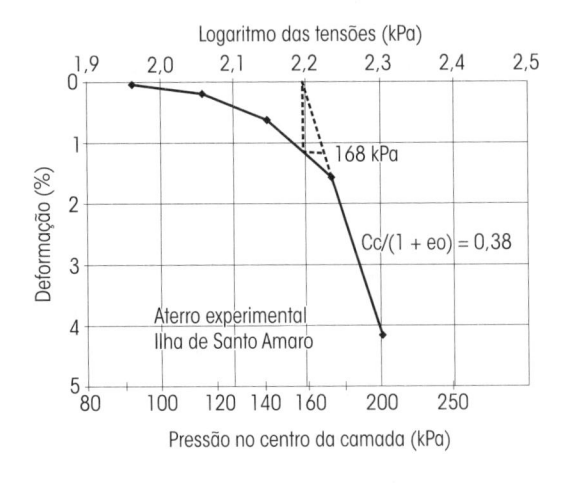

CPTU	$\bar{E}_L/\bar{\sigma}_a$	$\bar{\sigma}_a$ (kPa)	CPTU	$\bar{E}_L/\bar{\sigma}_a$	$\bar{\sigma}_a$ (kPa)
1	17	94 + $\bar{\sigma}_{vo}$	9	18	76 + $\bar{\sigma}_{vo}$
2	16	124 + $\bar{\sigma}_{vo}$	10	19	8 + $\bar{\sigma}_{vo}$
3	17	66 + $\bar{\sigma}_{vo}$	11	16	78 + $\bar{\sigma}_{vo}$
5	17	71 + $\bar{\sigma}_{vo}$	12	17	42 + $\bar{\sigma}_{vo}$
6	18	62 + $\bar{\sigma}_{vo}$	13	17	89 + $\bar{\sigma}_{vo}$
7	18	57 + $\bar{\sigma}_{vo}$	14	17	94 + $\bar{\sigma}_{vo}$
8	17	92 + $\bar{\sigma}_{vo}$	15	17	100 + $\bar{\sigma}_{vo}$

FIG. 4.9 *Curva tensão–deformação de campo*

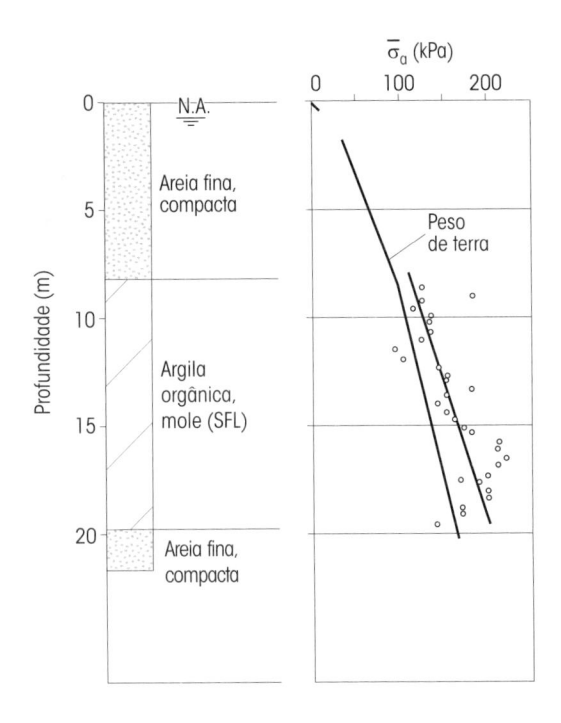

FIG. 4.10 *Perfil de sondagem e de história geológica: cidade de Santos (Edifícios C e D)*

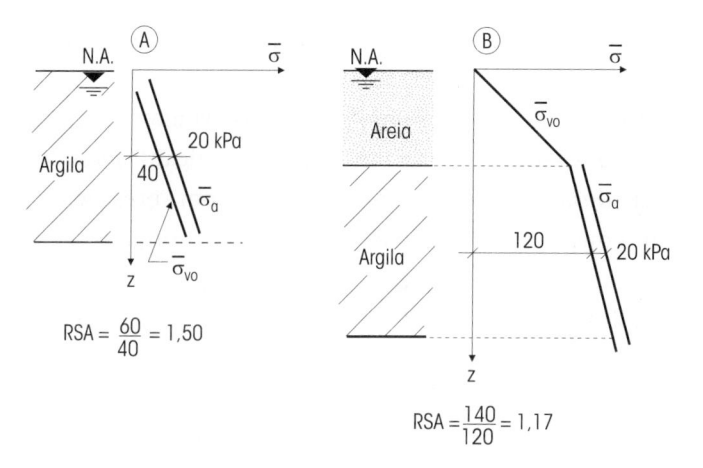

FIG. 4.11 *Argilas de SFL: A) Classe 1; B) Classe 3 (cidade de Santos)*

4.3.4 Classe 4: argilas de SFL profundas e sobreadensadas

Existem evidências da ocorrência de argilas de SFL mais sobreadensadas do que o esperado para a cidade de Santos (Classe 4, Tab. 4.1). Teixeira (1988) mostrou perfis de subsolo em Macuco e no estuário em Santos, que se enquadram nessa classe, isto é, $\overline{\sigma}_a - \overline{\sigma}_{vo} \approx 40$ a 90 kPa e $c_o > 35$ kPa.

Três ensaios de piezocone foram feitos na cidade de Santos, no terreno onde foi construído o Edifício Unisanta, com sete pavimentos, mas com cargas muito elevadas, equivalente a dez pavimentos. A Fig. 4.12, referente a um ensaio (CPTU-2), mostra que as pressões de pré-adensamento satisfazem a expressão (4.2), tendo-se obtido $\overline{\sigma}_a = 160 + 5 \cdot z = 80 + \sigma_{vo}$(kPa), contra $\overline{\sigma}_a = 120 + 5 \cdot z \cong 40 + \sigma_{vo}$ (kPa) de ensaios de adensamento, realizados por Oliveira (2001). Para esse piezocone, adotou-se $N_{\sigma t} = 3$ (Apêndice 4.3), cuja validação será feita

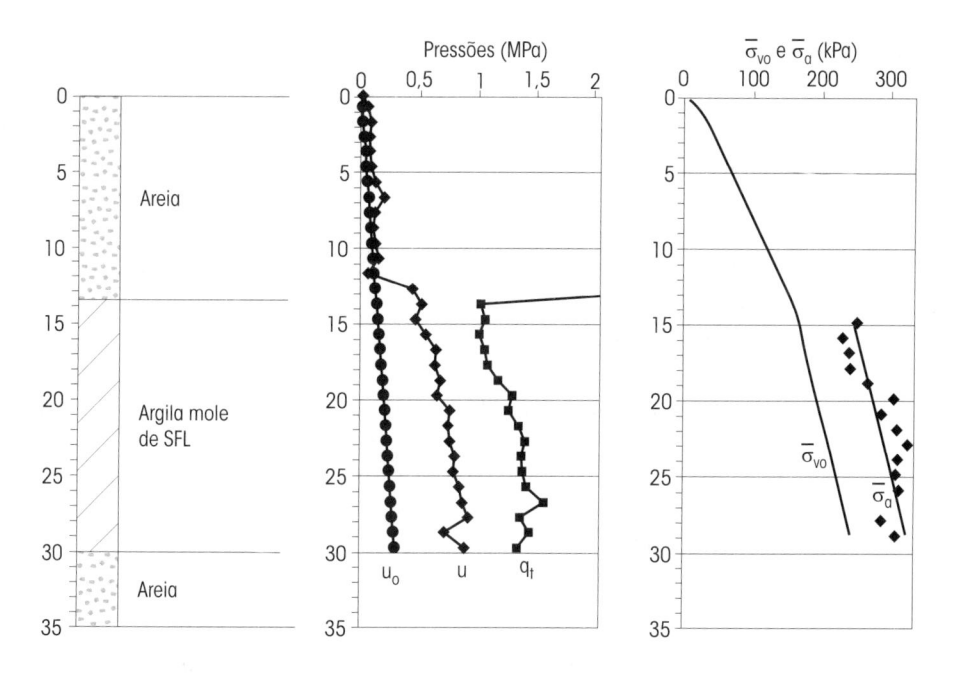

FIG. 4.12 *CPTU-2, Edifício Unisanta, cidade de Santos*

no Cap. 7, quando da análise dos recalques do Edifício Unisanta em função da RSA (portanto, do pré-adensamento) e do nível de tensões aplicado na camada compressível.

A causa provável desse sobreadensamento é a ação de dunas que estiveram ativas na cidade de Santos (Cap. 1). Conjectura-se que essa classe de argilas de SFL possa ser encontrada também nas regiões de Alemoa e Saboó, coexistindo com as Classes 1 e 3, pelo caráter contingente da ação das dunas, podendo, em parte, ser responsáveis por desaprumos de alguns edifícios da cidade de Santos. Não deve ser descartada a possibilidade do sobreadensamento das argilas de SFL da Classe 4 em alguns locais dever-se ao deslocamento das ilhas-barreira, no contexto da formação dos deltas intra-lagunares (Cap. 1). Valem as considerações feitas (Fig. 4.11): as RSA das argilas da Classe 4 podem ser bem baixas, quando comparadas com as argilas da Classe 2.

4.4 Argilas de manguezais

Para os mangues, os poucos dados disponíveis indicam solos levemente sobreadensados, com pressões de pré-adensamento médias da ordem de 30 kPa. Em um dos locais (Fig. 4.13A e Tab. 4.6) foram extraídas amostras indeformadas e obteve-se $\bar{\sigma}_a = 16 + \bar{\gamma} \cdot z$, com $\bar{\gamma} = 3{,}3$ kN/m^3. Em outro local (Fig. 4.13B e Tab. 4.6), em que o mangue, com cerca de 2 m de espessura, aflorava à superfície, notou-se um sobreadensamento por peso total de terra. A expressão obtida foi $\bar{\sigma}_a = 3{,}3 + \gamma_n \cdot z$, com $\gamma_n = 13$ kN/m^3. Em ambos os casos, pode-se explicar o sobreadensamento por um simples mecanismo de abaixamento do N.A., sem definir a época de sua ocorrência.

Ensaios de piezocone mostraram valores de $\bar{\sigma}_a$ com grande dispersão. Em Conceiçãozinha, os mangues ocorrem, por vezes, associados a camadas de areias muito fofas,

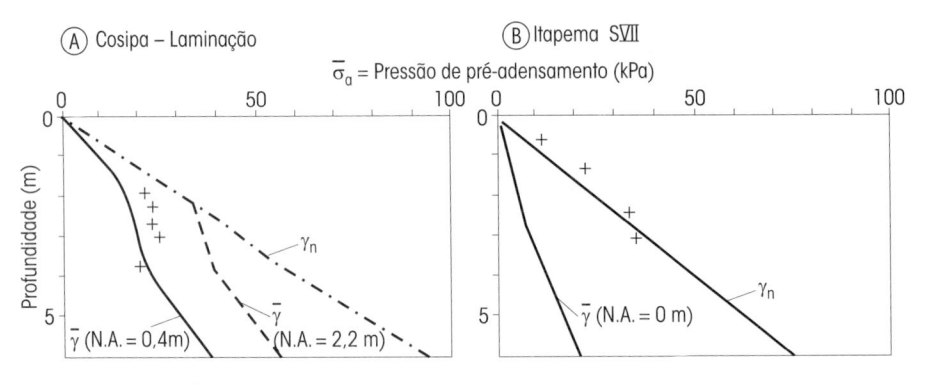

FIG. 4.13 *Perfis de história das tensões em mangues - Baixada Santista*

TAB. 4.6 PRESSÃO DE PRÉ-ADENSAMENTO ($\bar{\sigma}_a$) DAS ARGILAS DE MANGUES

N°	Local	Dados	$\bar{\sigma}_a$ (kPa)	Fonte
1	Vales dos rios Diana, Mogi e Piaçaguera	2 perfis de subsolo (0-4 m)	20-30 kPa	Massad (1985a)
2	Itapema	1 perfil de subsolo (0-2 m)	$\bar{\sigma}_a = 16 + \bar{\gamma} \cdot z$, com $\bar{\gamma} = 3{,}3$ kN/m^3	Massad (1985a e 1999)
3	Cosipa (Laminação)	1 perfil de subsolo (2-3, 5 m)	$\bar{\sigma}_a = 3{,}3 + \gamma_n \cdot z$, com $\gamma_n = 13$ kN/m^3	Massad (1985a e 1999)

em que os valores de q_t oscilam muito, numa faixa de 0 a 1 MPa; nessa situação, os valores de SPT são de 1/60 a 1/40. Para as partes mais argilosas dos mangues, os q_t são muito baixos, da ordem de 0,1 a 0,25 MPa e os valores de SPT são nulos (0/40, 0/50). Os ensaios de piezocone foram interpretados com base na metodologia apresentada no Apêndice 4.3, com γ_n = 13 kN/m³, que resultou $N_{\sigma t} \cong$ 12 e, da expressão (4.1), $\overline{\sigma}_a$ = 6 + $\overline{\gamma}$ · z (kPa), comparável ao caso Itapema da Tab. 4.6.

4.5 Súmula

Os solos da Baixada Santista apresentam sobreadensamento que resultou, predominantemente, de mecanismos de carga-descarga, pelas variações do nível relativo do mar e pelo peso de dunas. Os efeitos do *aging*, no conceito de Bjerrum, se existirem, devem estar, pelo menos em parte, mascarados por esses mecanismos. Esse sobreadensamento foi confirmado depois da década de 1990, pelos resultados de ensaios de piezocone, principalmente na Ilha de Santo Amaro; até agora não se encontraram feições tipo "crosta ressecada".

Nas argilas transicionais (ATs), o forte sobreadensamento resulta do abaixamento do nível do mar, que atingiu –110 m há 17 mil anos A.P. Em alguns locais com informações mais completas pode-se constatar uma relação entre peso total de terra e pressão de pré-adensamento.

Quanto às argilas de sedimentos fluviolagunares e de baías (SFL), concluiu-se pelo predomínio de solos levemente sobreadensados e conjecturou-se que as oscilações negativas do nível do mar desempenharam um papel decisivo nessas "marcas" indeléveis. Suguio e Martin observaram indícios de abaixamentos do nível do mar em tempos passados, após a formação dos sedimentos holocênicos e, em correlações estatísticas, foi possível estimar em cerca de 2 m a máxima amplitude da oscilação negativa. As argilas de SFL podem ser fortemente sobreadensadas, pela ação de dunas eólicas, e a própria classificação desses sedimentos em quatro classes com propriedades distintas levou em conta a diferença no mecanismo do sobreadensamento.

Um fato inegável, confirmado pelo comportamento de obras civis na Baixada Santista é que as argilas de SFL não podem mais ser consideradas normalmente adensadas, como acontecia até meados da década de 1980.

Apêndice 4.1 – Variação da pressão de pré-adensamento com a profundidade

Até há pouco tempo, os depósitos argilosos da Baixada Santista eram considerados normalmente adensados ou "levemente" sobreadensados pelo fenômeno do envelhecimento (*aging*). Aparentemente, essa afirmação encontra respaldo nas datações dos sedimentos marinhos recentes na Baixada Santista, cujas origens remontam de 5 mil a 7 mil anos A.P.

Para as variações do nível do mar associadas à evolução costeira quaternária do Brasil, Suguio e Martin (1981) apresentaram um gráfico sugerindo que ele esteve abaixo do nível atual há 3,9 mil anos A.P. (Fig. 1.2). Ao longo do litoral paulista, entre Santos e Bertioga, os testemunhos desse abaixamento são os sambaquis, cujas bases estão próximas ou abaixo do nível da maré alta atual. Só não apresentam a cota que o nível médio do mar de então teria atingido, porque não se conhece a relação que existiu, no momento de sua construção, entre a base do sambaqui e o nível médio do mar (Suguio e Martin, 1978a).

No Litoral Norte do Estado de São Paulo e no litoral próximo da Guanabara, há indícios de um nível, inferior ao atual, que teria ocorrido há 2,7 mil anos A.P. (Suguio e Martin, 1981). Para esses autores, essas oscilações negativas do nível do mar justificam-se por um mecanismo de deformação da superfície do geoide, pois, na mesma época, eram contrabalanceadas por oscilações positivas observadas na Escandinávia.

A serem verdadeiras essas considerações, pode-se argumentar que os sedimentos fluviolagunares e de baías (holocênicos) sofreram um ligeiro sobreadensamento devido à oscilação negativa do nível do mar, que se sobrepôs ao efeito do *aging*, "mascarando-o".

O Mapa Geológico Preliminar da Baixada Santista (1973) e o mapa de Suguio e Martin (Fig. 3.1) abordam a ação eólica na Baixada Santista, que também deixou sua marca no sobreadensamento das argilas de SFL. O segundo mapa situa dunas tanto a oeste da planície de Santos (ao longo da Praia Grande) quanto a leste (na Praia da Enseada, no Guarujá). O primeiro mapa refere-se à ação eólica em "planícies de antigos sedimentos" na Ilha de Santo Amaro.

Máximo da oscilação negativa

Para a estimativa do nível mínimo do mar durante a ocorrência de suas oscilações negativas, tomou-se uma série de perfis de subsolo dos quais se dispunha de dados de pressões de pré-adensamento. São exemplos os perfis da Fig. 4.5.

Regressões lineares foram estabelecidas entre as pressões de pré-adensamento ($\overline{\sigma}_a$) e a profundidade (z) (Tab. 4.7). A maioria das informações refere-se aos sedimentos fluviolagunares e de baías (SFL); 40% dos casos de SFL apresentaram coeficiente de correlação (r) superior a 90%, e 60% dos casos tiveram r superior a 80%.

Ao comparar-se o coeficiente que mede a inclinação da reta (termo que multiplica z) com a densidade submersa $\overline{\gamma}$, nota-se, na maior parte dos casos, uma proximidade de valores, pois os depósitos de argilas foram adensados sob a ação do peso efetivo de terra.

As regressões lineares foram refeitas, com o valor de $\overline{\gamma}$ como um dos coeficientes, supondo que:

$$\overline{\sigma}_a = \alpha + \overline{\gamma} \cdot z \qquad (4.3)$$

A Tab. 4.7 mostra os valores de α e indica os novos coeficientes de correlação que se aproximaram dos anteriormente citados. Esses coeficientes, bem como os desvios-padrão, foram calculados seguindo procedimentos indicados por Costa Neto (1977, p. 200), com bases nas "variâncias residuais" das correlações.

A partir do conhecimento dos perfis dos subsolos dos diversos locais estudados e dos valores das densidades dos solos envolvidos, foi possível, por um processo gráfico, estimar o nível d'água mínimo que justificasse as constantes α das correlações obtidas e em quanto o nível do mar esteve abaixo do atual (parâmetro x da Tab. 4.7).

Trata-se de uma estimativa grosseira, por erros na fixação do nível d'água atual; imprecisões das densidades dos solos envolvidos; efeito de eventuais amolgamentos das amostras de argilas moles nos valores de $\overline{\sigma}_a$ e $\overline{\gamma}$ e a ação antrópica, como o lançamento de aterros. Mesmo assim, levou-se avante a análise. No histograma da Fig. 4.6C – a distribuição dos valores de x (oscilações negativas do nível do mar) –, há dois casos em que $x = 0$, ao longo da Rodovia Piaçaguera-Guarujá, onde foram lançados aterros, cerca de sete anos antes das amostragens para as determinações de $\overline{\sigma}_a$.

TAB. 4.7 CORRELAÇÕES ENTRE AS PRESSÕES DE PRÉ-ADENSAMENTO E A PROFUNDIDADE

Unidade genética	Local	Obra	γ_n kN/m³	N	Correlação	$\bar{\gamma}$ kN/m³	α kPa	s_α kPa	r_α (%)	x (m)
Mangue	Vale do rio Diana	Itapema	12,7	4	$\bar{\sigma}_a = 6,7 + 10,1\,z$ r = 98% s = 2,5	12,7***	2,4	4,04	95	—
	Vale do rio Mogi	Cosipa – Laminação	13,3	4	$\bar{\sigma}_a = 16,2 + 3,2\,z$ r = 92% s = 0,8	3,3	15,8	0,81	92	—
SFL	Alemoa e Jardim Casqueiro	Tanque de óleo OCB 9	15,1	18	$\bar{\sigma}_a = 18,9 + 6,8\,z$ r = 84% s = 22,7	5,1	47,3	24,4	82	2,9
		Petrobras	15,5	7	$\bar{\sigma}_a = 44,0 + 4,4\,z$ r = 75% s = 18,5	5,5	34,6	19,2	73	1,8
		Ponte sobre o Canal do Casqueiro	16,3	6	$\bar{\sigma}_a = 66,8 + 4,5\,z$ r = 26,3% s = 10,6	6,3	—	—	—	—
	Praias de Santos	Edifício A	15,8	14	$\bar{\sigma}_a = 13,3 + 11,4\,z$ r = 82% s = 16,0	5,8	96,5	19,5	72	3,7
		Edifício B	15,9	24	$\bar{\sigma}_a = 76,0 + 6,0\,z$ r = 52% s = 23,3	5,9	78,1	23,3	52	2,0
		Edifícios C e D	15,6	31	$\bar{\sigma}_a = 65,5 + 7,5\,z$ r = 68% s = 26,8	5,6	91,5	27,5	66	3,3
	Cubatão	Imigrantes est. 56 (eixo)	13,5	8	$\bar{\sigma}_a = 29,6 + 2,4\,z$ r = 71% s = 12,7	3,5	19,4	13,9	63	2,0
		Imigrantes est. 56 (15 m E)	13,5	8	$\bar{\sigma}_a = 25,2 + 3,0\,z$ r = 84% s = 10,1	3,5	20,5	10,4	82	2,0
		Imigrantes est. 127	15,0	5	$\bar{\sigma}_a = 3,0 + 10,5\,z$ r = 78% s = 14,5	5,0	29,9	17,3	67	1,9
	Vale do rio Mogi e Piaçaguera	Cosipa – Laminação	14,2	19	$\bar{\sigma}_a = 27,5 + 4,8\,z$ r = 77% s = 13,8	4,2	33,4	14,0	77	1,8
		Cosipa Casa de bombas	13,6	8	$\bar{\sigma}_a = 21,6 + 3,9\,z$ r = 97% s = 6,6	3,6	24,4	6,9	96	0,8
		Cosipa – Ilha dos Amores (SH III)	13,8	6	$\bar{\sigma}_a = 10,0 + 6,5\,z$ r = 90% s = 8,6	3,8	28,3	11,2	82	2,8
		Piaçaguera-Guarujá – SP 4	13,5	5	$\bar{\sigma}_a = 32,2 + 3,7\,z$ r = 95% s = 3,6	3,5	33,1	3,6	95	2,8
	Vale do rio Quilombo	Piaçaguera-Guarujá	14,0	5	$\bar{\sigma}_a = 0 + 5,0\,z$ r = 96% s = 9,8	4,0	12,7	11,8	93	0*
	Vale do rio Jurubatuba	Piaçaguera-Guarujá	13,8	7	$\bar{\sigma}_a = 32,8 + 3,2\,z$ r = 82% s =10,8	3,8	25,7	11,2	81	0*
	Vale do rio Diana e Canal de Bertioga	Itapema	14,6	5	$\bar{\sigma}_a = 14,1 + 6,1\,z$ r = 94% s = 14,1	4,6	27,9	16,9	91	3,2
		Piaçaguera-Guarujá (SP 5)	13,7	5	$\bar{\sigma}_a = 14,0 + 4,5\,z$ r = 95% s = 10,0	3,7	20,8	11,2	93	2,1
		Piaçaguera-Guarujá – SP 6	13,3	4	$\bar{\sigma}_a = 26,1 + 3,4\,z$ r = 93% s = 9,8	3,3	27,3	9,8	93	2,2

TAB. 4.7 CORRELAÇÕES ENTRE AS PRESSÕES DE PRÉ-ADENSAMENTO E A PROFUNDIDADE (continuação)

SFL	Ilha de Santo Amaro	Piaçaguera-Guarujá – SP 7	13,8	5	$\bar{\sigma}_a = 11,3 + 5,3\,z$ r = 97% s = 5,6	3,8	21,8	8,4	93	2,3
		Próximo ao Cais Conceiçãozinha	15,3	4	$\bar{\sigma}_a = 64,8 + 7,0\,z$ r = 94% s =10,0	5,3	80,6	12,1	92	— (**)

(*) – Houve interferência de aterros
(**) – Areias retrabalhadas em superfície pela ação do vento
r, s e N – Coeficiente de correlação; desvio-padrão e número de dados
α – Coeficiente da correlação $\bar{\sigma}_a = \alpha + \bar{\gamma}z$, onde $\bar{\gamma}$ é a densidade submersa, exceto para o caso ***
s_α e r_α – Desvio-padrão e coeficiente de correlação com coeficiente angular imposto
x – Oscilação negativa do nível do mar

Os aterros induziram a um novo processo de adensamento, com pressão superior àquela proveniente da oscilação negativa do nível do mar, daí os valores nulos de x, ou seja, o solo tornou-se normalmente adensado.

Um caso de ação de dunas

Os dados da Ilha de Santo Amaro são uma exceção. A Fig. 4.5C mostra que a correlação entre $\bar{\sigma}_a$ e z (Tab. 4.7) não pode ser explicada apenas pela oscilação negativa do nível do mar, mas deve-se admitir que tenha existido uma camada de areia com cerca de 4 m acima do nível atual do mar. A hipótese é factível, lastreada em indicação do Mapa Geológico Preliminar da Baixada Santista (1973). Suguio e Martin (1978a, p. 31) situaram a altitude dos depósitos marinhos arenosos entre 4,5 e 4,7 m acima do nível da maré alta atual.

Nessas condições, parte da Ilha de Santo Amaro que delimita o estuário do Porto seria constituída de sedimentos fluviolagunares e de baías (SFL) semelhantes aos de Santos. Há semelhança nos parâmetros médios apresentados no Cap. 3, especialmente nos valores de SPT, que variam de 1 a 4 (Tab. 4.1); da densidade natural (15 kN/m^3) e do teor de umidade (70%).

Estimativas de $\bar{\sigma}_a$ – argilas de SFL, Classe 1

Exceto os locais onde os sedimentos arenosos superficiais foram retrabalhados pelo vento, a pressão de pré-adensamento pode ser estimada desde que se conheça o perfil do subsolo, as densidades dos seus diversos estratos, a posição atual do N.A., e calcular o peso efetivo da terra para um N.A. 2 m abaixo do atual (Apêndice 4.2).

Tal procedimento foi aplicado em alguns dos casos (Tab. 4.7), possibilitando construir os gráficos da Fig. 4.14, com uma relação entre os valores de $\bar{\sigma}_a$ razoavelmente boa para fins de estimativa, pelo menos em fase de anteprojeto.

Apêndice 4.2 – UMA CONFIRMAÇÃO DAS OSCILAÇÕES NEGATIVAS DO N.R.M.

Ao admitir-se como válida a tese de Ângulo et al. (1997), apresentada no Apêndice 1.4, de duas, uma: ou as argilas marinhas depositadas continuaram submersas ou, paulatinamente, emergiram.

Na primeira hipótese, as argilas teriam sofrido um fenômeno de *aging* ou envelhecimento ao longo de cinco milênios e a sua pressão de pré-adensamento deveria ser

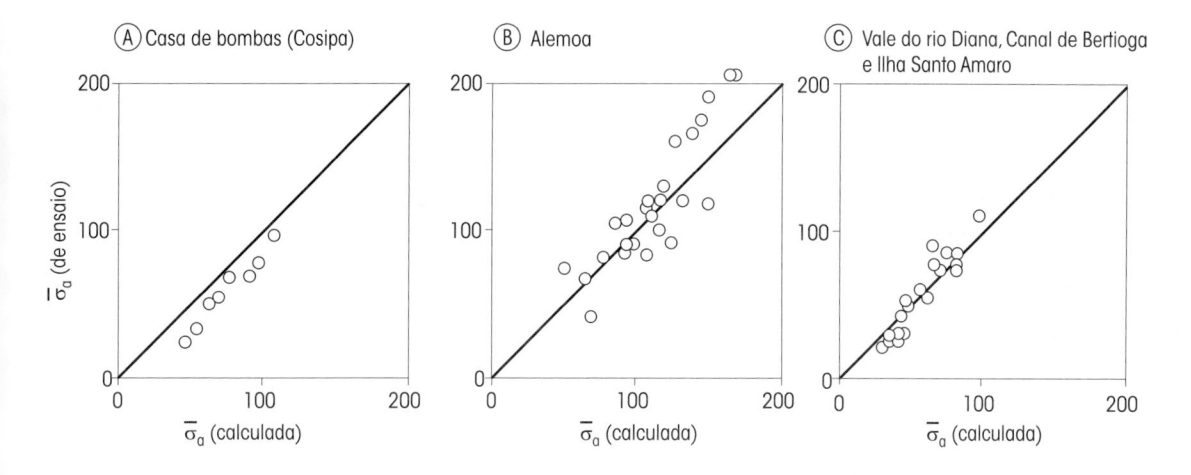

FIG. 4.14 *Comparação entre as pressões de pré-adensamento calculada e a de ensaio*

proporcional à pressão efetiva de terra, ou seja, a sua relação de sobreadensamento (RSA) seria constante e maior do que 1 (RSA > 1).

Nessas condições, pela expressão de Mesri e Choi (1979), tem-se:

$$RSA = \frac{\overline{\sigma}_a}{\overline{\sigma}_{vo}} = \left(\frac{t}{t_p}\right)^{\frac{C_{\alpha e}/C_c}{1-C_r/C_c}} \quad (4.4)$$

ou, aproximadamente, quando $C_{\alpha e}/C_c < 0,03$:

$$RSA = \frac{\overline{\sigma}_a}{\overline{\sigma}_{vo}} = \left[1 + C_{\alpha e}/C_c \cdot \ln(t/t_p)\right] \quad (4.5)$$

onde:
$\overline{\sigma}_a$ – pressão de pré-adensamento;
$\overline{\sigma}_{vo}$ – pressão vertical efetiva atuante;
$C_{\alpha e}$ – coeficiente de adensamento secundário;
C_c – índice de compressão do solo;
C_r – índice de recompressão do solo;
t_p – tempo necessário para o desenvolvimento do adensamento primário;
t – tempo de "envelhecimento", ou o tempo decorrido desde o final de sua formação até hoje.

Segundo Mesri e Castro (1987 e 1989), para a maioria dos solos naturais:

$$0,02 \leq C_{\alpha e}/C_c \leq 0,10 \quad (4.6)$$

e, para as argilas orgânicas altamente plásticas:

$$C_{\alpha e}/C_c = 0,05 \pm 0,01 \quad (4.7)$$

Para a Baixada Santista, dispõe-se de medidas de recalques de longo prazo somente para alguns edifícios da orla marítima da cidade de Santos, que, como se verá em capítulo subsequente, têm revelado, em média, valores de $C_{\alpha\varepsilon}$ = 2,5% (Massad, 2006b), o que implica $C_{\alpha e}/C_c \cong 5\%$, que é consistente com a expressão (4.7). Com base em medições de recalques em diversos aterros e obras com fundação direta, construídos sobre depósitos de argilas de SFL, Sousa Pinto e Massad (1978) e Massad (1985a) (Cap. 6) constataram valores do coeficiente de adensamento que levam a um t_p de 1 a 2 anos, dependendo da espessura do depósito de SFL, para aterros de pequena largura (b/H = 1 a 3), nos quais acentuam-se os efeitos tridimensionais. Para casos em que essa relação é muito grande, o adensamento é unidimensional e o tempo é maior, de 2 a 10 anos, no adensamento dos depósitos naturais em análise. Mesmo que se adote t_p= 2 a 30 anos, ter-se-ia t/t_p=166 a 2.500 e, considerando-se que $C_r/C_c \cong 10\%$ resulta, da expressão (4.4), RSA $\cong$ 1,3 a 1,5, em qualquer profundidade. Isto é, RSA seria constante em toda a camada.

Na segunda hipótese, a da emersão das argilas marinhas, o lençol freático estaria descendo lenta e continuamente, implicando uma compressão, na mesma proporção, da camada de argila mole, tornando-a quase normalmente adensada (RSA = 1).

Para provar essa asserção, é preciso lembrar:
a) que inúmeras sondagens feitas na Baixada Santista, em toda a região emersa, revelam um N.A. aflorante ou, no máximo, a 2 m de profundidade. Pela Fig. 1.2, abstração feita das oscilações negativas, o N.M. regride a uma velocidade de 4,5 m/5.100 anos, ou seja, de 1 mm/ano. Essa cifra cairia para 3 m/5.100 = 0,6 mm/ano se fossem usados os dados de Ângulo et al. (1997);
b) as medidas de recalques de edifícios na cidade de Santos. Alguns deles, monitorados há dezenas de anos, revelam velocidades de desenvolvimento de recalques secundários (v) variáveis com o tempo (t), tais que $v.t$ = 350 mm, em média. Após mil anos, ter-se-ia v = 0,35 mm/ano e, após 5 mil anos, v = 0,07 mm/ano, muito abaixo de 1 mm/ano. Conclui-se que, com o passar dos milênios, predominou o adensamento por sobrecarga (abaixamento gradual do N.A.), o que leva praticamente a um RSA $\cong$ 1.

Nenhuma das duas hipóteses verifica-se na prática. Cerca de duas dezenas de perfis de história geológica, a maioria em locais emersos, construídos com base em ensaios de adensamento em amostras indeformadas, revela que a pressão de pré-adensamento cresce linearmente com a profundidade, com a mesma taxa que a pressão efetiva inicial. Ou seja, a diferença entre a pressão de pré-adensamento e a pressão efetiva inicial é praticamente constante, conforme a expressão (4.2), que significa um sobreadensamento por sobrecarga temporária, removida depois de algum tempo, ou uma descida e posterior subida do lençol freático.

Trata-se de mais uma evidência de caráter geotécnico, de pelo menos uma oscilação negativa do N.R.M., que deve ter durado cerca de 300 anos. É possível especular sobre o tempo de permanência do nível mínimo da oscilação negativa. De fato, suponha-se que t_e seja o tempo em que o N.R.M. permaneceu estável, x metros abaixo do nível atual. Com base na expressão (4.4) e na Fig. 4.15, em que: a) o trecho (1) corresponde a um eventual adensamento, antes da oscilação negativa do N.M.; b) a tensão vertical efetiva inicial ($\bar{\sigma}_{vo}$) sofre um acréscimo dado por $\Delta\bar{\sigma}_v = \gamma_o \cdot x$; c) o trecho (2) corresponde ao adensamento secundário no tempo t_e, pode-se escrever:

$$RSA_e = \frac{\bar{\sigma}_a}{\bar{\sigma}_{vo} + \gamma_o \cdot x} = \left(\frac{t_e}{t_p}\right)^{\frac{C_{\alpha e}/C_c}{1-C_r/C_c}} \quad (4.8)$$

de onde se tem:

$$\bar{\sigma}_a = RSA_e \cdot (\bar{\sigma}_{vo} + \gamma_o \cdot x) \quad (4.9)$$

A Tab. 4.8 mostra valores de RSA_e para uma faixa possível de valores t_e/t_p.

Pode-se conceder, para t_e variando de 10 a 50 anos, ou mesmo até 100 anos, valores de RSA_e entre 1,09 e 1,24.

A expressão (4.9) comprova que $\bar{\sigma}_a$ pode crescer com a profundidade, em média, a

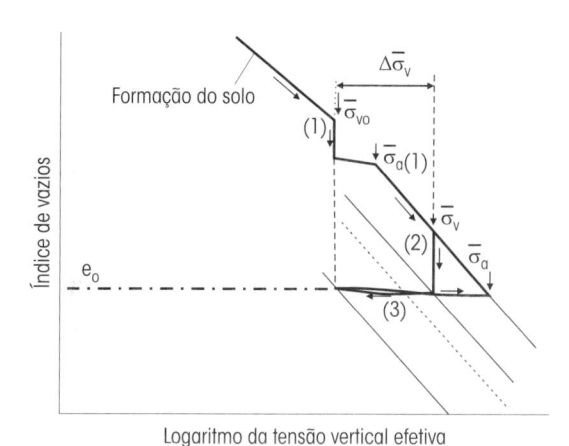

FIG. 4.15 *Sobreadensamento por efeito de sobrecarga seguida de* aging

TAB. 4.8 VALORES DE RSA_e E t_e/t_p

t_e/t_p	RSA_e
5	1,09
10	1,14
20	1,18
30	1,21
40	1,23
50	1,24

uma taxa 15% acima da de $\bar{\sigma}_{vo}$, desviando-se levemente do paralelismo (Fig. 4.5A e B).

No contexto das análises da Fig. 4.6C, viu-se que a máxima amplitude da oscilação negativa do N.M. pode ser estabelecida por Massad (1985a) entre 2 e 3 m, com média de 2,4 m.

A Tab. 4.9 confirma a hipótese de um efeito combinado de "sobrecarga" e *aging*, e

TAB. 4.9 VALORES ESTIMADOS DA MÁXIMA AMPLITUDE DA OSCILAÇÃO NEGATIVA (x) DO N.R.M. NA BAIXADA SANTISTA, DURANTE O HOLOCENO

Local	$\bar{\sigma}_a$ (kPa)	Coeficiente de correlação (%)	x (m) sobrecarga	x (m) sobrecarga e *aging*
Tanque de óleo OCB 9	47,3 + 5,1 z	82	2,9	1,2
Petrobras-Alemoa	34,6 + 5,6 z	73	1,8	0,7
Pte. Canal Casqueiro	—	26	(**)	(**)
Praia de Santos Edifício A	96,5 + 5,8 z	72	3,7	1,3
Praia de Santos Edifício B	—	52	(**)	(**)
Praia de Santos Edifícios C e D	91,5 + 5,6 z	66	3,3	1,1
Via dos Imigrantes – est. 56 (eixo)	19,4 + 3,5 z	63	2,0	1,3
Via dos Imigrantes – est. 56 (14 m E)	20,5 + 3,5 z	82	2,0	1,3
Via dos Imigrantes – est. 127	29,9 + 5,0 z	67	1,9	1,2
Cosipa – Laminação	33,4 + 4,2 z	77	1,8	0,8
Cosipa – Casa de Bombas	24,4 + 3,6 z	96	0,8	0
Cosipa – Ilha dos Amores – SH III	28,3 + 3,8 z	82	2,8	2,1
Piaçaguera-Guarujá – SP 4	33,1 + 3,5 z	95	2,8	2,2
Piaçaguera-Guarujá – rio Quilombo	12,7 + 4,0 z	93	(*)	(*)
Piaçaguera-Guarujá – rio Jurubatuba	25,7 + 3,8 z	81	(*)	(*)
Itapema – Canal de Bertioga	27,9 + 4,6 z	91	3,2	2,3
Piaçaguera-Guarujá – SP 5 – rio Diana	20,8 + 3,7 z	93	2,1	1,4
Piaçaguera-Guarujá – SP 6 – Canal Bertioga	27,3 + 3,3 z	93	2,2	1,3
Piaçaguera-Guarujá – SP 7 – Ilha Sto. Amaro	21,8 + 3,8 z	93	2,3	1,7

(*) Houve interferência de aterros

(**) Houve acentuada dispersão nas correlações

revê a máxima amplitude, que pode ser estabelecida em 2 m.

Apêndice 4.3 – METODOLOGIA PARA DETERMINAR A PRESSÃO DE PRÉ-ADENSAMENTO COM BASE EM CPTUs

A expressão (4.1) pode ser usada considerando a história das tensões, refletida na expressão (4.2). Esse procedimento foi recomendado por Demers e Lerouiel (2002): deve-se levar em conta o contexto geológico e geotécnico ao estabelecer correlações entre resultados de piezocone e de ensaios de adensamento.

Para as argilas de SFL, constata-se (Figs. 4.3, 4.7 e 4.8) a existência de uma relação linear entre a resistência de ponta corrigida (q_t) dos CPTUs e a profundidade (z), isto é:

$$q_t = a + b \cdot z \quad (4.10)$$

com a e b constantes.

Ao designar por γ_n e $\bar{\gamma}$ as densidades natural e efetiva (ou submersa), tem-se para a tensão vertical total inicial:

$$\sigma_{vo} = \alpha + \gamma_n \cdot z \quad (4.11)$$

e para a tensão vertical efetiva inicial:

$$\bar{\sigma}_{vo} = \bar{\alpha} + \bar{\gamma} \cdot z \quad (4.12)$$

com α e $\bar{\alpha}$ constantes.

Da combinação das expressões (4.1), (4.2), (4.10), (4.11) e (4.12), resulta:

$$N_{\sigma t} = \frac{b - \gamma_n}{\bar{\gamma}} \quad (4.13)$$

A Tab. 4.9 confirma os valores de $N_{\sigma t} = 3$ adotados para os CPTUs da Ilha de Santo Amaro (Figs. 4.3 e 4.7) e Unisanta (Fig. 4.8), no contexto da expressão (4.1).

No Canal do Porto de Santos, em frente à Ilha Barnabé, realizaram-se ensaios de adensamento em amostras indeformadas de boa qualidade, cujos resultados (Aguiar, 2008) estão na Fig. 4.16. A reta indica os valores da pressão de pré-adensamento obtidos por um CPTU na Ilha Barnabé, nas proximidades do local de extração das amostras indeformadas. A Tab. 4.9 mostra outros dados, com o valor de $N_{\sigma t}$ determinado pela expressão (4.13). Vê-se que há uma boa concordância entre os ensaios de laboratório e de campo.

A Tab. 4.10 mostra os resultados de análises de CPTUs feitos em outros locais da costa brasileira, com a mesma metodologia e o emprego das expressões (4.1) e (4.13), exceto no caso do Sarapuí. Está implícita a hipótese de que o sobreadensamento deveu-se ao abaixamento do nível do mar, num momento em que o artesianismo, constatado principalmente na argila do porto do Sergipe, não estava atuante. Geotecnicamente, essa hipótese equivale a admitir que a taxa de crescimento da pressão de pré-adensamento com relação a $\bar{\sigma}_{vo}$ é igual a 1.

TAB. 4.9 RESULTADOS DAS ANÁLISES – CPTUs NAS ARGILAS DE SFL DA BAIXADA SANTISTA

Local	CPTU	γ_n (kN/m³)	q_t (kPa)	$N_{\sigma t}$	$\bar{\sigma}_a - \bar{\sigma}_{vo}$ (kPa)
Sto. Amaro	9	15,5	$q_t = 268 + 31,4\,z$	~3,0	81
Unisanta	2	15,0	$q_t = 268 + 31,4\,z$	3,0	89
Barnabé I	101	14,9	$q_t = 472 + 34,0\,z$	3,9	95

4– O Sobreadensamento das Argilas da Baixada Santista e da Cidade de Santos

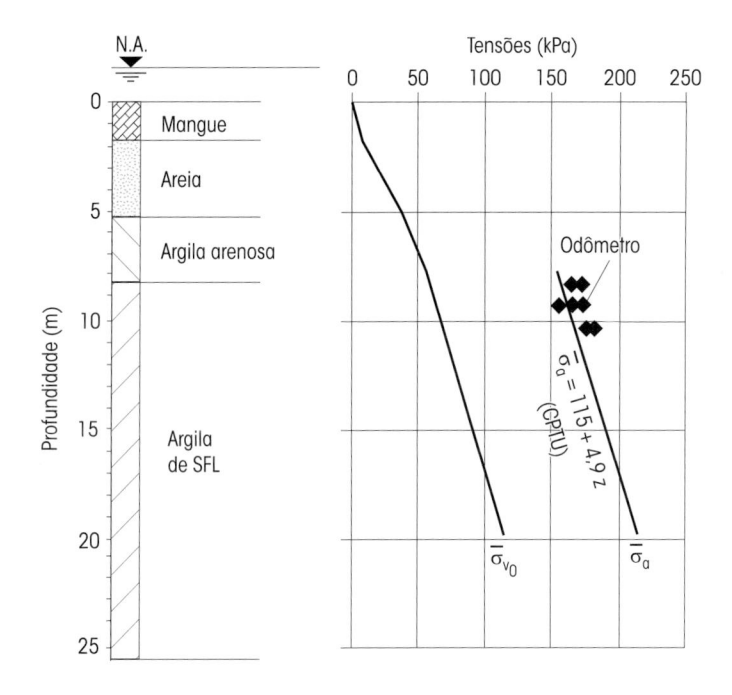

FIG. 4.16 *Comparação entre ensaios de laboratório e de campo (CPTU) – Ilha Barnabé*

No caso de Sarapuí, havia evidências do fenômeno do *aging*, que implicou a alteração da expressão (4.2) para:

$$\overline{\sigma}_a = const + r \cdot \overline{\sigma}_{vo} \quad (4.14)$$

onde $r = 1{,}31$ (gráfico de Almeida et al., 2005). Dessa forma, a expressão (4.13) passou a:

$$N_{\sigma t} = \frac{b - \gamma_n}{r \cdot \overline{\gamma}} \quad (4.15)$$

o que levou a $N_{\sigma t} = 3{,}45$ (Tab. 4.10), praticamente a mesma cifra adotada por Almeida et al. (2005), e $\overline{\sigma}_a = 17 + 3{,}8\,z$, também muito próximo dos valores apresentados pelos autores.

Nos outros casos da Tab. 4.10, também houve concordância com os valores das pressões de pré-adensamento apresentadas pelos autores na forma gráfica.

TAB. 4.10 CPTUs em outros locais da costa brasileira

Local	γ_n (kN/m³)	q_t (kPa)	$N_{\sigma t}$	$\overline{\sigma}_a - \overline{\sigma}_{vo}$ (kPa)	Referências
Sarapuí (RJ)	12,9	$q_t = 60 + 26{,}0\,z$	3,45	17	Almeida et al. (2005)
Duque de Caxias (RJ)	12,8	$22 + 32{,}5\,z$	7,0	3	Futai et al. (2004)
Recife (RRS1) Camada 1	15,6	$275 + 40{,}8\,z$	4,5	60	Coutinho et al. (2000)
Recife (RRS1) Camada 2 ($4 \leq z \leq 11$ m)	16,6	$64 + 43{,}8\,z$	4,1	14	Coutinho et al. (2000)
Sergipe (TPS) ($14 \leq z \leq 21$ m)	16,0	$130 + 35{,}0\,z$	3,2	36	Brugger et al. (1994)
Santa Catarina – SC16 ($z \leq 8$ m)	13,6	$40 + 27{,}2\,z$	3,8	10	Oliveira et al. (2001)

5 Propriedades Geotécnicas dos Sedimentos

Na década de 1980, com a proposta de classificar geneticamente os sedimentos argilosos da Baixada Santista, algumas questões tornaram-se imperativas para o engenheiro de solos:

a) As características de identificação e classificação da Mecânica dos Solos são úteis para diferenciar as "unidades genéticas" descritas no Cap. 1? Em caso negativo, como resolver ou superar a questão?

b) O que dizer da composição mineralógica e da estrutura (*fabric*) dos sedimentos das diversas unidades?

c) As "unidades genéticas" têm alguma serventia prática na Engenharia de Solos?

d) Como variam as propriedades de engenharia em cada unidade e, comparativamente, entre as unidades?

Para responder a essas questões, foram apresentados dados sobre os Limites de Atterberg, Granulometria e Índices Físicos; a Composição Mineralógica, com o Teor de Matéria Orgânica e Fabric; e as Propriedades de Engenharia mais relevantes, com base em: a) dados geotécnicos dos arquivos do IPT (Apêndice 5.1); b) informações divulgadas na literatura técnica, de Teixeira (1960b); Vargas (1973); Sousa Pinto e Massad (1978); Samara at al. (1982); c) ensaios complementares, executados pelo autor.

Como a costa brasileira comportou-se de forma homogênea do NE ao Sul, foi possível estabelecer comparações entre os sedimentos quaternários de alguns de seus trechos. Massad (1988a) apontou algumas diferenças e semelhanças, e Teixeira (1988) divulgou novos dados sobre solos da Baixada Santista e do Rio de Janeiro.

Aliás, o conceito de semelhança entre solos baseia-se na história geológica e nos limites de consistência. Skempton (veja-se, por exemplo, Schofield e Wroth, 1968) foi um dos primeiros autores a comprovar esta tese ao estabelecer a relação coesão/pressão de pré-adensamento (c/p) com o Índice de Plasticidade. Ademais, os conceitos estabelecidos pelos modelos SHANSEP (Stress History and Normalized Soil Engineering Properties), de Ladd (1964), e YLIGHT (Yield Locus Influenced by Geological History and Time), de Tavenas e Lerouiel (1977), refletem a questão da semelhança entre solos.

As Tabs. 5.1 a 5.3 serão a referência para discutir gradualmente a exposição.

Este capítulo apresenta a composição mineralógica dos sedimentos, as suas propriedades-índice ou físicas e as propriedades de estado para, depois, abordar as propriedades de engenharia.

5.1 Composição mineralógica, estrutura e teor de matéria orgânica

As amostras de argilas transicionais, extraídas na Baixada Santista (Alemoa) e no Litoral Sul (Iguape), foram submetidas a análises mineralógicas por difratometria por raios X, segundo procedimentos do Apêndice 5.2. A caulinita é o argilomineral predominante, seguida da ilita e da montmorilonita (Tab. 5.1).

Em Alemoa, a proporção foi de 5:2:1, que não é surpreendente, pois denota degradação de argilominerais em clima semiárido e ambiente bem drenado, situação que deve ter prevalecido há 17 mil anos, quando o nível do mar recuou cerca de 110 m em relação ao atual.

Quanto às argilas de SFL, a leste da planície de Santos, observou-se a predominância de montmorilonita, seguida de caulinita e Ilita em amostras coletadas na Ilha de Santo Amaro. Teixeira (1960b) menciona o resultado de análise termo diferencial em amostra típica da cidade de Santos, que indicou predomínio de ilita e montmorilonita, seguida de caulinita. Nesses locais (Núcleo 2 da Fig. 3.1), a sedimentação holocênica deve ter ocorrido em águas paradas (lagunas ou baías). Não surpreendem os resultados obtidos a oeste da

Tab. 5.1 Baixada Santista e Iguape: diferenças

Item/unidade	Mangue	SFL	AT
Profundidade (m)	≤ 5	≤ 50	$20 \leq z \leq 45$
SPT	0	0-4	5-25
T (kg.m ou kN.cm)	—	2-10	> 10
f_T (kPa)	—	5-50	> 40
B_q	—	0,4-0,9	(-0,1)-0,2
q_t (MPa)	—	0,5-1,5	1,5 a 2,0
e	> 4 (1)	2-4 (1)	< 2 (1)
$\overline{\sigma}_a$ (kPa)	≤ 30	30-200	200-700
RSA	1	1,5-2,5	> 2,5
s_u (kPa)	3	10-60	> 100
γ_n (kN/m³)	13	13,5-16,3	15,0-16,3
Argilominerais predominantes	K/I	K ou M/I	K/I
Matéria orgânica	25%	6 (1)	4 (1)
Sensitividade	—	4-5	—
ϕ' (1) e (2)	—	24	19
$C_{\alpha\varepsilon}$ (%)	—	3-6	—
C_v^{lab} (cm²/s) (3)	(0,4-400)·10⁻⁴	(0,3-10)·10⁻⁴	(3-7)·10⁻⁴
C_v^{campo}/C_v^{lab}	—	15-100	—
Adesão em estacas (kPa)	—	20-30	60-80

(1) Para % < 5μ ≥ 50%; (2) ϕ' de ensaios CID;
(3) n.a.; K – caulinita; M – montmorilonita; I – ilita

Tab. 5.2 Baixada Santista e Iguape: semelhanças

Item/unidade	Mangue	SFL	AT
δ (kN/m³)	26,5	26,6	26,0
% < 5μ	—	20-90	20-70
LL	40-150	40-150	40-150
IP	30-90	20-90	40-90
IA	1,2-2,2	0,7-3	0,8-2,0
IL (%)	50-160	50-160	20-90
$C_c/(1 + e_o)$	0,35-0,39 (0,36)	0,33-0,51 (0,43)	0,35-0,43 (0,39)
C_r/C_c (%)	12	5-14 (8)	9
$\overline{E}_L/\overline{\sigma}_a$ (RSA > 1)	13	13-18	11
$\overline{E}_L/\overline{\sigma}_v$ ($\overline{\sigma}_a \leq \overline{\sigma}_v \leq 2\overline{\sigma}_a$)	8	8	9
$\overline{E}_L/\overline{\sigma}_v$ ($\overline{\sigma}_v \geq 2\overline{\sigma}_a$)	8	8	9
E_1/s_u (1)	140	138	143
E_{50}/s_u (1)	—	237	234
$s_u/\overline{\sigma}_c$ (1)	—	0,34 RSA^{0,78}	0,40 RSA^{0,60}
$s_u/\overline{\sigma}_a$ (1)	—	0,28	0,30
K_0 (LAB)	—	0,57 RSA^{0,45}	0,58 RSA^{0,45}
R_f (%)	—	1,5-4,0	1,5-2,0

(1) Ensaios CIU-C

TAB. 5.3 OUTROS SOLOS DA COSTA DO BRASIL: SÍNTESE DAS CARACTERÍSTICAS E PROPRIEDADES GEOTÉCNICAS

Item	Rio de Janeiro	Recife (PE)	Vitória (ES)	Rio Grande (RS)	Porto Alegre	Porto Sergipe
	Mangues e SFL	Mangues e SFL	Mangues e SFL	SFL	Mangues e SFL	SFL
Profundidade (m)	15	28	13	40	10	11
SPT	0	0-2	0-5	0-9	0-1	—
e	1-5	1-5	—	0,6-3,6	—	1-2
$\overline{\sigma}_a$ (kPa)	≤ 60	15-190	≤ 300	30-350	50-130	60-100
s_u (kPa)	5-30	2-40	—	7-90	8-30	15-25
γ_n (kN/m^3)	12-17	11-17	—	15-17,8	14	—
Minerais	Caulinita	Caulinita	—	—	—	—
Matéria orgânica (%)	3 a 33 (5)	3 a 10	5 e 8	—	—	—
Sensitividade	5-10 (4,3)	6	—	2,5	4,5	—
ϕ'	25° (30°)	23°-29°	—	23 -29°	—	27°
C_v^{lab} (cm^2/s) (n.a.)	(0,2-20).10^{-4}	(1-10).10^{-4}	—	(1-5).10^{-4}	(0,3-5).10^{-4}	—
C_v^{lab} (cm^2/s) (sa)	(35-75).10^{-4}	(20-70).10^{-4}	—	—	(10-30).10^{-4}	—
C_v^{campo}/C_v^{lab}	20-30 crosta:100	—	—	—	1-10	—
δ (kN/m^3)	26-26,7	23-27	—	25-27	—	—
% < 5μ	20-80	25-80	> 70	34-96	50-70	—
LL	60 a 450	30 a 230	30 a 130	30-120	60-120	—
IP	30 a 150	40 a 120	10 a 90	20-60	10-70	20-70
IA	1,4 a 2,3	0,5?	—	—	—	—
$C_c/(1 + e_0)$	0,3-0,5 (0,41)	0,45	0,22	0,2-0,55	—	—
C_r/C_c (%)	7-15	10-15	—	—	—	10
E_{50}/s_u (1)	100-400 (125)	—	—	—	—	250
$s_u/\overline{\sigma}_a$ (1)	0,30-0,49 (0,35)	0,28-0,32	—	—	—	—
$s_u/\overline{\sigma}_c$	0,31 RSA^{0,77} (1)	—	—	—	—	0,27 RSA^{0,80} (2)
K_0 (LAB)	0,58 RSA^{0,42}	—	—	—	—	0,61 RSA^{0,50}

(1) Ensaios triaxiais; (2) Vane Test; n.a. – normalmente adensado; sa – sobreadensado

planície de Santos, onde os SFL formaram-se pelo retrabalhamento dos antigos sedimentos pleistocênicos: análises mineralógicas de amostras de Alemoa indicaram a preponderância da caulinita (Tab. 5.1).

Daí decorrerem as diferenças e semelhanças constatadas nas estruturas (*fabric*) dos sedimentos pela análise de fotos em microscópio eletrônico de varredura (Figs. 5.16 a 5.35). A oeste da planície de Santos, prevaleceram as matrizes de argilas com sistemas parcialmente discerníveis (terminologia introduzida por Collins e McGown, 1974), para as argilas transicionais e as argilas de

SFL. A leste, as matrizes de argila aparentaram um arranjo predominantemente aberto e com abundância de carapaças de animais marinhos.

Nas argilas do Rio de Janeiro (Costa Filho et al., 1985; Sayão e Sandroni, 1986; Almeida et al., 2005) e de Recife (Ferreira et al., 1986), observou-se a predominância da caulinita, com traços de montmorilonita e ilita (Tab. 5.3).

O teor de matéria orgânica, nas diversas medições, indicou cifras muito baixas, de 6% para as argilas de SFL e de 4% para as argilas transicionais, em contraste com um caso de argila orgânica com raízes (mangue), que apresentou 27% (Tab. 5.1 e 5.12). Ao longo de toda a costa brasileira, reportaram-se teores de matéria orgânica (Tab. 5.3), entre 3 e 10%, como ocorre no Rio de Janeiro (Costa Filho et al., 1985), em Recife e Vitória (ES). Os valores mais elevados no Rio de Janeiro foram reportados por Futai et al. (2001).

Os valores da densidade dos grãos (δ) dos sedimentos (Tab. 5.4) são muito próximos, independentemente da origem genética. A Tab. 5.2 indica os valores médios para cada unidade genética, apesar de se dispor de poucos dados relativos aos mangues e às argilas transicionais (ATs).

Para o Rio de Janeiro, os valores médios de δ estão mais ou menos neste intervalo (Costa Filho et al., 1985; Collet, 1978; Almeida et al., 2005), embora Ortigão (1975) tenha obtido 24,9 kN/m^3 como média em certo local. Para Recife, Ferreira et al. (1986) divulgaram valores entre 23 a 27 kN/m^3, exceto para um material turfoso, em que a faixa foi de 17 a 22 kN/m^3. A Tab. 5.3 mostra valores para outros solos marinhos brasileiros.

5.2 Características geotécnicas de classificação e identificação: a diferença

Foram analisados mais de 30 perfis geotécnicos de vários pontos da Baixada Santista onde, desde 1942, o IPT extraiu centenas de amostras Shelby (Apêndice 5.3). Após uma análise dos dados, percebe-se que, para cada unidade genética, há uma erraticidade de distribuição dos parâmetros com a profundidade. Tal fato havia sido constatado por Teixeira (1960b) e Vargas (1973) e atribuído à heterogeneidade do subsolo com alternâncias de camadas de argilas e areias e, entre elas, transições de camadas de argilas arenosas ou areias argilosas. Esta erraticidade é comum em solos litorâneos brasileiros e manifesta-se na plasticidade, textura e índices físicos, como mostra a Tab. 5.3.

A fração argila apresenta uma ampla faixa de valores, independentemente da unidade genética. A Tab. 5.2 e a Fig. 5.1 confirmam que, na carta de plasticidade, os sedimentos situam-se ligeiramente acima e ao longo da linha A, numa faixa ampla de LL, de 40 a 150. O índice de atividade de Skempton assume valores entre 1 e 2,2. Esses valores são próximos daqueles apresentados por Teixeira (1960b), sem distinção da unidade genética.

Em teores de umidade, notam-se variações em faixas amplas para os mangues e os

Tab. 5.4 Valores da densidade dos grãos

Unidade genética	Quantidade de ensaios	Média kN/m^3	Desvio-padrão kN/m^3
Mangue	4	26,5	0,5
SFL (a oeste da planície)	79	26,6	0,5
SFL (a leste da planície)	118	26,7	0,6
AT	3	26,0	0,6

sedimentos fluviolagunares e de baías (SFL), de 50 a 160%, em virtude da existência, num mesmo perfil de subsolo, de argilas, argilas arenosas e areias argilosas. Para as argilas transicionais (ATs), pelo pré-adensamento sofrido, a faixa de variação é mais estreita – de 40 a 90%. Essas diferenças refletem-se no índice de liquidez que, para os sedimentos fluviolagunares e de baías (SFL), varia de 40 a 190% (Tabs. e Figs. do Apêndice 5.3), e, para as argilas transicionais (ATs), de 15 a 75%, faixa de valores associada aos dados obtidos no local da ponte sobre o Canal do Casqueiro. Para a camada profunda da argila transicional (AT), a variação do índice de liquidez é de 20 a 90%, com média de 53%.

Portanto, há uma sobreposição de valores, o que torna problemática a utilização do índice como diferenciador das unidades, conforme constatação de Teixeira (1960a e b).

Os ensaios usuais da Mecânica dos Solos revelaram ser de pouca serventia na distinção entre as três unidades genéticas – argilas transicionais, de SFL e de mangues – o que, aparentemente, levou os engenheiros a considerarem os sedimentos argilosos da Baixada Santista pertencentes a um mesmo grupo (unidade genética). As curvas granulométricas e os limites de Atterberg (Fig. 5.1) praticamente se sobrepõem, e o mesmo acontece com o índice de atividade de Skempton (IA) e o índice de liquidez (IL) (Tab. 5.2), apesar

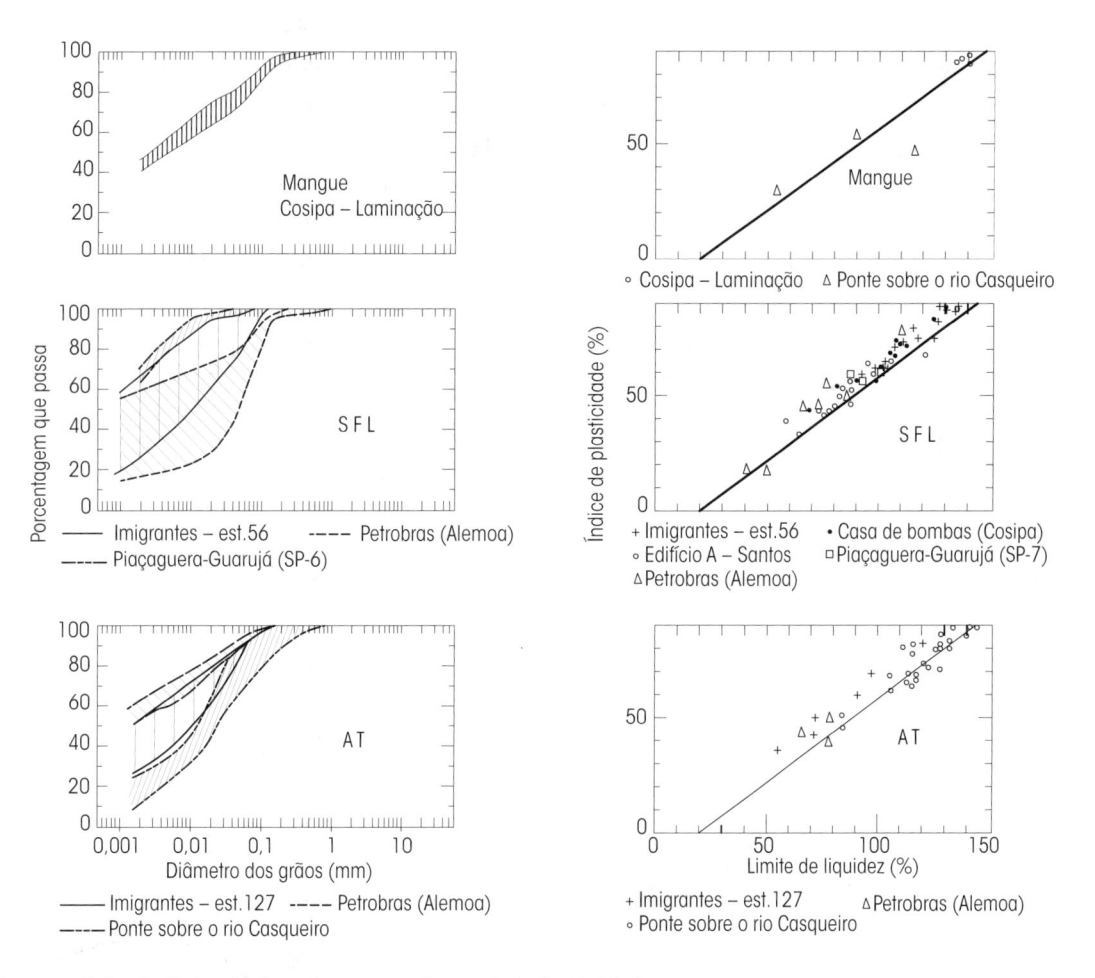

FIG. 5.1 *Solos da Baixada Santista – granulometria e plasticidade*

de haver diferenças na composição mineralógica. Tal fato se deve, aparentemente, à ocorrência de mais de dois argilominerais nos sedimentos das três unidades genéticas.

Para as argilas do Rio de Janeiro, diversos autores constataram valores de LL na faixa de 60 a 150 (Tab. 5.3). No gráfico de Casagrande, os pontos alinham-se paralelamente e logo acima da linha A, e o índice de atividade apresenta valores entre 1,4 e 2,3 (Costa Filho et al., 1985).

5.2.1 Critérios para diferenciar os tipos de argilas marinhas

Para a diferenciação, verificou-se inicialmente (Massad, 1985a) ser necessário recorrer a uma "propriedade de estado", como o índice de vazios, a resistência não drenada ou o SPT (Tab. 5.1). É um procedimento consistente com a história das tensões dos sedimentos da Baixada Santista.

Os índices de vazios também se sobrepõem ao comparar as unidades genéticas: para os sedimentos fluviolagunares e de baías (SFL), ao lado de faixas de variações de 2,7 a 4, encontram-se variações de 1,2 a 2,3 associadas a argilas mais arenosas.

Geneticamente, as argilas transicionais (ATs) são altamente pré-adensadas, razão pela qual procurou-se analisar as pressões de pré-adensamento em confronto com os índices de vazios somente para os sedimentos argilosos, isto é, com % < 5µ iguais ou superiores a 50%. Pela grande quantidade de dados (Tab. 5.19) e erraticidade em alguns perfis de subsolo, foi necessário trabalhar com pontos individuais, como próximo à estaca 56 (Imigrantes, Cubatão), ou com valores médios, quando a dispersão dos limites de liquidez e das frações de argila (% < 5µ) era pequena, como na área da Laminação da Cosipa, no Vale do rio Mogi (Fig. 5.2).

Nota-se que, apesar da grande dispersão, existe uma relação, muito nítida e consistente, entre a pressão de pré-adensamento e o índice de vazios, ou seja, é possível diferenciar as unidades genéticas com base no último parâmetro, de fácil obtenção. Para os mangues, o índice de vazios é superior a 4; para os sedimentos fluviolagunares e de baías (SFL) de 2 a 4 e, para as argilas transicionais (ATs) é inferior a 2. Há pressões de pré-adensamento inferiores a 30 kPa para os mangues; entre 30 e 200 kPa, para os sedimentos fluviolagunares e de baías (SFL), e superiores a 200 kPa para as argilas transicionais (ATs). Para os sedimentos argilosos, com % < 5µ ≥ 50%, essa diferenciação pode ser feita quanto ao teor de umidade

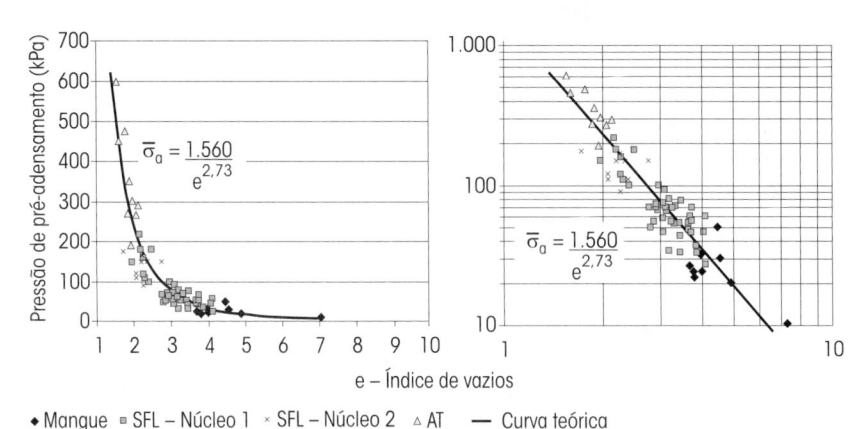

$$\overline{\sigma}_a = \frac{1.560}{e^{2,73}}$$

● Mangue ■ SFL – Núcleo 1 × SFL – Núcleo 2 △ AT — Curva teórica

FIG. 5.2 *Pressão de pré-adensamento em função do índice de vazios, para solos com teores de argila acima de 50%*

natural (h), de mais fácil obtenção (Fig. 5.3): para h < 75%, ATs; para h > 150%, argilas de mangues; e para valores intermediários, argilas de SFL.

A resistência não drenada revelou-se um diferenciador das unidades genéticas: observaram-se (Massad, 1985a) valores superiores a 100kPa para as argilas transicionais; de 10 a 60 kPa para os SFL e de 3 kPa para os mangues (Tab. 5.1).

Com o SPT, pode-se diferenciar as argilas transicionais dos outros sedimentos (Tab. 3.3). As análises dos dados disponíveis indicam valores de SPT variando de 5 a 25 para as argilas transicionais; de 0 a 4, para os SFL, e nulos, para os mangues (Tab. 5.1).

Como a medida do SPT está longe de ser precisa, melhora-se a definição da transição entre as camadas de argilas de SFL e das ATs com ensaios do cone (CPTU) ou SPT-T. Em resumo, para as argilas de SFL, os valores do torque (T) situam-se na faixa de 2 a 10 kN.cm (ou 2 a 10 kg.m) e, para as ATs, acima de 10 kN.cm (ou kg.m); valores de f_T de Ranzini (1988 e 1994), na faixa de 5 a 50 kPa, associam-se às argilas de SFL; e, acima de 40 kPa, às ATs (Tab. 5.1).

5.3 Propriedades de engenharia: a semelhança

A seguir serão apresentadas e comentadas algumas das propriedades de engenharia das argilas das três unidades genéticas (Tab. 5.2), mantendo-se a linha de confronto, sempre que possível, com as argilas de outros trechos da costa brasileira (Tab. 5.3).

5.3.1 Características de compressibilidade e deformabilidade

Com base em ensaios feitos em amostras Shelby, extraídas de 17 locais da Baixada Santista (Apêndice 5.5), Massad (1985a) chegou às relações de $C_c/(1 + e_o)$, indicadas nas Tabs. 5.2 e 5.20. Para as argilas de SFL, a média foi de 0,43; para as argilas de SFL de Alemoa e Conceiçãozinha, mais arenosas, obteve-se um valor médio de 0,34. A relação C_r/C_c, em que C_r é o índice de recompressão, apresenta valores de 5 a 14%, média de 8%, para as argilas dos SFL; de 9%, para as ATs; e de 12%, para as argilas de mangues.

O aterro experimental de grandes dimensões (6,4 m de altura) executado na década de 1990, em Conceiçãozinha, Ilha de Santo Amaro, foi construído por etapas, com

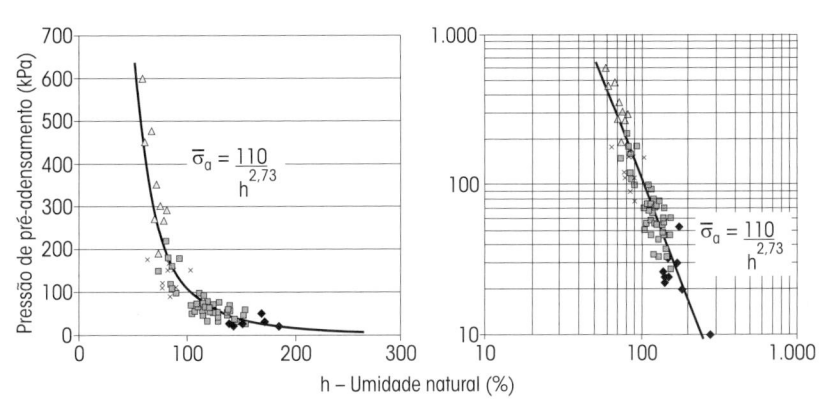

FIG. 5.3 *Pressão de pré-adensamento em função do teor de umidade, para solos com teores de argila acima de 50%*

Curva teórica: $\overline{\sigma}_a = \dfrac{110}{h^{2,73}}$

♦ Mangue ■ SFL – Núcleo 1 × SFL – Núcleo 2 △ AT — Curva teórica medidas de recalques que permitiram inferir $C_c/(1 + e_o) = 0,38$ e $C_r/C_c = 8\%$, dentro do universo de valores da Tab. 5.2, para as argilas de Recife e Rio Grande. Para a argila do Sarapuí, Rio de Janeiro, Almeida et al. (2005) indicam $C_c/(1 + e_o) = 0,41$. Para a argila cinza do Rio de Janeiro, Costa Filho et al. (1985) reportam valores médios da relação C_r/C_c entre 10 e 15%. Para outras argilas do Rio de Janeiro, Recife e Rio Grande foram encontradas cifras semelhantes.

Constatou-se que as curvas e-log p não são retilíneas ao longo da reta virgem nas argilas de Recife (Ferreira et al., 1986; Coutinho et al., 1993 e 2000), nas argilas do Rio de Janeiro (Lins e Lacerda, 1980; Costa Filho et al., 1985) e nas argilas da Baixada Santista (Massad, 1985a). Coutinho et al. (1993) trabalharam com dois índices de compressão, conforme o nível de tensões. Os valores das Tabs. 5.2 e 5.3 referem-se ao primeiro trecho retilíneo, de maior interesse para as alturas usuais de aterros.

O módulo de deformabilidade com confinamento lateral ($\overline{E}_L$) (Fig. 5.43), o inverso do coeficiente de compressibilidade volumétrica (m_v), é outra forma de análise usada pela escola inglesa de Mecânica dos Solos. $\overline{E}_L$ é influenciado pela relação de sobreadensamento (RSA) e pelo nível de tensões impostas ao solo ($\overline{\sigma}_v$).

Massad (1985a) constatou (Fig. 5.44, Apêndice 5.5) que, para RSA > 1, $\overline{E}_L/\overline{\sigma}_v$ é uma função linear de RSA, passando pela origem, ou seja, existe a relação linear:

$$\frac{\overline{E}_L}{\overline{\sigma}_a} = constante \quad (\text{para RSA} > 1) \quad (5.1)$$

A Tab. 5.2 indica valores dessa relação para as três unidades genéticas. Acima dos efeitos do pré-adensamento, tem-se:

$$\frac{\overline{E}_L}{\overline{\sigma}_v} = 2,3 \cdot \frac{(1+e_o)}{C_c} \quad (\text{para RSA} = 1) \quad (5.2)$$

Para levar em conta a curvatura da relação e-log p, nas proximidades da pressão de pré-adensamento, procurou-se definir $\overline{E}_L/\overline{\sigma}_v$ em dois níveis de tensão ($\overline{\sigma}_v$) (Tab. 5.2). Os valores de $\overline{E}_L/\overline{\sigma}_v$ para $\overline{\sigma}_v \geq 2 \cdot \overline{\sigma}_a$ praticamente coincidem com aqueles calculados pela expressão (5.2), com os valores de $C_c/(1 + e_o)$ da Tab. 5.2.

Barata e Danziger (1986) partiram do pressuposto de que as argilas das baixadas litorâneas da costa brasileira guardam semelhanças entre si, e chegaram à relação média $\overline{E}_L/\overline{\sigma}_v = 7$, válida ao longo da reta virgem, o que significa $C_c/(1 + e_o) = 0,33$.

Divulgaram-se correlações semelhantes à de Terzaghi, entre C_c e LL no meio técnico, como: $C_c = 0,0186 \cdot (LL - 30)$ para a Baixada Santista (Cozzolino, 1961) e $C_c = 0,024 \cdot (LL - 25)$ para as argilas de Recife (Ferreira et al., 1986). Além da dispersão, as correlações podem variar de um perfil para outro, como observou Costa Filho et al. (1985) no Rio de Janeiro.

Em Conceiçãozinha, Ilha de Santo Amaro, ao lado do Canal do Porto, onde ocorrem argilas de SFL muito sobreadensadas, obtiveram-se valores de $\overline{E}_L/\overline{\sigma}_a$ baseados nos resultados de ensaios de piezocone (CPTU). Para tanto, usou-se a expressão:

$$\overline{E}_L = a \cdot q_t \quad (5.3)$$

onde a constante a assume um valor médio de 2, e q_t é a resistência de ponta corrigida, que comporta uma certa dispersão. A Tab. 4.5 apresenta os valores da relação $\overline{E}_L/\overline{\sigma}_a$, para as argilas de SFL, cujas médias encontram-se na Tab. 5.5, inclusive para as outras unidades

TAB. 5.5 VALORES DE $\overline{E}_L / \overline{\sigma}_a$

Unidade genética	Ensaios de adensamento	Ensaios CPTU
Mangue	13	15
SFL	13-18	17
AT	11	13

genéticas. Vê-se que há uma boa concordância com os valores de laboratório (Tab. 5.2). Esse resultado deve ser visto com cautela, para evitar generalizações, pois a validade da expressão (5.3) deve ser comprovada com resultados de ensaios laboratoriais.

As relações do tipo E/s_u, entre módulo de deformabilidade e a resistência não drenada, obtidas por cinco séries completas de ensaios triaxiais CIU-C (Apêndice 5.6), mostram-se próximas, independentemente da unidade genética (AT ou SFL). Por exemplo, para o módulo de deformabilidade a 1% de deformação (E_1), E_1/s_u apresentou um valor médio de 140 (Tab. 5.2). Para o módulo correspondente a 50% da resistência (E_{50}), a média da relação E_{50}/s_u foi de 235 (Tab. 5.2), comportando certa dispersão, mas muito próxima dos 250 encontrados por Samara et al. (1982).

Sayão e Sandroni (1986) determinaram valores de E da argila cinza do Rio de Janeiro por meio de ensaios triaxiais, segundo várias trajetórias de tensões, com relações do tipo E_{50}/s_u entre 120 e 130 (Tab. 5.3). Para a argila cinza mole do Rio, Ortigão e Lacerda (1979) encontraram valores na faixa de 100 a 150 para essa relação, obtida por ensaios triaxiais CIU, ou cerca de 50% do que se encontrou para a Baixada Santista.

Surpreende verificar que a mesma cifra, da ordem de 140, foi obtida para a relação E_1/s_u dos solos sedimentares de São Paulo e das argilas de Londres e da Baixada Santista.

5.3.2 Coeficientes de permeabilidade e de adensamento medidos em ensaios

Após analisar uma grande quantidade de ensaios de permeabilidade (k), Massad (1985a) concluiu que o produto $k \cdot \overline{\sigma}_v$ varia em faixas relativamente estreitas (Apêndice 5.7). Com base na expressão:

$$C_v = \frac{(k \cdot \overline{\sigma}_v) \cdot (E_L / \overline{\sigma}_v)}{\gamma_o} \quad (5.4)$$

estimaram-se os intervalos de variação para C_v, no trecho normalmente adensado (RSA = 1). Para argilas de SFL, chegou a (0,3 a 10) $\cdot 10^{-4}$ cm²/s; e, para as ATs, (3 a 7) $\cdot 10^{-4}$ cm²/s. Para os mangues, a interpretação de ensaios de adensamento levou a valores de (0,4 a 1,7) $\cdot 10^{-4}$ cm²/s, quando argilosos; e (30 a 400) $\cdot 10^{-4}$ cm²/s, quando arenosos. Portanto, em uma mesma unidade genética, as variações são muito grandes, confirmando a extrema heterogeneidade dos solos litorâneos.

Em vários locais da Baixada Santista, regiões de antigos manguezais, pântanos, lagunas e vales de rios, as camadas de argilas intercalam-se a camadas e lentes finas de areia, formando um "sistema de drenagem interna" eficiente. Assim, os valores dos coeficientes de adensamento primário (C_v) de campo são relativamente altos, na faixa de $1 \cdot 10^{-2}$ a $5 \cdot 10^{-2}$ cm²/s; são "equivalentes", pois foram obtidos por retroanálise de recalques medidos em mais de uma dezena de aterros, admitindo-se a validade da Teoria Unidimensional de Adensamento de Terzaghi.

Em locais como na Ilha de Santo Amaro e na cidade de Santos, situadas no Núcleo 2 (Fig. 3.1), há poucas intercalações de camadas de areias e inexistem lentes finas de areia, como atestaram os ensaios com piezocones. As retroanálises de recalques medidos em uma dúzia de edifícios da cidade de Santos revelaram valores do coeficiente de adensamento equivalente entre $2 \cdot 10^{-3}$ e $7 \cdot 10^{-3}$ cm²/s, próximos aos obtidos em aterros na Ilha de Santo Amaro ($4 \cdot 10^{-3}$ a $2 \cdot 10^{-2}$ cm²/s). É significativo o fato de ensaios de dissipação de pressão neutra do CPTU, da década de 1990, em Conceiçãozinha, Ilha de Santo Amaro, ao lado do Canal do Porto, revelarem valores de C_{vh} da mesma ordem de grandeza ($3 \cdot 10^{-3}$ a $8 \cdot 10^{-3}$ cm²/s).

Durante a fase de investigação do subsolo para o projeto da Via dos Imigrantes, na Baixada Santista, foram realizados ensaios de permeabilidade *in situ* por bombeamento, que revelaram valores de k de 10^{-5} cm/s (Vargas e Santos, 1976), cem vezes superiores ao obtidos em laboratório, posteriormente confirmados por Sousa Pinto e Massad (1978), ao analisarem os aterros experimentais da Imigrantes.

Para a argila cinza do Rio de Janeiro, Regina Terra (1988) interpretou medidas de recalques no Aterro Experimental II do Sarapuí, nos trechos que não foram tratados com drenos, chegando a coeficientes de adensamento, no trecho virgem, de 20 a 30 vezes os valores de laboratório, da ordem de 10^{-4} cm²/s (Tab. 5.3). Para a crosta ressecada, Gerscovich et al. (1986) e Almeida et al. (2005) indicam valores entre $1 \cdot 10^{-4}$ cm²/s e $60 \cdot 10^{-4}$ cm²/s; no meio da camada, ensaios de piezocone, correspondentes à condição sobreadensada, indicaram valores de C_h na faixa de $(24-67) \cdot 10^{-4}$ cm²/s, próximos aos obtidos em ensaios de adensamento com drenagem radial externa (Danziger, 1990). Para esses solos, a relação k_h/k_v situa-se entre 1 (sobreadensado) e 2 (normalmente adensado).

Ensaios de piezocone, feitos em Recife, revelaram valores de C_h na faixa de $(80$ a $160) \cdot 10^{-4}$ cm²/s, bem acima dos valores de C_v de laboratório, situados no intervalo de $(20-70) \cdot 10^{-4}$ cm²/s. Segundo Coutinho et al. (2000), deve-se à presença de finas lentes de areia não detectadas por sondagens e a relação k_h/k_v variou na faixa 1-2,5. Para a argila de Sergipe, Sandroni et al. (1997) obtiveram um valor de cerca de 2 para esta relação.

5.3.3 Coeficiente K_o

Massad (1985a, 1986a) apresentou resultados de medidas do K_o em câmaras de ensaios triaxiais (Apêndice 5.8), numa ampla faixa de valores da relação de sobreadensamento (RSA), com duas amostras de argilas de SFL e três de argilas transicionais (ATs).

Para as amostras da Cosipa (6297) e de Iguape, os K_o foram determinados na primeira "volta" e na segunda "ida" do carregamento, com valores praticamente coincidentes. Na interpretação dos resultados, empregou-se a metodologia desenvolvida por Wroth (1972a). Na Fig. 5.4, destaca-se o laço formado entre as primeiras voltas e as segundas idas, que é bastante fechado, e mostra a unicidade das relações entre o K_o e a RSA (Fig. 5.5), independentemente do caminho (ida e volta), respaldando modelos como o Shansep, de Ladd (1964).

Uma nova análise foi feita, inspirada na fórmula de Parry, citada por Almeida (1982):

$$K_o = K_o^{n.a.} \cdot RSA^{\phi} \quad (5.5)$$

onde $K_o^{n.a.}$ refere-se à condição normalmente adensada. As correlações estatísticas, na expressão (5.5), têm os resultados na Tab. 5.6. Considerando-se todas as amostras, obteve-se:

$$K_o = 0{,}57 \cdot RSA^{0{,}45} \quad (5.6)$$

válida para RSA ≤ 3, quando o máximo desvio entre valores medidos e calculados não passa

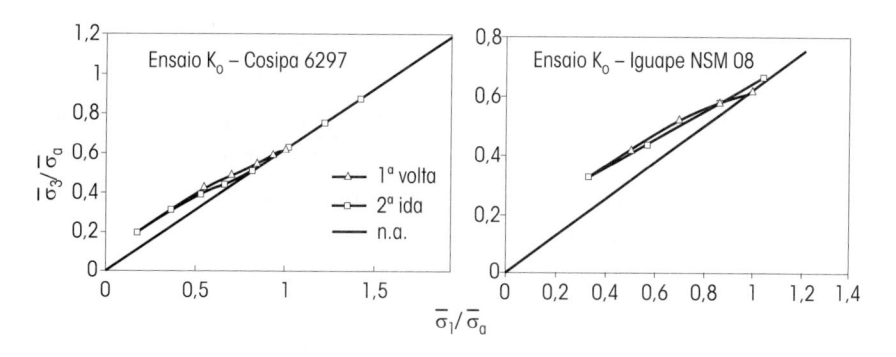

FIG. 5.4 *Resultados de ensaios K_o de laboratório: Cosipa (SFL) e Iguape (AT)*

TAB. 5.6 VALORES DE K_o E DO ÂNGULO DE ATRITO EFETIVO (ϕ')

Unidade	Local	Amostra	IP	K_o (n.a.)	ϕ' (n.a.)	Expressão de K_o	r(%)
SFL	Cosipa	6297	91	0,60	22 (23)	0,61 RSA^{0,36}	100,0
	Alemoa	6484	45	0,52	27 (28)	0,52 RSA^{0,53}	99,9
AT	Alemoa	6500	44	0,57	23 (19)	0,57 RSA^{0,38}	100,0
		6491	92	0,55	25 –	0,55 RSA^{0,54}	99,9
	Iguape	NSM 08-615	49	0,63	20 –	0,63 RSA^{0,43}	99,9

Os ϕ' foram calculados pela fórmula de Jaky: $K_o = 0,95 \cdot (1 - sen\ \phi')$, exceto os valores entre (), que são de ensaios CID ou S; r é o coeficiente de correlação

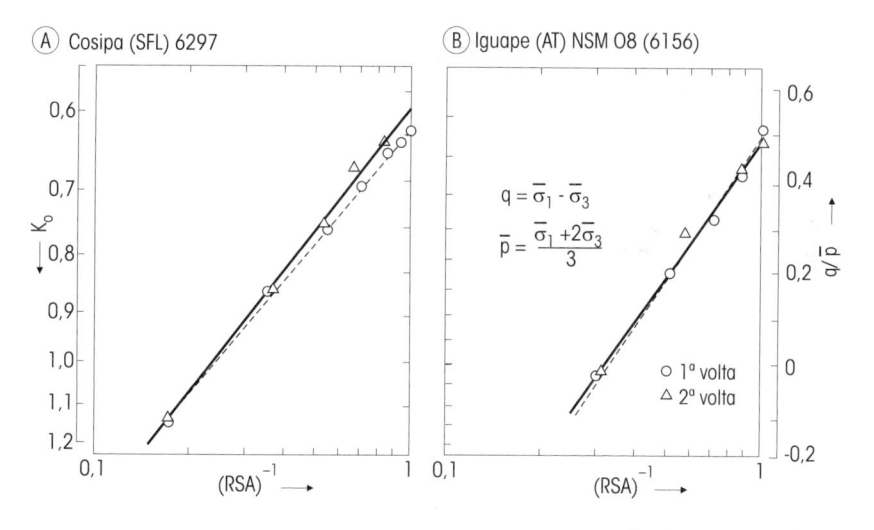

FIG. 5.5 *Relação entre o K_o e a RSA – ensaios de laboratório*

de 7%, em valor absoluto. A expressão (5.6) equivale à aplicação direta da expressão (5.5), com $\phi' = 25,5°$.

Procedeu-se de forma inversa ao estimar K_o com base na expressão (5.5) e nos ϕ' de ensaios lentos, com valores muito próximos dos K_o de ensaios para RSA entre 1 e 4. O desvio máximo foi de 5% para as SFL e de 10% para as ATs.

Aos depósitos naturais de ATs associam-se valores de RSA de 2 a 3; e, pelas fórmulas da Tab. 5.6, o K_o deve ser da ordem de 0,9.

Para as argilas de SFL, com RSA = 1,5, em média, chega-se a K_o = 0,7, quando o teor de areia é baixo; ou K_o = 0,8, quando são mais arenosas, como em Alemoa.

Werneck et al. (1977) trabalharam com a técnica do fraturamento hidráulico na região do Sarapuí, Rio de Janeiro, e determinaram valores de campo do K_o na faixa de 0,69 a 0,75, em profundidades entre 4 e 6 m. Feijó (1991) forneceu a expressão $K_o = 0,58 \cdot RSA^{0,42}$, obtida supondo que ϕ' = 25°. Em Sarapuí, entre 4 e 6 m, a relação de sobreadensamento (RSA) oscila entre 1,5 e 2 (Almeida, 1982, 2005), e a aplicação dessa fórmula empírica levou a valores de K_o = 0,68 e 0,78, bastante próximos dos valores de campo.

Para uma argila mole do Sergipe (Tab. 5.3), Brugger et al. (1994) encontraram a expressão $K_o = 0,61 \cdot RSA^{0,5}$. Equações desse tipo foram obtidas em laboratório por Coutinho (2000, 2002), que as confrontou com resultados de medições de ensaios CPTU e DMT nas argilas moles do Recife.

5.3.4 Características de resistência das argilas quaternárias

Para Schofield et al. (1968), foi A. Casagrande quem adotou a *working hypothesis* de que a coesão cresce linearmente com a profundidade, para depósitos de argilas normalmente adensadas. A variação dessa resistência é usualmente determinada pelo *Vane Test*.

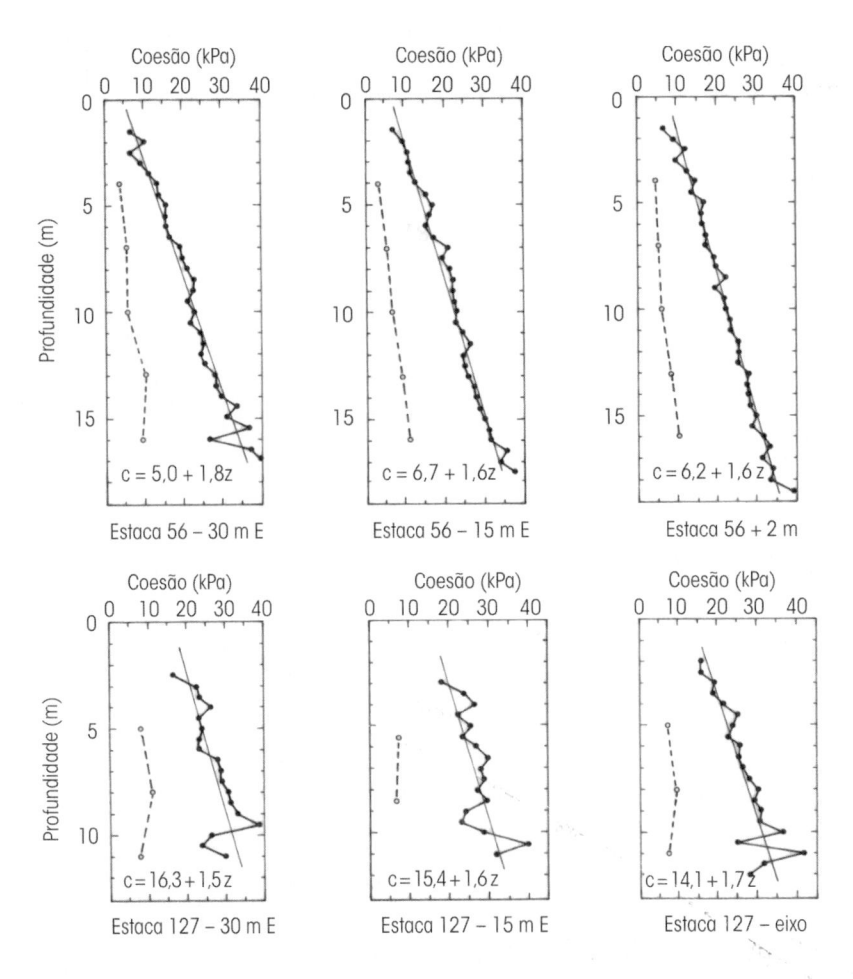

FIG. 5.6 *Resultados de ensaios de* Vane Test *– Via dos Imigrantes, Baixada Santista*

Vane Tests nas argilas de SFL

Foram feitas análises de mais de mil ensaios de *Vane Test*, executados em 70 locais da Baixada Santista (Apêndice 5.9), a profundidades que atingiam, em média, 15 m (Fig. 5.6), 20 m e até mesmo 30 m. O resultado de Sousa Pinto e Massad (1978) foi confirmado e obteve-se, para a resistência não drenada (s_u) ou coesão (c):

$$s_u = c_o + c_1 \cdot z \qquad (5.7)$$

onde z é a profundidade e c_o e c_1 são constantes que variam em função da história geológica do local.

Em 54 locais (Fig. 5.7), concluiu-se que, em média, $c_1 = 0{,}5 \cdot \overline{\gamma}$ e que apenas 15% dos casos situam-se abaixo da relação $c_1 = 0{,}40 \cdot \overline{\gamma}$. Em 13 locais, havia os resultados de *Vane Test* e perfis da história geológica, que permitiram preparar os gráficos das Figs. 5.8 e 5.9, dos quais se conclui que as envoltórias média e mínima de s_u do *Vane Test* podem ser expressas:

$$s_u/\overline{\sigma}_a = 0{,}43 \text{ (média)} \qquad (5.8)$$

$$s_u/\overline{\sigma}_a = 0{,}30 \text{ (mínima)} \qquad (5.9)$$

Ao estudar ensaios na Cosipa, Vargas (1973) propôs uma fórmula para a "coesão com um mínimo de perturbação", cuja taxa de crescimento com a profundidade (c_1) aproxima-se bem da expressão (5.7), que os dados de Teixeira (1988) também confirmam.

Comparação com outras baixadas litorâneas

A resistência não drenada (s_u) das argilas da Baixada Santista mostra-se

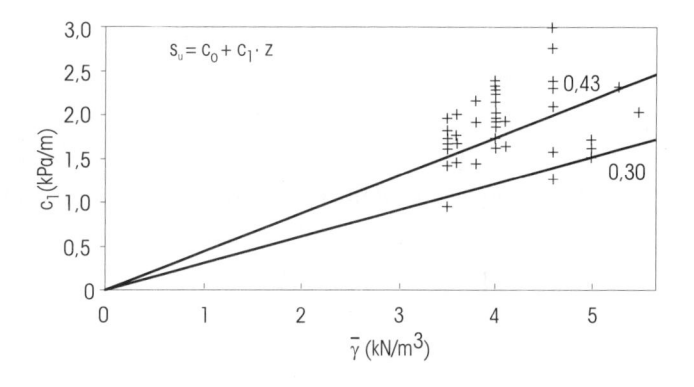

FIG. 5.7 Vane Test: *variação de c_1 com a densidade submersa ($\overline{\gamma}$) das argilas de SFL*

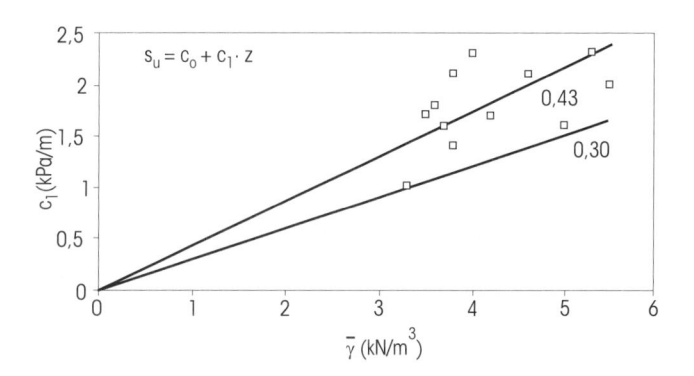

FIG. 5.8 Vane Test: *variação de c_1 com a densidade submersa ($\overline{\gamma}$) das argilas de SFL*

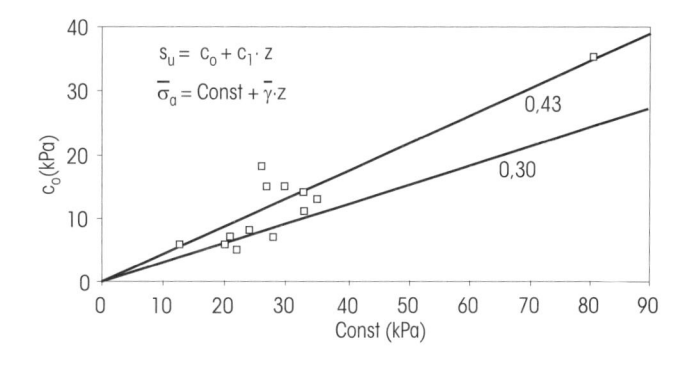

FIG. 5.9 Vane Test: *variação de c_o com $\overline{\sigma}_a$ na superfície (argilas de SFL) e a densidade submersa ($\overline{\gamma}$) das argilas de SFL*

sempre crescente com a profundidade, com valores médios de 3 kPa para os mangues; na faixa de 10 a 60 kPa, para os SFL; e superiores a 100 kPa, para as argilas transicionais. Para as argilas arenosas de SFL, Teixeira (1988) chegou a valores máximos de 150 kPa, em ensaios de *Vane Test* até 30 m de profundidade.

Nas argilas de Recife, a resistência não drenada (Tab. 5.3), obtida em ensaios de laboratório, pode apresentar duas faixas de valores (Ferreira et al., 1986), uma de 2 a 10 kPa e, a outra, de 20 a 40 kPa, até 28 m de profundidade. Para as argilas cinza do Sarapuí (RJ), em que o depósito atinge cerca de 10 m de profundidade, as faixas de valores são de 5 a 10 kPa para ensaios triaxiais, e de 5 a 15 kPa para ensaios de *Vane Test* ou com piezocones, sempre com crescimento linear com a profundidade, exceção feita à crosta ressecada.

Relação entre s_u, RSA e o nível de tensões (SFL e AT)

Com a metodologia do Shansep de Ladd (1964), realizaram-se ensaios triaxiais rápidos pré-adensados (CIU) em 12 amostras indeformadas extraídas de vários locais da Baixada Santista (Cosipa; Vales dos rios Quilombo, Jurubatuba, Diana; Canal de Bertioga; e Ilha de Santo Amaro), cujas características geotécnicas encontram-se em Massad (1985a), no Apêndice 5.1 e nas Figs. 5.10 e 5.11, que ilustram resultados obtidos para um desses locais. Em um universo de 18 pontos (Fig. 5.12A), obteve-se:

$$s_u / \bar{\sigma}_c = 0{,}34 \cdot RSA^{0{,}78} \qquad (5.10)$$

onde $\bar{\sigma}_c$ é a pressão confinante do ensaio.

Outra forma de correlação (Fig. 5.12B) permite escrever:

$$s_u / \bar{\sigma}_c = 0{,}28 \cdot RSA \quad ou \quad s_u / \bar{\sigma}_a = 0{,}28 \qquad (5.11)$$

Para as argilas cinza moles do Rio de Janeiro, Almeida (1982, 1986, 2005) obteve:

$$s_u / \bar{\sigma}_c = 0{,}35 \cdot RSA \quad e \quad s_u / \bar{\sigma}_c = 0{,}31 \cdot RSA^{0{,}77} \qquad (5.12)$$

embora ensaios CK_oU tenham revelado valores menores. O mesmo ocorreu com ensaios de extensão, feitos em argila plástica média

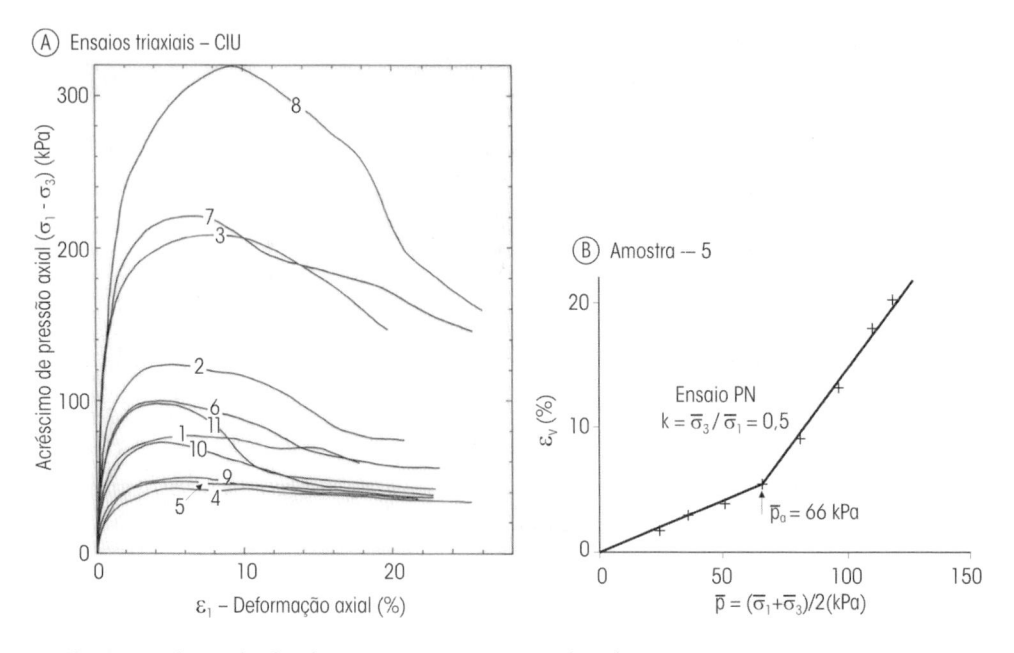

FIG. 5.10 *Ilustração de resultados de ensaios triaxiais – Jurubatuba*

do Rio (Lins e Lacerda, 1980). Para a argila de Sergipe, pode-se inferir a seguinte relação do trabalho de Brugger et al. (1994):

$$s_u / \overline{\sigma}_{vo} = 0{,}27 \cdot RSA^{0{,}80} \quad (5.13)$$

onde s_u é a resistência do *Vane Test*; os coeficientes da expressão (5.13) foram obtidos com base em ensaios de piezocone e de

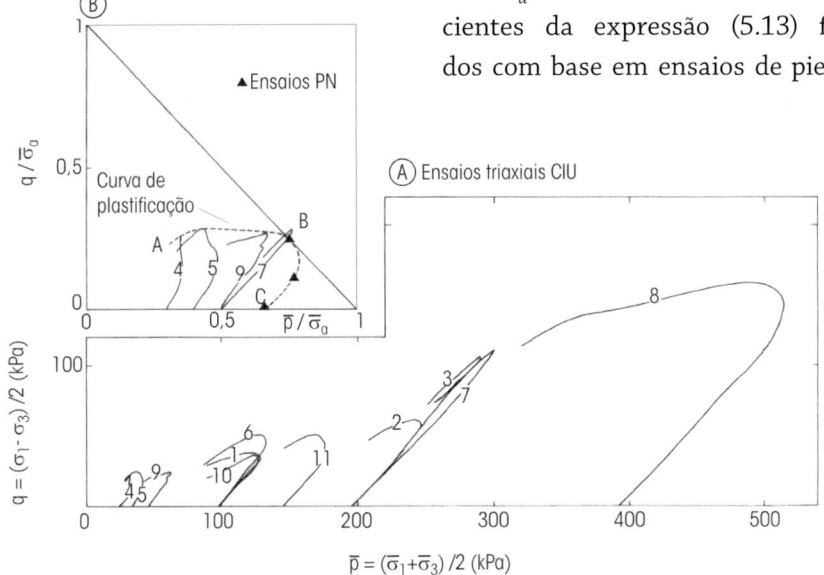

Amostra	Símbolo	$\overline{\sigma}_c$ (kPa)	h (%)	γ_n (kN/m³)	e	S (%)
3	1	98,1	103	14,3	2,71	100
	2	196,1	104	14,3	2,72	99
	3	196,1*	106	14,2	2,78	100
5	4	24,5	115	13,8	3,09	98
	5	34,3	—	14,4	—	—
	6	98,1	112	14,1	2,95	100
	7	196,1**	113	14,1	2,97	100
	8	392,3	116	14,0	3,05	100
7	9	49,0	108	13,9	2,94	97
	10	98,1	109	13,7	3,00	95
	11	147,1	101	14,1	2,76	96

Adensadas com: $^*\overline{\sigma}_c = 294\ kPa;\ ^{**}\overline{\sigma}_c = 392{,}3\ kPa$

FIG. 5.11 *Trajetórias de tensões e curvas de plastificação – Jurubatuba*

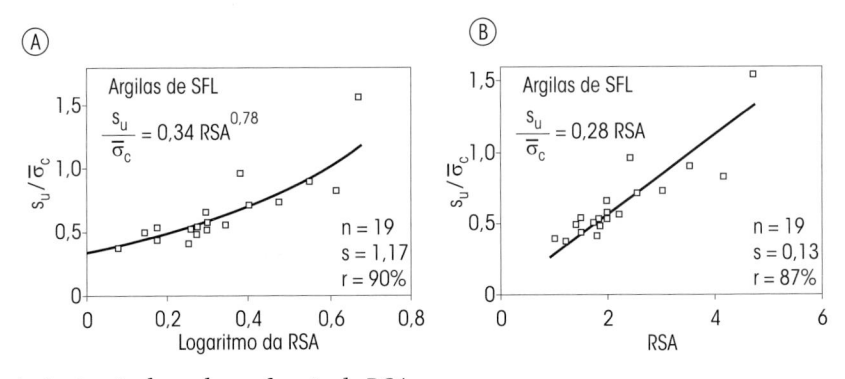

FIG. 5.12 *Resistência não drenada em função da RSA*

adensamento. Os autores usaram, para a estimativa de s_u (Vane Test) da argila de Sergipe:

$$s_u = \frac{q_t - \sigma_{vo}}{N_{kt}} \quad (5.14)$$

com N_{kt} = 14,1, onde q_t é a resistência de ponta corrigida do piezocone, e σ_{vo}, a pressão vertical total inicial. Para a argila do Sarapuí (RJ), Danziger (1990) obteve N_{kt} = 8 a 12.

Ao combinar-se a correlação de Kulhawy e Maine (1990), expressão (4.1), com as expressões (5.9) e (5.14), resulta:

$$N_{kt} = \frac{N_{\sigma t}}{0,3} = \frac{3}{0,3} = 10 \quad (5.15)$$

que deve ser tomada com cautela, por comportar variações em função da heterogeneidade das argilas de SFL. Por exemplo, para a região da Ilha Barnabé, em que $N_{\sigma t}$ = 3,9 (Tab. 4.9), chega-se a $N_{kt} \cong 3,9/0,3 = 13$.

A partir da resistência do Vane Test, Coutinho et al. (2000) indicaram $N_{kt} \cong 13$, em média, para as argilas de Recife e, Sandroni et al. (1997), $N_{kt} \cong 10$ a 15, para a argila do Porto do Sergipe. Quanto à relação $s_u / \overline{\sigma}_a$, Futai et al. (2001) indicam faixa de valores 0,30 a 0,49 (Tab. 5.3).

Ao repetir a análise em dados de duas amostras indeformadas de AT, extraídas em Alemoa e submetidas a ensaios triaxiais CIU, Massad (1985a) obteve:

$$s_u / \overline{\sigma}_c = 0,30 \cdot RSA \quad \text{ou} \quad s_u / \overline{\sigma}_a = 0,30 \quad \text{e}$$
$$s_u / \overline{\sigma}_c = 0,40 \cdot RSA^{0,60} \quad (5.16)$$

para um universo de oito pontos.

Ângulo de atrito (ϕ') para RSA = 1

Para as argilas de Santos, com IP e teor de argila superiores a 50%, ensaios triaxiais lentos em oito amostras indeformadas (Apêndice 5.10) revelaram valores de ϕ' de 24° para os SFL, e, para as ATs, 19°, acima dos efeitos do pré-adensamento (Massad, 1985a). Argilas muito arenosas dessas duas unidades forneceram valores de até 28°. Os valores de ϕ', inferidos dos ensaios K_o na condição normalmente adensada, estão na Tab. 5.6 com os correspondentes valores de ensaios triaxiais lentos. Apesar do pequeno número de ensaios, a aproximação é boa para as argilas de SFL.

Para a argila cinza mole, não ressecada, do Rio de Janeiro, Costa Filho et al. (1977) e Ortigão (1980) indicam parâmetros de resistência de 1,5 kPa e 25°, abaixo dos efeitos do sobreadensamento; acima desses efeitos, o ângulo de atrito efetivo é de 25° a 30° (Almeida et al., 2005). Para a crosta ressecada, Gerscovich et al. (1986) relatam valores de 1,5 kPa, 30° e 31°, respectivamente. Valores de ϕ' para outros solos da costa do Brasil estão indicados na Tab. 5.3.

5.3.5 Curvas de plastificação

As curvas de plastificação podem ser entendidas de um modo "físico" e experimental, sem apelar para conceitos matemáticos, que usualmente envolvem o assunto. "Acima" da linha dos ϕ' (Fig. 5.13), a curva de plastificação representa o critério de ruptura da argila intacta, e, "abaixo", o limite entre o estado sobreadensado e normalmente adensado. A parte superior da curva pode ser obtida por ensaios triaxiais convencionais e a parte inferior, por ensaios triaxiais PN, isto é, mantendo constante a relação entre as tensões totais principais, ou ensaios triaxiais lentos. Os ensaios de K_o – coeficiente de empuxo em repouso – completam a delimitação da curva de plastificação.

Houve ensaios de amostras em quatro locais diferentes: duas de argilas de SFL (Cosipa e Vale do rio Jurubatuba) e duas de ATs (Iguape e Alemoa). A Fig. 5.13 mostra as curvas obtidas pelo autor para argila transicional e argila de SFL. As coordenadas dos gráficos foram adimensionalizadas em relação às pressões de pré-adensamento, de valores muito diferentes: 350 kPa para a argila transicional e 60 kPa para a argila de SFL. Note-se que:

a) os eixos das elipses, que são as formas aproximadas das curvas de plastificação, situam-se entre as retas do ϕ' e do K_o, o que diferencia o modelo Ylight do modelo de Cam-Clay, do grupo de Cambridge (Schofield et al, 1968); em consequência, existe um ponto ou trecho comum à curva de plastificação e à reta $\bar{p} + q = \bar{\sigma}_a$;

b) as curvas de plastificação cortam o eixo das abscissas num ponto que $\bar{p} = 0{,}60 \cdot \bar{\sigma}_a$, como nos resultados obtidos por Tavenas e Leroueil (1977) para argilas moles de vários países;

c) $q^{máx}/\bar{\sigma}_a = 0{,}36$, para a argila de SFL, e 0,33 para a AT.

Os resultados ajustam-se àqueles obtidos para 50 argilas de 11 países (Fig. 5.14; adaptado de Diaz-Rodrigues, 1992 apud Leroueil, 1992).

Para as argilas de SFL (Mouratidis e Magnan, 1983), pode-se representar a forma aproximadamente elíptica dessas curvas, em função das variáveis auxiliares, x e y, a serem eliminadas, pelas seguintes equações:

$$\bar{p}/\bar{\sigma}_a = 0{,}963 \cdot (x + 0{,}405) - 0{,}271 \cdot y \quad (5.17)$$
$$q/\bar{\sigma}_a = -0{,}271 \cdot (x + 0{,}405) + 0{,}963 \cdot y$$
$$6{,}09 \cdot x^2 + 30{,}86 \cdot y^2 = 1$$

Curvas de plastificação foram apresentadas por Almeida (1982, 2005) para a argila cinza mole do Sarapuí (RJ), e por Brugger et al. (1994), para uma argila mole de Sergipe.

5.4 Propriedades das argilas de SFL da cidade de Santos

Ao restringir-se a análise dos dados da cidade de Santos (Tab. 5.7; Massad, 2003), as conclusões citadas continuam válidas.

As propriedades-índice sobrepõem-se às da Baixada Santista, como um todo, o que não acontece com algumas das propriedades de estado, como o índice de vazios e a resistência não drenada, porque o adensamento das argilas de SFL na cidade de Santos ocorreu sob pressões maiores de terra.

5.5 Propriedades das areias

As areias pleistocênicas, que formam terraços alçados de 6 a 7 m em relação ao nível atual do mar, na Baixada Santista, com bom desenvolvimento em Cananeia e Santos,

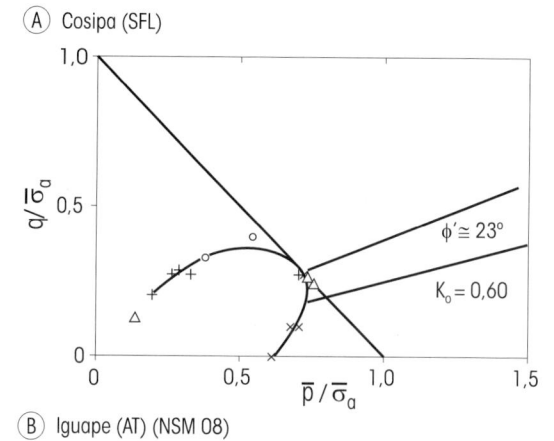

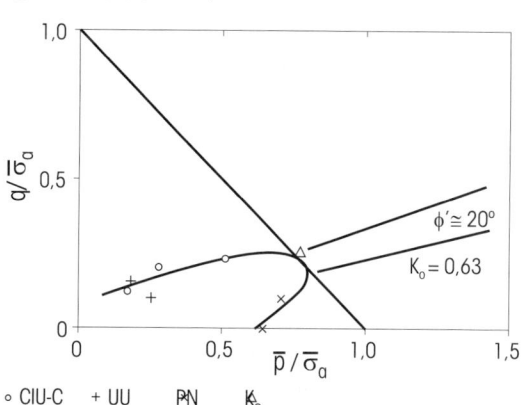

FIG. 5.13 *Curvas de plastificação (Yielding)*

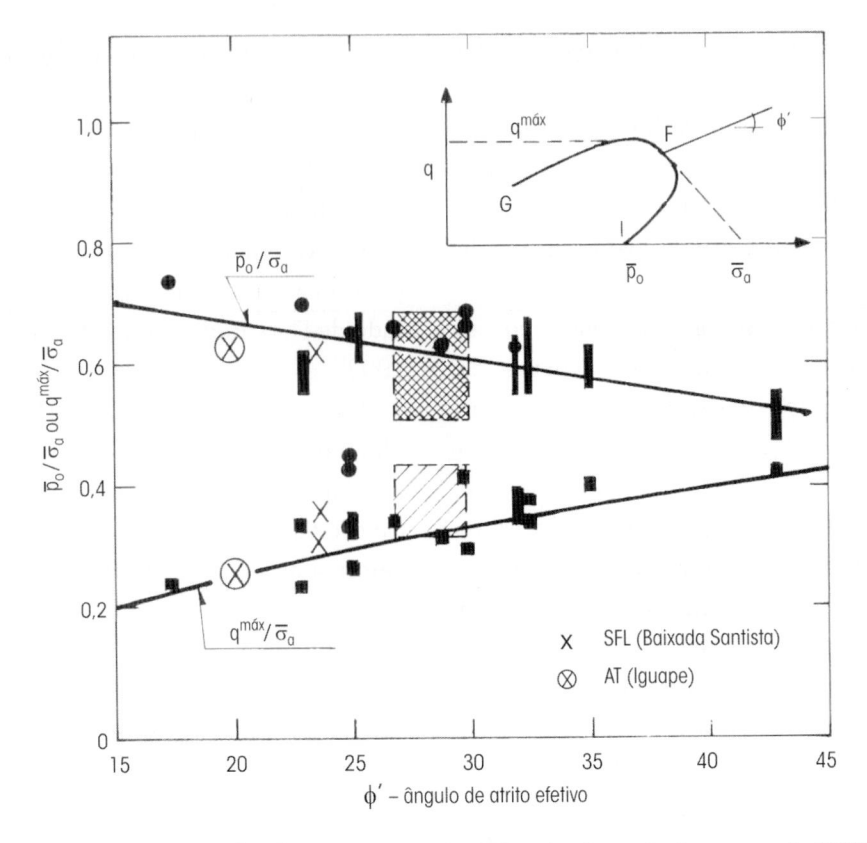

FIG. 5.14 *Variações de $\bar{p}_o/\bar{\sigma}_a$ e $q^{máx}/\bar{\sigma}_a$ em função de ϕ' para argilas (Diaz-Rodriguez et al., 1992).*

TAB. 5.7 PROPRIEDADES GEOTÉCNICAS – CIDADE DE SANTOS X BAIXADA SANTISTA

Características	Cidade de Santos					Baixada Santista	
	SFL				AT	SFL	AT
	C/D (1)	U (2)	Unisanta (3)	Núncio Malz (3)	I (4)		
Profundidade (m)	$8 \leq z \leq 20$	$7 \leq z \leq 22$	$15 \leq z \leq 24$	$z = 16$	$14 \leq z \leq 43$	≤ 50	$20 \leq z \leq 45$
e	1,2-2,4	1,2-2,2	1,6-2,2	—	2,1	2-4	< 2
$\bar{\sigma}_a$ (kPa)	100-230	80-200	190-245	—	600-700	30-200	200-700
RSA (*)	1,25	1,13	1,4?	1,3	> 3,5	1,1-2,5	> 2,5
SPT	—	—	2-5	1-4	5-10 (**)	0-4	5-25
s_u (kPa)	25-50	25-90(CS)	60-73	—	200	10-60	> 100
γ_n (kN/m³)	14,7-17,1	15	14,7-16,0	14,5-15,6	16	13,5-16,3	15,0-16,3
$C_{\alpha\varepsilon}$ (%)	3-6	3-4,5 (***)	—	1,3-3,9	—	3-6	—
C_v^{lab} (cm²/s)	$(2-7).10^{-4}$	$(2-4).10^{-4}$	1.10^{-4}	$(1-7).10^{-4}$	—	$(0,3-10).10^{-4}$	$(3-7).10^{-4}$
C_v^{campo}/C_v^{lab}	10-20	20	86?	—	—	15-100	—
δ (kN/m³)	26,5	—	26,5	26,8	—	26,6	26,0
% < 5μ	15-61	—	40-80	—	20-50	20-90	20-70
LL	47-137	60-130	50-87	—	40-120	40-150	40-150
IP	19-87	30-90	31-46	-	20-60	20-90	40-90
IA	0,9-2,9	—	—	—	1,8	0,7-3	0,8-2,0

TAB. 5.7 PROPRIEDADES GEOTÉCNICAS – CIDADE DE SANTOS x BAIXADA SANTISTA (continuação)

IL (%)	39-78	—	—	—	55	50-160	20-90
$C_c/(1+e_o)$	(0,48)	0,25-0,44 (0,35)	0,26-0,31	0,34-0,38	—	0,33-0,51 (0,43)	0,35-0,43 (0,39)
C_r/C_c (%)	(5)	—	6-19	—	—	8-12	9
$\overline{E}_t/\overline{\sigma}_a$ (RSA > 1)	20	—	—	—	—	13-18	11

(*) RSA no centro da camada; ( ) Números entre parênteses indicam a média; (**) Amostrador Mohr Geotécnica (IRP); (***) Edifício S.A., reinterpretado pelo autor

Fonte: (1) Machado (1961); (2) Teixeira (1960b, 1994); (3) Gonçalves e Oliveira (2002b); (4) Teixeira (1960a).

apresentam-se superficialmente amareladas, tornando-se marrom em face de fenômenos de laterização, ou marrom-escuras a pretas, em profundidade, pela impregnação com matéria orgânica. A ação de dunas se fez sentir intensamente.

As areias holocênicas, que ocorrem em terraços entre o mar e os terraços de areias pleistocênicas, por vezes separados por paleolagunas holocênicas, com grandes extensões nas regiões de Santos e Praia Grande, não são impregnados por matéria orgânica, mas revelam sinais de cordões de praia e da ação de dunas.

A Tab. 5.8 resume as poucas informações sobre as areias holocênicas da cidade de Santos.

TAB. 5.8 CARACTERÍSTICAS E PROPRIEDADES DA AREIA HOLOCÊNICA DA CIDADE DE SANTOS

Propriedades	Fonte
Areias finas, uniformes (0,1 < ϕ < 0,2 mm)	Teixeira (1960b e 1994)
SPT = 9 a 30 golpes	
γ_n = 20 a 22 kN/m³	
ϕ' = 28-32° (ensaios triaxiais)	
Prova de carga em placa (ϕ = 80 cm), 1,5 m de profundidade: até 700 kPa, linearidade; recalque máx = 9 mm	
Areias finas, puras ou quase puras	Relatório IPT (1957)
Prova de carga em placa (ϕ = 80 cm), 1,8 m de profundidade: até 600 kPa, linearidade; recalque máx ≅ 11 mm. Para pressão de 300 kPa, o recalque foi de 5,4 mm. Valor do IPT = 10 até 4 m abaixo da cota de apoio da placa.	
ϕ' = 35-44° (CPTU) valor médio: 38°	Oliveira (2001)
CPTU 02 – Unisanta Camada de areia holocênica, com 15 m de espessura $\overline{q}_c = 11,55 MPa$ $\overline{f}_r = \dfrac{\overline{f}_s}{\overline{q}_c} = 1,2\%$ (ábaco de Robertson e Campanela: areia) $\overline{B}_q = \dfrac{u_{máx} - u_o}{q_t - \sigma_{vo}} = 0,01$ $\overline{q}_t = 12,1 MPa$ (ábaco de Senneset-Janbu: areia densa)	Massad (1999 e 2004)

5.6 Súmula

Os estudos de solos da Baixada Santista iniciaram-se na década de 1940 e ganharam um grande impulso com as grandes obras portuárias, industriais e viárias e com os avanços recentes dos conhecimentos geológicos de sua formação. Durante esses anos, uma grande quantidade de dados acumulou-se, possibilitando uma primeira sistematização dos conhecimentos existentes.

Geneticamente, a costa brasileira comportou-se de forma homogênea, do NE ao Sul, possibilitando mostrar relações de afinidade entre os solos, desde que se trabalhe com parâmetros adimensionalizados. Nesse contexto, a pressão de pré-adensamento desempenha um papel decisivo ao recolocar a origem geológica como questão central. Ademais, os conhecimentos da Baixada Santista poderão ser extrapolados para outros locais, como os Litorais Norte e Sul de São Paulo, carentes de investigações geotécnicas sistematizadas, que só o tempo pode propiciar.

A história geológica introduziu uma classificação genética dos sedimentos quaternários em três unidades, cuja pertinência foi verificada na prática e permitiu a ampliação dos conhecimentos quanto à distribuição em subsuperfície, e as bases para explicar o sobreadensamento das argilas quaternárias da Baixada Santista, inicialmente tidas como normalmente adensadas, mas que se comportam como levemente e, às vezes, fortemente sobreadensadas, com consistências que variam de muito mole a rija e mesmo dura.

Os ensaios usuais de caracterização e identificação da Mecânica dos Solos revelaram-se pouco úteis para distinguir as argilas das três unidades genéticas: as argilas transicionais (mais antigas), as argilas de SFL (mais recentes) e as argilas de mangues. O índice de vazios ou o teor de umidade, a pressão de pré-adensamento e a resistência não drenada, inclusive o SPT, tomados concomitantemente, permitem diferenciar as três unidades genéticas. O uso do SPT-T e do piezocone abrem novos horizontes à diferenciação.

A caulinita é o argilomineral predominante nas argilas transicionais, compreensível à luz de sua origem geológica: o recuo do mar há 17 mil anos A.P. propiciou ambiente bem drenado, além do clima semiárido. Para as argilas de SFL, podem prevalecer a caulinita, quando a sua formação deu-se pelo retrabalhamento das argilas transicionais, ou a montmorilonita, quando ocorreu a sedimentação em lagunas ou baías.

O sobreadensamento das argilas do litoral paulista, causado por sobrecargas dos mais variados tipos (peso total de terra nas argilas transicionais; flutuações negativas do nível do mar, durante o Holoceno, nas argilas de SFL e a ação de dunas holocênicas, também nas argilas de SFL), foi confirmado por resultados de ensaios de adensamento, de piezocones e de medidas de recalques de aterros em vários pontos da Baixada Santista e de edifícios na cidade de Santos.

Parâmetros como os módulos de deformabilidade, o K_o e a resistência não drenada puderam ser associados à relação de sobreadensamento, à semelhança do que se faz na linha aberta pelo modelo Shansep. Apresentou-se a relação entre a resistência do *Vane Test* e a profundidade, que leva em conta o sobreadensamento do solo.

Outros parâmetros como o índice de compressão, ângulos de atrito efetivos (ϕ'), de ensaios triaxiais, foram determinados para os sedimentos mais argilosos. Os ϕ' mostraram-se coerentes com os valores inferidos nos ensaios de K_o. Ademais, foi possível determinar valores de K_o nas condições de campo, da ordem de 0,9 para as argilas transicionais, em comparação com valores de 0,7 a 0,8 para as argilas de SFL. Finalmente, determinaram-se, para os dois tipos de argila, curvas de plastificação de forma aproximadamente elítica, como preconizado pelo modelo *Ylight*.

Espera-se, com o uso mais intensivo do piezocone e de outros ensaios modernos de campo, aprofundar os conhecimentos relativos ao sobreadensamento, em novas áreas sujeitas à ação de dunas; ao coeficiente de empuxo em repouso de campo; e à permeabilidade *in situ*.

O resultado mais geral foi a sistematização dos conhecimentos sobre as características geotécnicas e propriedades de Engenharia dos sedimentos marinhos da Baixada Santista, embasada nos conhecimentos geológicos, especificamente na sua classificação genética e na história das tensões a que estiveram submetidos.

Apêndice 5.1 – Dados de ensaios de laboratório

Os dados dos arquivos do IPT utilizados estão nas Tabs. 5.9 (mangues), 5.10 (sedimentos fluviolagunares e de baía - SFL) e 5.11 (argilas transicionais - ATs), nas quais, além dos locais investigados e das obras associadas, encontram-se indicações do ano e das profundidades dos ensaios, os valores médios de algumas características geotécnicas dos solos e a referência bibliográfica.

Recorreu-se a resultados de ensaios de 1982-1983 em amostras de solos da região de Cananeia-Iguape, nas proximidades do Morro do Grajaúna, entre o Morro da Jureia e a Barra do Una, onde se formou inicialmente uma baía, isolada por uma restinga, dando origem a uma laguna durante o Holoceno. No Morro

TAB. 5.9 Valores médios das características geotécnicas de mangues (vasas)

Local	Obra	Δz	Ano	LL	IP	% <5μ	δ	IA	$\bar{\sigma}_a$	C_c	e_o	h	γ_n	SPT (IPT)	s_u	S	Shelby
Alemoa e Jardim Casqueiro	Via Anchieta, ponte sobre o Canal do Casqueiro	0-5	1949	97	59	—	—	—	—	—	—	97	—	0	—	—	43 mm
Vale do rio Diana	Piaçaguera/Guarujá/Itapema	0-2,5	1961	—	—	—	—	—	30	2,30	5,00	178	12,7	0	3,0 CS	—	ϕ5"
Vale do rio Mogi/Piaçaguera	Cosipa – Laminação	1,5-4,0	1965	135	87	50	26,5	2,2	20	1,80	3,82	142	13,3	0	—	—	ϕ5"

Δz (m) Intervalo de profundidade investigada; LL e IP – Limite de liquidez e índice de plasticidade (%); C_c – Índice de compressão; e_o – Índice de vazios; umidade e densidade natural; s_u(kPa) – Resistência não drenada de ensaios de compressão simples (CS). Ensaios triaxiais rápidos (Q) ou *Vane Tests* (VT); S – Sensibilidade
$\bar{\sigma}_a$ (kPa) – Pressão de pré-adensamento; C_c – Índice de compressão; e_o; h (%); γ_n(kN/m³); δ (kN/m³) – Densidade dos grãos; IA – Índice de atividade de Skempton;

TAB. 5.10 VALORES MÉDIOS DAS CARACTERÍSTICAS GEOTÉCNICAS DE SEDIMENTOS FLUVIOLAGUNARES E DE BAÍA (SFL)

Local	Obra	Δz	Ano	LL	IP	% < 5μ	δ	IA	$\bar{\sigma}_a$	C_c	e_o	h	γ_n	SPT (IPT)	s_u	S	Shelby
Alemoa e Jardim Casqueiro	Tanque de óleo OCB 9	8-22	1942	101	64	51	—	—	120	0,75	2,05	79	15,2	—	—	—	5"
	Tanque de óleo	0-15	±1950	65	35	—	—	—	110	1,5	2,30	60	—	—	32 CS	—	43 mm
	Petrobras	0-20	1983	72	45	42	26,8	1,3	80	0,93	1,84	65	15,5	0	29 VT	—	5"
	Via Anchieta, ponte sobre o Canal Casqueiro	5-7	1949	82	51	34	—	—	100	0,88	1,74	66	16,3	(0)	43 CS	—	5"
Praias de Santos	Edifício A (1)	12-19	1952	85	50	41	26,9	1,5	190	1,14	1,67	65	15,8	(1-2)	—	—	—
	Edifício B (1)	11-19	1953	87	52	39	26,4	1,4	170	1,06	1,65	68	15,9	—	56 Q	—	5"
	Edifícios C e D (1)	8-20	1954	95	57	43	26,6	1,6	170	1,35	1,84	73	15,6	—	37 Q	—	—
	Vários Edifícios (2)	8-44	47-54	100	65	—	—	1,2-1,8	150 a 250	1,00*	—	70*	15,5*	1 a 2	60 CS	4 CS	2" a 4"
Cubatão	Via dos Imigrantes (Estacas 56 e 127)	3-20	1971	117	77	57	—	1,9	50	2,00	3,50	130	13,5	0	40 VT	3,4 VT	5"
	Cosipa – Laminação	4-22	1965	109	72	66	26,4	1,4	80	1,68	7,69	108	14,2	0	—	—	5"
	Casa de Bombas – Cosipa	1-20	1972	101	64	66	27,4	1,2	60	1,94	3,36	118	13,6	0	16 CS	—	5"
Vale do rio Mogi/ Piaçaguera	Cosipa – Ilha dos Amores	3-18	1975	138	93	69	26,5	1,5	60	1,73	3,26	120	13,8	0	15 Q	6	5"
	Cosipa	3-5	1975	110	71	48	26,2	1,7	50	1,27	2,97	105	14,1	0	15 Q	—	Blocos
	Via Piaçaguera/Guarujá (SP 1, 2 e 3) (3)	0-9	1980	79	45	63	27,0	0,9	60	1,46	2,62	94	14,4	0	18 VT	4,6	—
	Via Piaçaguera/Guarujá SP 4 (3)	1-11	1983	111	65	74	26,4	1,1	50	1,90	3,52	133	13,5	0	16 VT	5,3	—
Vale do rio Quilombo	Cosipa	5-20	1975	125	82	71	26,8	1,5	—	—	3,39	115	14,0	0	0	—	3"
	Piaçaguera/Guarujá	6-20	1981	100	62	65	26,6	1,1	60	1,95	3,03	108	14,0	0	0	—	5"
Vale do Jurubatuba	Piaçaguera/Guarujá	6-19	1981	123	83	76	26,2	1,3	70	1,90	2,95	107	13,8	0	—	—	5"
Vale do rio	Itapema	3-21	1961	131	78	—	—	—	75	1,50	2,80	101	14,6	0	13 Q	—	5"
Diana e Canal de Bertioga	Piaçaguera/Guarujá (SP 5 e 6) (3)	2-23	1981	108	71	80	26,2	1,0	60	2,00	3,29	120	13,5	0	—	—	5"

		Δz	Ano	LL	IP	% <5μ	δ	IA	$\bar{\sigma}_a$	C_c	e_o	h	γ_n	SPT (IPT)	s_u	S	Shelby
Ilha de Santo Amaro	Piaçaguera/Guarujá (SP 7) (3)	3-23	1981	94	58	62	26,2	1,1	—	50	2,04	3,21	120	13,8	0	—	—	5"
Ilha de Santo Amaro	Entrada do estuário do Porto	3-32	1957	95	61	49	—	1,4	—	—	—	—	78	—	—	37 Q	4,3 CS	43 mm
Ilha de Santo Amaro	Próximo ao Cais Conceiçãozinha	5-13	1984	100	70	—	—	—	—	123	0,91	1,69	71	15,3	1-2	53 VT	—	—

(1) Machado (1954, 1958, 1961); (2) Teixeira (1960b); (3) Samara et al.(1982)

TAB. 5.11 Valores médios das características geotécnicas das argilas transicionais

Local	Obra	Δz	Ano	LL	IP	% <5μ	δ	IA	$\bar{\sigma}_a$	C_c	e_o	h	γ_n	SPT (IPT)	s_u	S	Shelby
Alemoa e Jardim Casqueiro	Via Anchieta, ponte sobre o Canal do Casqueiro	12-16	1949	124	78	44	—	—	270	1,30	2,06	75	15,7	—	80 CS	—	5"
Alemoa e Jardim Casqueiro	Via Anchieta, ponte sobre o Canal do Casqueiro	26-32	1949	120	72	29	—	—	350	0,91	1,89	69	16,4	(5-10)	130 CS	—	5"
Alemoa e Jardim Casqueiro	Via Anchieta, ponte sobre o Canal do Casqueiro	45-47	1949	84	42	—	—	—	—	—	—	53	—	(25)	—	—	5"
Alemoa e Jardim Casqueiro	Petrobras	22-40	1983	87	57	60	26,3	0,8	470	1,3	2,02	70	15,3	4-10	—	—	5"
Praia de Itararé – S. Vicente	Edifício I (1)	13-44	1954	100	70	38*	—	1,8	650	1,4*	2,10	69	16,0*	5 a 10 **	200 CS	—	4"
Cubatão	Via Imigrantes (Est 127)	14-20	1971	86	57	51	—	1,4	260	0,70	1,50	59	16,5	5	—	—	5"

(1) Teixeira (1960a); (*) Aproximação grosseira; (**) Amostrador Mohr-Geotécnica

do Grajaúna foram extraídas amostras de solos de sedimentos fluviolagunares e de baías (SFL), e de argila transicional (AT), resquícios da Formação Cananeia que não foram erodidos graças aos morros, pontões do pré-cambriano.

Cabem aqui observações a respeito do "envelhecimento" das informações disponíveis e da amostragem. Os dados manipulados foram obtidos em condições de amostragem e ensaio diferentes ao longo do tempo, o que exigiu cautela na análise dos resultados (Mello, 1982). Observou-se, em vários casos, uma dispersão tanto maior nas regressões levadas a cabo quanto mais antigas as informações (por exemplo, pressão de pré-adensamento correlacionada à profundidade).

A questão da amostragem traz à tona a dicotomia amolgada – indeformada, que Mello (1982) sugeriu ser substituída por um índice de "sensibilidade parcial", associado a resultados de ensaios e, assim, por um procedimento de extrapolação, chegar ao comportamento do "solo intacto". Davis e Poulos (1967, p. 93) haviam feito proposta semelhante, por meio dos *degrees of disturbance* de Schmertman (1955, p. 1224). Nesse contexto, menciona-se a estimativa da coesão (Vargas, 1973) de argila mole da Cosipa "com um mínimo de perturbação possível" (expressão 2.3). Na análise de resultados de ensaios laboratoriais de adensamento de solos da Baixada Santista, dispunha-se de resultados na condição amolgada e na "indeformada". Uma abordagem mais recente dessa questão encontra-se em Almeida et al. (2005).

Apêndice 5.2 – MINERALOGIA, TEOR DE MATÉRIA ORGÂNICA E ESTRUTURA (*fabric*)

Na década de 1980, três amostras de solos, extraídas a leste da planície de Santos, no Canal de Bertioga e Ilha de Santo Amaro (Tab. 5.12), uma delas classificada como argila orgânica (Amostra A), incluída na unidade genética dos mangues, e duas classificadas como argila marinha (Amostra B) e argila plástica (Amostra C), dos sedimentos fluviolagunares e de baías (SFL), foram submetidas a análises mineralógicas por difratometria de raios X (Massad, 1985a). As análises foram executadas na fração argila: a Amostra A teve a matéria orgânica previamente eliminada e revelou a presença de caulinita, ilita e montmorilonita na proporção de 1:1:0,5 respectivamente, com traços de clorita e possivelmente argilomineral interestratificado ilita-clorita. Na Amostra B, predominaram, em ordem decrescente, a montmorilonita, a caulinita e a ilita, com traços de gibbsita, quartzo e possivelmente calcita. Na Amostra C, a mais profunda, indicou em ordem decrescente a presença de montmorilonita, ilita e caulinita, com traços de gibbsita e quartzo.

Na mesma época, extraíram-se amostras de solo a oeste da planície de Santos, em Alemoa (6475, 6482, 6492 e 6497), e em Iguape (NSM 08), que foram submetidas ao mesmo tipo de ensaio. Na Tab. 5.12, nota-se que todas elas indicaram, surpreendentemente, a presença de caulinita como o argilomineral predominante, seguido de ilita e montmorilonita, esta formando camadas mistas com a clorita, na proporção de 4:3:3, exceto para as Amostras 6497 e NSM 08, em que apareceram nas proporções 5:2:1 e 5:4:1, respectivamente; em quase todas observaram-se traços de gibsita. Constatou-se (provável) sepiolita (ou atapulgita) na Amostra 6497 de argila transicional.

Como explicar, para os sedimentos fluviolagunares e de baías (SFL), a predominância de montmorilonita a leste e da caulinita a oeste da planície de Santos?

Uma hipótese pode ser feita respaldada na origem das argilas transicionais (ATs). No período entre as transgressões Cananeia e Santos, o nível do mar sofreu um abaixamento de 110 m e os sedimentos depositados foram em parte erodidos, o que leva a supor a existência de clima propício para a degradação dos argilominerais, resultando na caulinita. A presença (provável) da sepiolita indicaria a formação dos depósitos em ambiente fechado e a ocorrência de clima semiárido. Para Frazão (1984), esse argilomineral só se mantém se não for transportado, como se constatou no arenito Bauru. Posteriormente, com as transgressões holocênicas, formaram-se, a oeste da planície, os sedimentos fluviolagunares e de baías (SFL), em parte pelo retrabalhamento dos sedimentos da Formação Cananeia, processo que deve ter mantido intactas as características mineralógicas primitivas, isto é, a predominância de caulinita.

A leste da planície de Santos, parece ter havido deposição de sedimentos recentes, após a Transgressão Holocênica, em águas paradas de lagunas ou baías, daí a predominância de montmorilonita.

TAB. 5.12 COMPOSIÇÃO MINERALÓGICA E TEOR DE MATÉRIA ORGÂNICA

Unidade genética	Local e obra	Amostra	Profundidade (m)	Mineralogia	T.M.O. (%)	Observações
SFL	Alemoa (Petrobras)	6475	2,8	k/I/M + Cℓ	3,0	Argilas muito arenosas
		6482	10,3	k/I/Cℓ	3,1	
	Vale dos rios Mogi e Piaçaguera (Ilha dos Amores)	1	3,0	—	5,2	
		2	10,5	—	5,8	
		3	15,5	—	7,4	
	Vale do rio Quilombo (Cosipa)	1	2,7	—	0,4	Arenoso
		2	5,0	—	5,6	
		3	10,3	—	6,6	
		4	15,3	—	5,8	
		5	20,3	—	4,8	
		6 (topo)	2,5	—	1,5	Arenoso
		6 (centro)	2,8	—	5,6	
		6 (base)	3,0	—	1,0	
		7	5,3	—	4,4	
		8	10,3	—	5,6	
		9	15,3	—	6,8	
		18	5,2	—	8,1	Com raízes
		10	5,3	—	0,7	Arenoso
		11	10,3	—	6,3	
		12	5,2	—	9,2	Com raízes
		14	10,2	—	6,0	
		13	6,2	—	6,0	
		15	11,2	—	4,2	
		17	16,2	—	5,2	
Mangue	Canal de Bertioga (Piaçaguera-Guarujá – SP6)	A	3,5	k/I/M	26,6	Turfoso
SFL	Ilha de Santo Amaro (Piaçaguera-Guarujá – SP7)	B	10,0	M/k/I	3,4	
		C	30,8	M/I/k	1,9	
AT	Alemoa (Petrobras)	6492	24,5	k/I/M + Cℓ	2,3	Areia
		6497	31,4	k/I/M + Cℓ + Sep	0,6	
	Iguape	NSM 08	16,3	k/I/M + Cℓ	4,1	

(1) A composição mineralógica foi obtida por meio de difratometria de raios X: k – Calunita; I – Ilita; M – Montmorilonita; M + Cℓ – Camadas mistas de montmorilonita e clorita; Cℓ + Sep – Camadas mistas de clorita com sepiolita; (2) O teor de matéria orgânica (TMO) foi determinado pelo método contido na E 201-1964 do LNEC (outubro de 1967)

Os teores de matéria orgânica dessas amostras estão também indicados na Tab. 5.12, em que a Amostra A (mangue) apresentou cerca de 27% de matéria orgânica, enquanto nas Amostras B e C essas cifras foram muito baixas, comparando-se somente às areias argilosas, indicadas na mesma tabela, cujos dados estão apresentados graficamente na Fig. 5.9. Verifica-se que não há uma lei de variação bem definida entre o teor de matéria orgânica e a profundidade. Ao abstrair os dois casos de argilas orgânicas com raízes e das areias com argila orgânica, o teor médio de matéria orgânica é de 6%. A presença de raízes eleva essa média para cerca de 9%. As areias, com baixos teores de argila, apresentam, em média, 1% de teor de matéria orgânica.

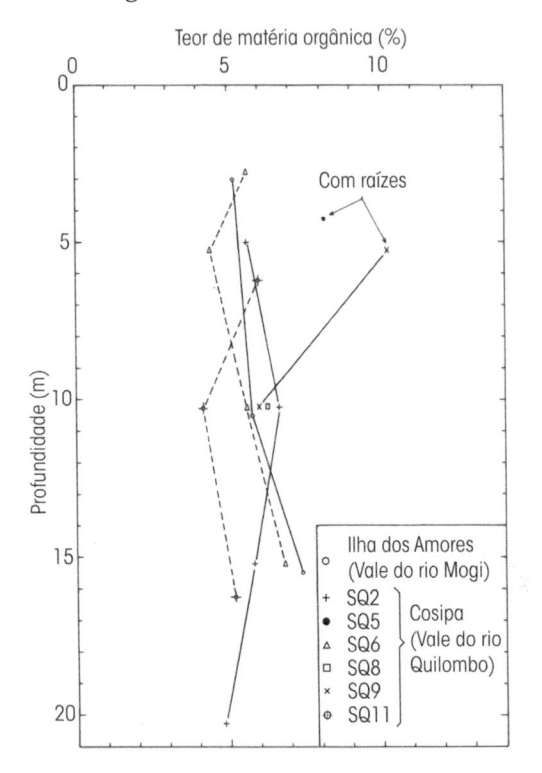

FIG. 5.15 *Variação do teor de matéria orgânica com a profundidade – sedimentos fluviolagunares e de baía (SFL)*

Para os sedimentos transicionais, dispõe-se de menos informações ainda (Tab. 5.9). Os dados revelam, para a Amostra 6492 de Alemoa, um teor de matéria orgânica de apenas 2%. Para a argila de Iguape, o valor encontrado foi pouco superior a 4%.

Amostras de sedimentos de origens diferenciadas da Baixada Santista e Iguape foram coletadas e analisadas em microscópio eletrônico de varredura, para se ter uma ideia de suas estruturas.

Uma análise global das Figs. 5.16 a 5.35 confirma o resultado de investigação de Collins e McGown (1974) de que a natureza da interação e orientação das partículas é complexa e arranjos diferenciados das partículas podem existir lado a lado, na mesma "amostra-espécimen". Na Fig. 5.21, vê-se um sistema disperso de partículas, que compõem um arranjo do tipo "matriz de argilas" (terminologia introduzida pelos autores). Para a mesma "amostra-espécimen", a Fig. 5.20 revela uma "matriz argilosa", na qual as partículas formam um sistema "parcialmente discernível", ou seja, praticamente impossível de identificar contatos do tipo face-face ou face-ponta etc. A Amostra 6475 (Alemoa), cujo centro (Fig. 5.22) encontra-se ampliado na Fig. 5.23, mostra a presença de uma "matriz argilosa" circundada por "matriz granular". A "matriz argilosa" é formada por um sistema de partículas "parcialmente discerníveis". A Fig. 5.34 revela uma "matriz granular", a Fig. 5.35, uma "matriz argilosa", ambas referentes à argila transicional de Iguape, Amostra NSM-08.

Uma constatação de caráter geral, com exceção da Amostra A, é a não formação de "agregados regulares", isto é, de arranjos mais ou menos equidimensionais, com contornos bem definidos. Aparentemente, predominam as "matrizes de argila", que às vezes estendem-se por toda a massa de solo e envolvem ou penetram outras formas de arranjos. Observaram-se "matrizes granulares", que consistem em grãos de silte ou areia fina, e no caso de solos arenosos (Amostra 6482, de Alemoa), as "matrizes de argila" atuam como "conectores" entre grãos de silte ou areia (Fig. 5.25).

Para as Amostras B e C (leste da planície), montmorilonita parece ser o argilomineral predominante (Figs. 5.18 e 5.21). Na Amostra

Fotos de microscópio eletrônico de varredura

FIG. 5.16 *Amostra A* 15μ

FIG. 5.17 *Amostra A* 5μ

FIG. 5.18 *Amostra B* 1,5μ

FIG. 5.19 *Amostra B* 5μ

FIG. 5.20 *Amostra C* 5μ

FIG. 5.21 *Amostra C* 1,5μ

A, notou-se a presença de agregados de partículas hexagonais (Figs. 5.16 e 5.17), em cuja composição predominam o silício, alumínio e ferro, obtidos por análises de dispersão de energia. Nas Amostras de Alemoa (oeste da planície) e de Iguape não se conseguiu discernir as partículas com nitidez (Figs. 5.23, 5.24 e 5.29).

As Figs. 5.27 (Amostra 6482) e 5.31 (Amostra 6492) mostram o que aparenta ser sepiolita, cujos traços foram observados na difratometria por raios X da Amostra 6497, extraída em Alemoa, mas podem ser vestígios de microfauna (Frazão, 1984), o que encontra respaldo nas conclusões de Petri e Suguio (1973): a parte inferior das camadas de base da Formação Cananeia é rica em fragmentos de plantas.

A presença de carapaças de animais marinhos é marcante na Amostra A (mangue) (Figs. 5.16 e 5.17), e nas amostras B e C (Figs. 5.19 e 5.20), de sedimentos fluviolagunares e de baías – SFL, localizadas a leste da planície de Santos. A oeste da planície, em Alemoa, encontraram-se carapaças na Amostra 6475, a 2,8 m de profundidade; no mesmo local, a 10,3 m de profundidade (Amostra 6482), foi difícil detectar a sua presença. As duas amostras são de sedimentos fluviolagunares e de baías

(SFL). Nas amostras de argilas transicionais (ATs) de Alemoa, à parte alguns compostos estranhos, "pelotinhas" de ferro e enxofre ou de ferro, titânio, potássio etc., constatou-se a presença de carapaças, mas com muita dificuldade (Amostra 6492, a 22,2 m de profundidade).

Ao comparar-se as figuras relativas às Amostras B, C, 6482 e 6492, nota-se que, apesar de ser um sedimento fluviolagunar e de baía (SFL), a Amostra 6482 assemelha-se mais com a argila transicional (AT), Amostra 6482. É notável a semelhança entre as Figs. 5.26 e 5.30.

Para explicar a "distância" entre as Amostras B e C, e a 6482, parte-se de considerações geográfico-geológicas, isto é, as duas primeiras estão a leste e a última a oeste da planície de Santos. A oeste, os sedimentos transicionais teriam sido retrabalhados com a transgressão holocênica, dando origem aos depósitos superficiais mais recentes; é plausível supor que "blocos de matriz de argila" tenham se comportado como unidades floculadas, que se misturaram com as areias pleistocênicas, dando origem às argilas com muita areia, uma tênue presença de carapaças de animais marinhos, sepiolita e vestígios de microfauna que capeiam

FIG. 5.22 *Amostra 6475* 50μ

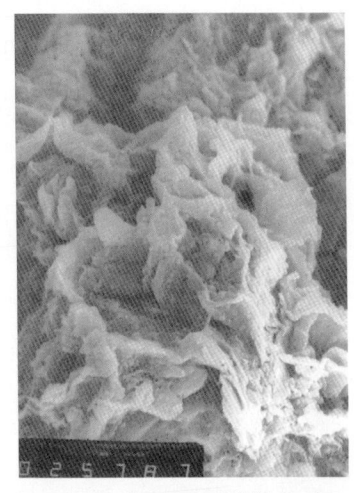

FIG. 5.23 *Amostra 6475* 5μ

FIG. 5.24 *Amostra 6482* 3μ

FIG. 5.25 *Amostra 6482* 50μ

FIG. 5.26 *Amostra 6482* 15μ

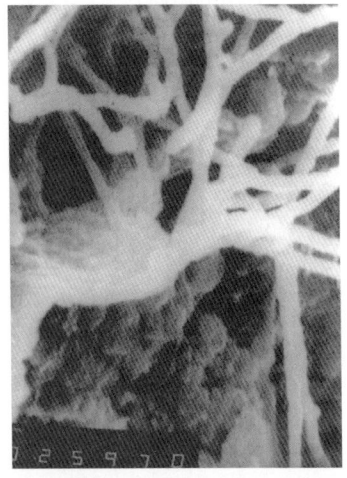

FIG. 5.27 *Amostra 6482* 1,5μ

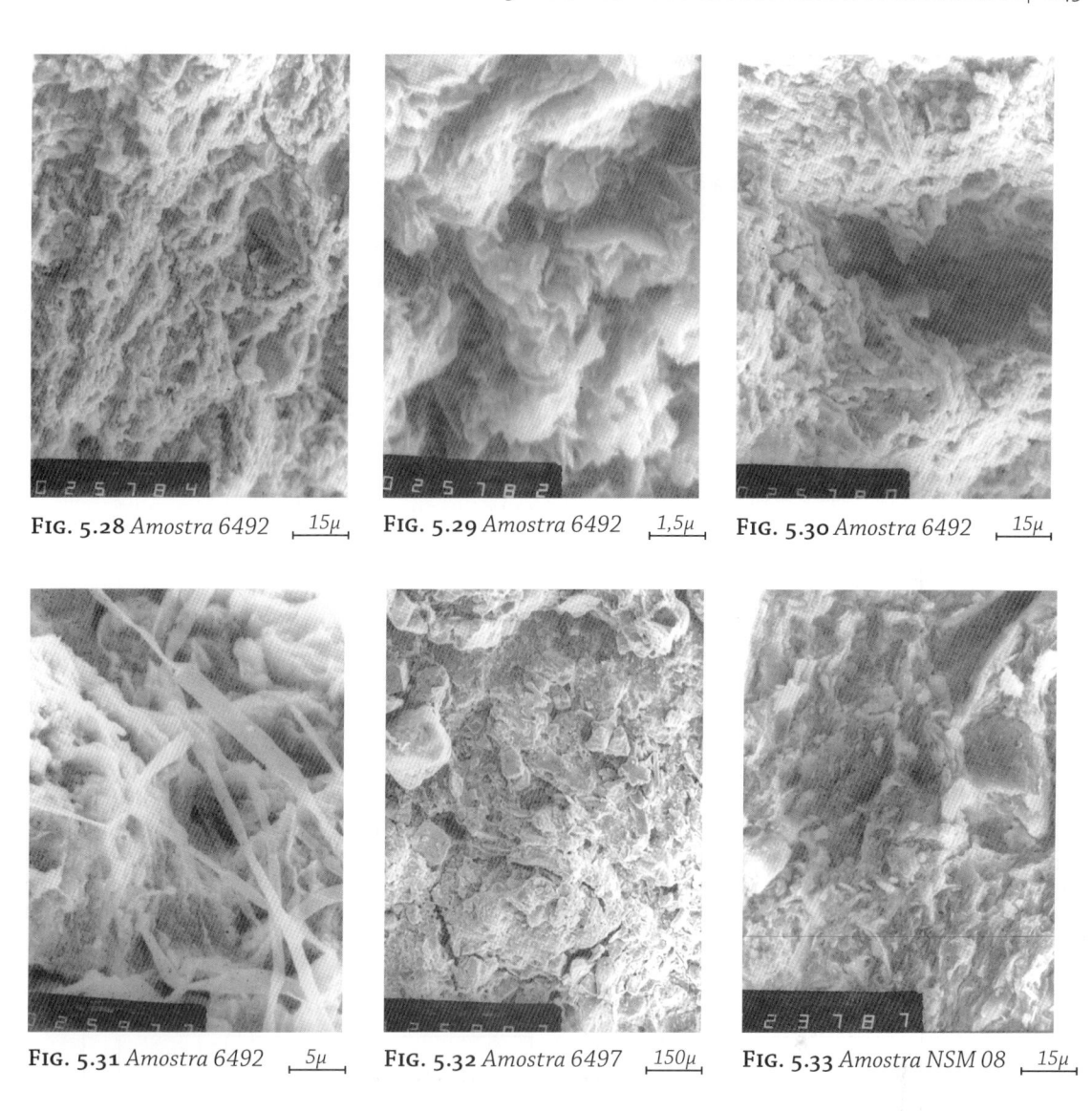

FIG. 5.28 *Amostra 6492* ⊢15μ⊣ **FIG. 5.29** *Amostra 6492* ⊢1,5μ⊣ **FIG. 5.30** *Amostra 6492* ⊢15μ⊣

FIG. 5.31 *Amostra 6492* ⊢5μ⊣ **FIG. 5.32** *Amostra 6497* ⊢150μ⊣ **FIG. 5.33** *Amostra NSM 08* ⊢15μ⊣

FIG. 5.34 *Amostra NSM 08* ⊢5μ⊣ **FIG. 5.35** *Amostra NSM 08* ⊢3μ⊣

Alemoa e partes de Cubatão. A leste da planície de Santos, deve ter-se formado uma grande laguna, na qual, com o passar do tempo, depositaram-se partículas de argila misturadas com muitas carapaças, dando origem a uma estrutura mais "aberta", com arranjos do tipo "matriz de argila" (Figs. 5.18 e 5.21).

Também há afinidades entre as Figs. 5.28 e 5.33, referentes às Amostras de argilas transicionais (ATs) 6492, de Alemoa, e NSM-08, de Iguape.

Na Fig. 5.32, tem-se uma amostra de areia argilosa (6497), extraída a 31,4 m de profundidade, na qual verifica-se a interação de partículas mais grossas de areia e silte com partículas de argila.

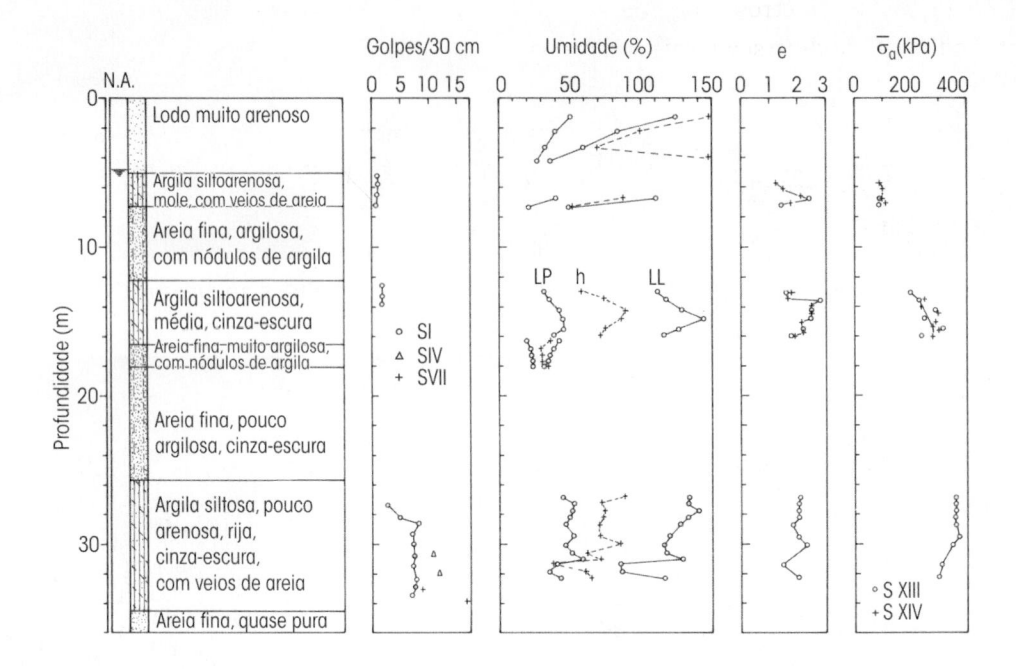

FIG. 5.36 *Parâmetros geotécnicos - ponte sobre o Canal do Casqueiro, 1950*

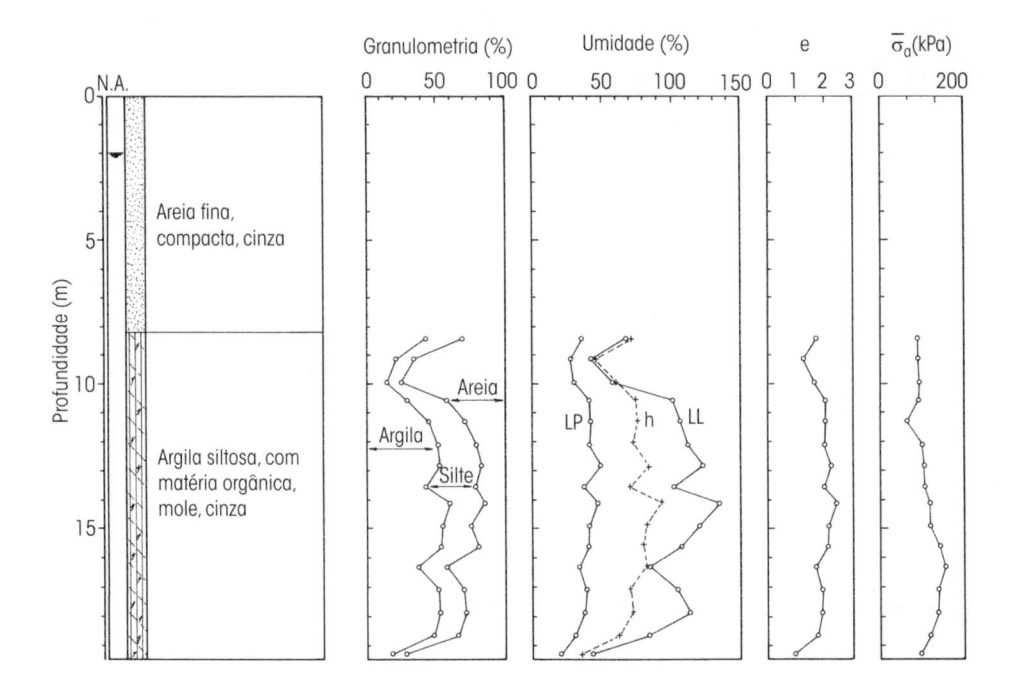

FIG. 5.37 *Parâmetros geotécnicos – edifícios C e D (praias de Santos), 1954*

Apêndice 5.3 – Variações de parâmetros geotécnicos: perfis e valores médios

As Figs. 5.36 a 5.42 apresentam variações de alguns parâmetros geotécnicos com a profundidade, de diversos locais indicados nas Tabs. 5.9 a 5.11. O critério de seleção foi a localização e a presença, no mesmo perfil, de sedimentos de mais de uma unidade genética. Essas informações estão condensadas nas Tabs. 5.13 a 5.18, em forma de médias e faixas de variação.

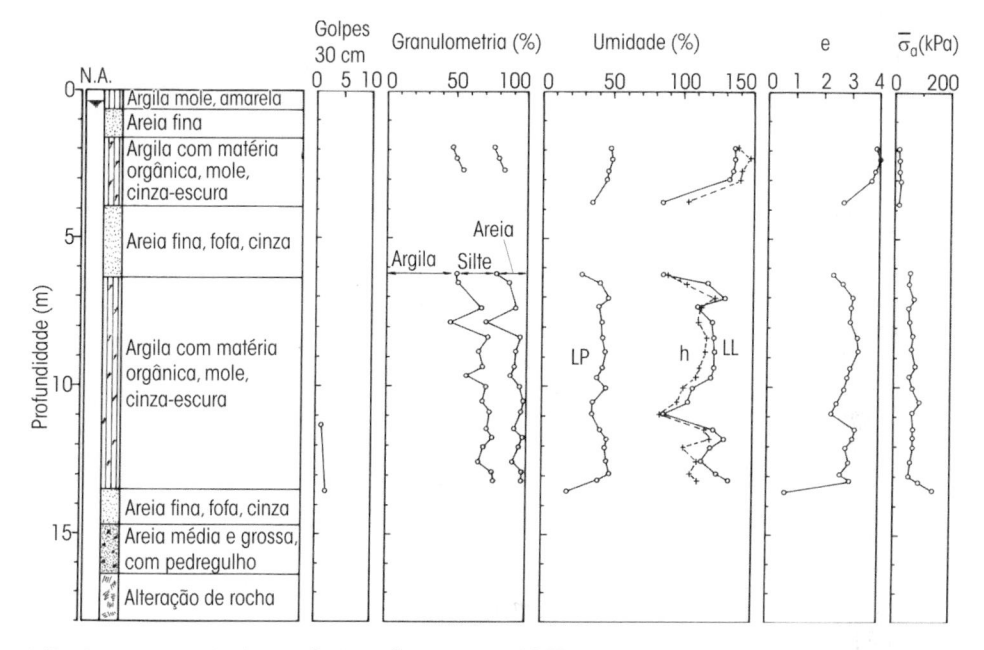

Fig. 5.38 *Parâmetros geotécnicos – Cosipa – Laminação, 1965*

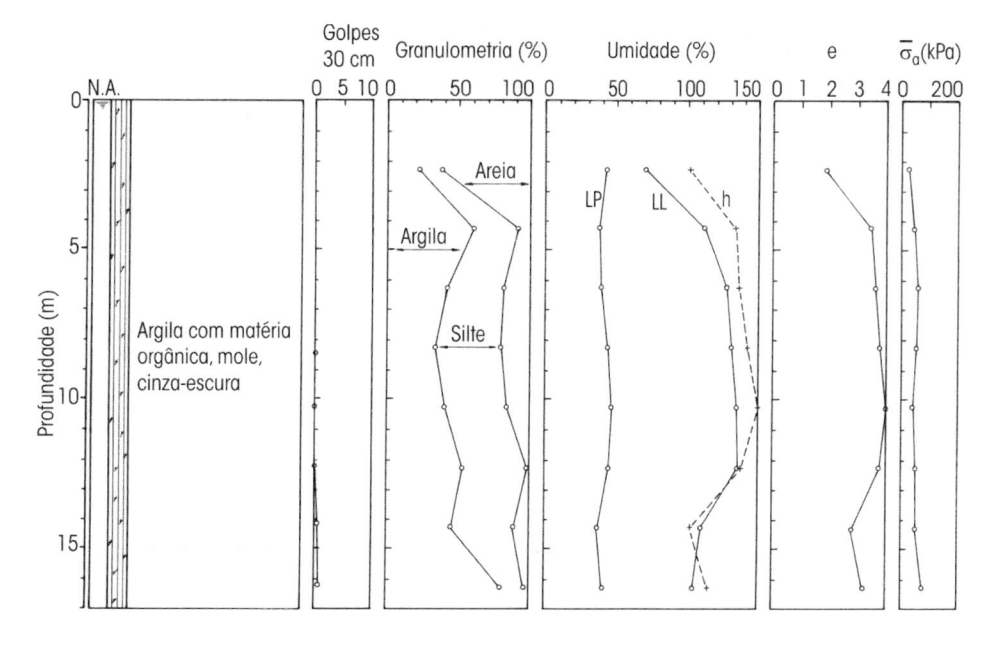

Fig. 5.39 *Parâmetros geotécnicos – Via dos Imigrantes, Est. 56 (eixo), 1971*

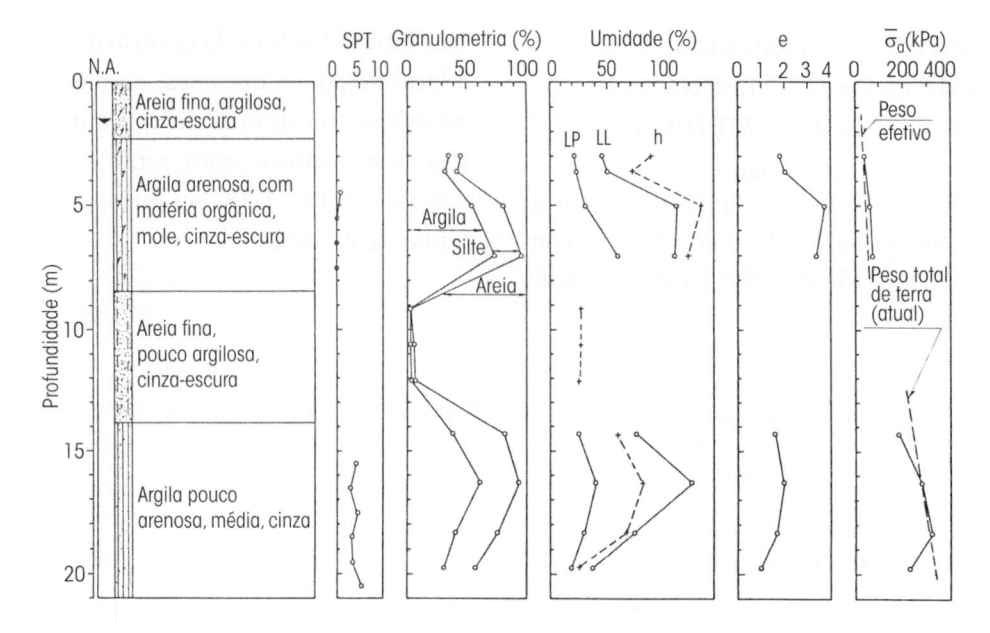

FIG. 5.40 *Parâmetros geotécnicos - Via dos Imigrantes (Est. 127, 15 m E)*

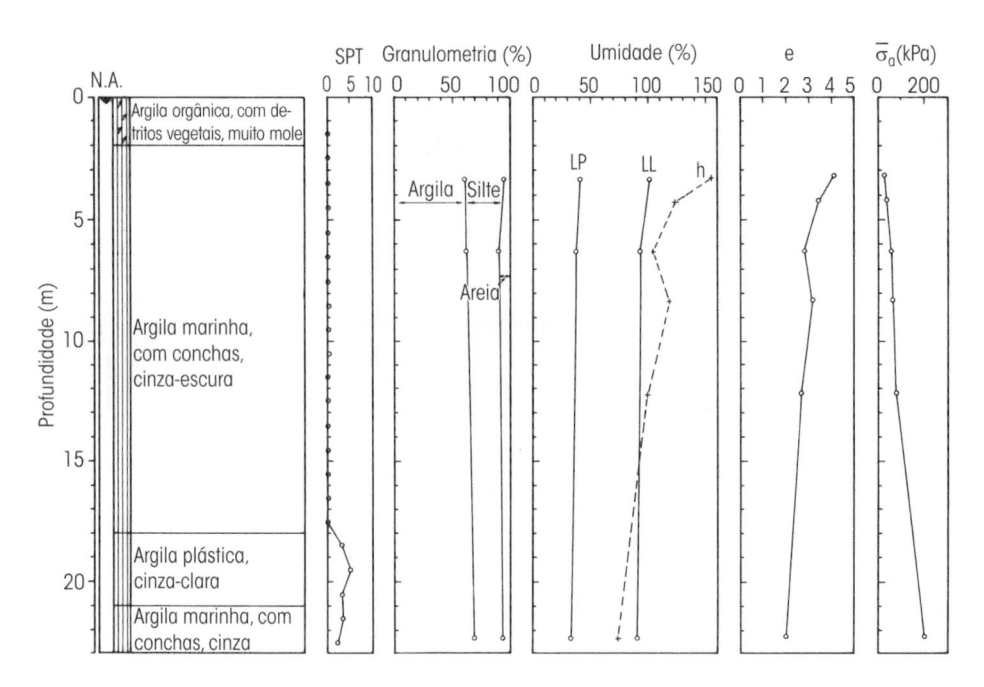

FIG. 5.41 *Parâmetros geotécnicos – Rodovia Piaçaguera-Guarujá, Conceiçãozinha (SP7), 1981*

Tab. 5.13 Características geotécnicas: ponte sobre o Canal do Casqueiro (S XIII, S XIV e S IV)

Características	SFL camada superficial (entre 5 e 7 m)		AT camada superficial (entre 12 e 16 m)		AT camada intermediária (entre 26 e 32 m)		AT camada profunda (entre 44,5 e 46,7 m)	
	Média	Faixa de variação	Média	Faixa de variação	Média	Faixa de variação	Média	Faixa de variação
Limite de liquidez	82	50-115	124	107-145	120	86-142	84	70-120
Índice de plasticidade	51	29-75	78	60-100	72	46-90	39	30-58
% < 5 μ	34	23-41	44	34-56	29	17-42	—	—
Índice de atividade	—	—	—	—	—	—	—	—
Pressão de pré-adensamento (kPa)	97	90-115	266	200-300	350	300-370	—	—
Índice de compressão	0,88	0,42-1,28	1,30	0,76-2,04	0,91	0,65-1,12	—	—
Relação de sobreadensamento	1,2	1,1-1,4	1,8	1,4-2,0	1,3	1,0-1,4	—	—
Índice de vazios	1,74	0,42-1,28	2,06	1,63-2,47	1,89	1,46-2,00	—	—
Teor de umidade (%)	66	45-88	75	58-90	69	37-86	53	40-80
Índice de liquidez (%)	72	59-103	40	15-74	32	16-57	22	17-26
Densidade natural (kN/m³)	1,63	1,51-1,77	1,57	1,50-1,65	16,4	15,6-18,8	—	—
Resistência à penetração (SPT)	—	—	—	—	8	5-10	26	25-27
Resistência não drenada (kPa) (compressão simples)	43	30-50	78	60-90	128	90-155	—	—

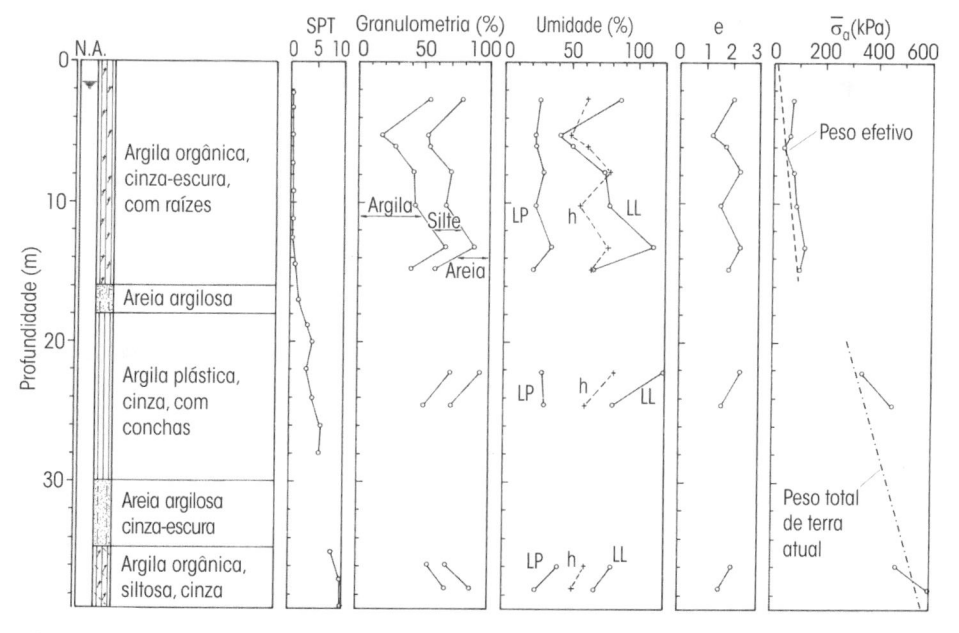

Fig. 5.42 *Parâmetros geotécnicos - Petrobras, Alemoa*

TAB. 5.14 Características geotécnicas – edifícios de Santos

Características	SFL Edifícios C e D		AT Edifício I	
	Média	Faixa de variação	Média	Faixa de variação
Limite de liquidez	95	47-137	100	40-120
Índice de plasticidade	57	19-87	70	20-90
% < 5 μ	43	15-61	—	—
% < 2 μ	—	—	34	20-50
Índice de Atividade	1,6	0,9-2,9	1,8	—
Pressão de pré-adensamento (kPa)	170	100-230	650	600-700
Índice de compressão	1,4	0,8-2,0	1,4	0,8-2
Relação de sobreadensamento	1,3	1,0-1,5	—	—
Índice de vazios	1,84	1,20-2,40	2,10	—
Teor de umidade (%)	73	60-95	69	—
Índice de liquidez (%)	59	39-78	55	—
Densidade natural (kN/m^3)	1,56	14,7-17,1	16,0	—
Resistência à penetração (Mohr-Geotécnica)	—	—	—	5-10
Resistência não drenada (kPa)	37	25-50 ($\bar{Q}$)	200 (CS)	—

TAB. 5.15 Características geotécnicas: Cosipa – Laminação

Características	Mangue Camada superficial (entre 1,6-3,90 m)		SFL Camada entre as profundidades (6-22 m)	
	Média	Faixa de variação	Média	Faixa de variação
Limite de liquidez	135	133-138	109	84-133
Índice de plasticidade	87	85-89	72	50-92
% < 5 μ	50	47-54	66	50-76
Índice de atividade	2,2	2-2,3	1,4	0,8-2
Pressão de pré-adensamento (kPa)	24	22-26	77	60-150
Índice de compressão	1,8	1,7-2,0	1,68	0,8-2,5
Relação de sobreadensamento	1,5	1,2-1,7	1,4	1,0-2,0
Índice de vazios	3,82	3,7-4,0	2,69	2,3-3,3
Teor de umidade (%)	142	139-147	108	84-122
Índice de liquidez (%)	107	101-110	92	73-136
Densidade natural (kN/m^3)	13,3	13,2-13,3	14,2	13,8-15,0
Resistência à penetração (IPT)	0	—	0	—
Resistência não drenada (kPa) (compressão simples)	14	8-22	41	22-56

Tab. 5.16 Características geotécnicas – Rodovia dos Imigrantes

Características	SFL Est. 56 e camada superficial da est. 127		AT Est. 127 – camada profunda	
	Média	Faixa de variação	Média	Faixa de variação
Limite de liquidez	117	105-135	86	60-120
Índice de plasticidade	77	65-90	57	40-80
% < 5 µ	57	35-80	51	40-70
Índice de atividade	1,9	1-3	1,4	1-1,7
Pressão de pré-adensamento (kPa)	55	20-80	260	180-280
Índice de compressão	2,0	1,0-3,0	0,7	0,4-1,1
Relação de sobreadensamento	1,7	1,1-3,0	2,5	2-3
Índice de vazios	3,5	2-4	1,5	0,8-1,8
Teor de umidade (%)	127	100-150	57	43-72
Índice de liquidez (%)	117	72-144	53	20-90
Densidade natural (kN/m^3)	13,5	12,0-15,0	16,5	16,0-17,5
Resistência à penetração (SPT)	0	—	4	3-5
Resistência não drenada (kPa) (*Vane Test*)	22,0	6 – 40	—	—

Tab. 5.17 Características geotécnicas – Rodovia Piaçaguera-Guarujá

Características	SFL Vale do rio Diana (SP5 e SP6)		SFL Ilha de Santo Amaro (SP7)	
	Média	Faixa de variação	Média	Faixa de variação
Limite de liquidez	108	96-120	94	89-100
Índice de plasticidade	71	36-47	58	57-60
% < 5 µ	80	66-86	62	60-66
Índice de atividade	1	0,7-1,1	1,1	1-1,3
Pressão de pré-adensamento (kPa)	57	22-85	48	27-73
Índice de compressão	2,0	1,5-2,4	2,0	1,5-3,1
Relação de sobreadensamento	1,7	1,3-1,8	1,7	1,5-2,0
Índice de vazios	3,3	2,7-2,9	3,2	2,5-4,1
Teor de umidade (%)	120	96-145	120	98-155
Índice de liquidez (%)	117	90-182	155	120-192
Densidade natural (kN/m^3)	13,5	12,5-14,3	13,8	13,0-14,3
Resistência à penetração (SPT)	0	—	0	—
Resistência não drenada (kPa) (*Vane Test*)	22	10-33	25	11-39

Tab. 5.18 Características geotécnicas – Petrobras, Alemoa

Características	SFL Camada superficial (até 16 m)		AT Camada profunda (entre 20 e 40 m)	
	Média	Faixa de variação	Média	Faixa de variação
Limite de liquidez	72	41-111	87	68-120
Índice de plasticidade	45	18-77	57	40-92
% < 5 µ	42	19-66	68	66-70
Índice de atividade	1,3	1,1-1,35	1,1	0,8-1,5
Pressão de pré-adensamento (kPa)	82	40-120	470	340-600
Índice de compressão	0,93	0,5-1,3	1,30	0,8-1,8
Relação de sobreadensamento	1,48	1,1-2,3	2,20	1,9-2,6
Índice de vazios	1,84	1,2-2,3	1,80	1,6-2,3
Teor de umidade (%)	65	49-78	70	60-80
Índice de liquidez (%)	98	56-144	57	50-61
Densidade natural (kN/m³)	15,5	15,0-17,0	15,3	14,5-16,3
Resistência à penetração (SPT)	0	—	—	4-10
Resistência não drenada (kPa) (*Vane Test*)	29	20-45	—	—

Apêndice 5.4 – ÍNDICES DE VAZIOS E PRESSÕES DE PRÉ-ADENSAMENTO PARA SEDIMENTOS ARGILOSOS

A Tab. 5.19 relaciona a pressão de pré-adensamento com o índice de vazios de amostras de argilas das três unidades genéticas, extraídas de vários locais dos Núcleos 1 e 2 da Baixada Santista.

Apêndice 5.5 – ANÁLISE DAS CARACTERÍSTICAS DE COMPRESSIBILIDADE OEDOMÉTRICA

Para tornar a análise abrangente, tomou-se o maior número possível de ensaios em cada local onde ocorriam as diversas unidades genéticas, conforme está indicado nas Tabs. 5.20 e 5.21.

Para os sedimentos fluviolagunares e de baías (SFL), as Tabs. 5.20 e 5.2 mostram que a relação $C_c/(1 + e_o)$ varia na faixa de 0,33 a 0,51, com média geral de 0,43. Houve uma preocupação com o amolgamento das amostras, algumas delas extraídas e ensaiadas há algumas décadas. A Tab. 5.21 mostra, para três amostras de argilas da Baixada Santista, que o efeito do amolgamento reduz praticamente à metade o valor médio da relação $C_c/(1 + e_o)$. Este e outros efeitos do amolgamento foram descritos por Rutledge (1944). A média geral de 0,43 é da ordem de grandeza daquela apresentada na Tab. 5.21 para a amostra "indeformada".

A relação C_r/C_c para os sedimentos fluviolagunares e de baías (SFL) tem média em torno de 8% (faixa de variação de 5 a 14%) (Tab. 5.2) e é bastante afetada pelo amolgamento (Tab. 5.21). A relação C_e/C_c, a menos afetada pelo amolgamento, apresentou média geral de 9,4% (faixa de variação de 8 a 12%). Na Tab. 5.20, vê-se que, para a amostra de argila transicional (AT) de Iguape, os valores de C_r e C_e para o 1° e 2° carregamentos apresentaram valores muito próximos.

TAB. 5.19 ÍNDICES DE VAZIOS E PRESSÕES DE PRÉ-ADENSAMENTO – ARGILAS

Unidade genética	Local	Obra	Profundidade (m)	% < 5 μ	LL	Índice de vazios natural	$\overline{\sigma}_a$ (kPa)
Mangue	Vale do rio Diana	Piaçaguera- -Guarujá/ Itapema	0,50 0,85 1,15 2,15 2,70	— — — — —	— — — — —	7,06 4,48 4,91 4,56 3,97	10 50 20 30 32
	Vale do rio Mogi	Cosipa – Laminação	1,95 2,24 2,67 3,00	47 50 54 —	138 133 135 133	3,80 4,01 3,78 3,70	22 24 24 26
SFL	Alemoa e Jardim Casqueiro	Tanque de óleo Petrobras Ponte sobre Casqueiro	8,00 13,25 6,90	— 66 —	65 111 110	2,30 2,26 2,40	110 120 100
	Praias de Santos	Edifícios C e D	12,24 12,88 14,26 14,95 15,65	53 54 61 56 55	113 124 137 121 108	1,96 2,27 2,48 2,19 2,16	150 160 180 180 220
	Cubatão	Imigrantes Estaca 56	4,30 6,30 8,30 10,30 12,30 12,32 14,20 16,32 16,30	60 67 65 54 74 53 59 80 75	111 126 126 118 125 135 104 104 116	3,43 3,68 4,06 4,10 3,74 3,72 2,94 3,18 3,10	43 46 46 60 70 56 67 80 70
		Imigrantes Estaca 127	5,00 5,30 7,00	55 65 74	108 111 107	3,69 2,90 3,25	60 74 70
	Vale do rio Mogi	Cosipa – Laminação	7-9 11-13 13,0	63 ± 12(4) 71 ± 4(5) 76	121 ± 6(5) 121 ± 7(5) 132	3,11 ± 0,13(5) 2,90 ± 0,27(5) 2,96	69 ± 9(5) 71 ± 5(5) 100
		Cosipa	3,20 4,85	35 60	99 120	3,18 2,76	34 70
		Cosipa Ilha dos Amores	5,3-6,5 8-10 10,30 17,30	— — — —	141 ± 9(2) 135 ± 6(2) 153 126	3,06 ± 0,05(2) 3,04 ± 0,42(2) 3,71 2,96	46 ± 6(2) 58 ± 4(2) 70 100
		Cosipa próx. Casa das bombas	4,15 6,2-8,4 12,1-16,4	60 70 ± 3(2) 74 ± 2(4)	83 104 ± 3(2) 114 ± 8(4)	3,43 3,64 ± 0,10(2) 3,32 ± 0,22(3)	33 54 ± 5(2) 72 ± 6(3)
		Piaçaguera- -Guarujá SP1, SP2, SP3 e SP4	3-6 8-10	73 ± 6(5) 75 ± 3(4)	103 ± 15(5) 97 ± 8(4)	3,31 ± 0,48(5) 3,14 ± 0,36(4)	54 ± 11(5) 65 ± 1(4)

TAB. 5.19 ÍNDICES DE VAZIOS E PRESSÕES DE PRÉ-ADENSAMENTO – ARGILAS (continuação)

SFL	Vale do rio Quilombo	Piaçaguera--Guarujá	6,75 11,25	69 78	106 126	3,84 3,65	37 48
	Vale do rio Jurubatuba	Piaçaguera--Guarujá	6-9 12-19	75 ± 7(2) 77 ± 0(2)	121 ± 2(2) 129	2,85 ± 3(2) 3,08 ± 0,04(2)	55 ± 0(2) 93 ±4(2)
	Vale do rio Diana e Canal de Bertioga	Piaçaguera--Guarujá SP5 e SP6	1,70 10,00 15,75 6,7 17,2	66 85 80 81 86	95 116 109 120 100	3,88 3,23 3,06 3,40 3,46	22 55 75 54 78
	Ilha de Santo Amaro	Piaçaguera--Guarujá SP7	3,25 6,25	60 60	100 93	4,11 2,79	27 50
AT	Alemoa e Jardim Casqueiro	Ponte sobre o Canal do Casqueiro	12-17 27-32	44 ± 10(10) 29 ± 10(4)	124 ± 13(14) 120 ± 18(12)	2,06 ± 0,35(14) 1,89 ± 0,21(12)	266 ± 33(14) 350 ±25(9)
		Petrobras	22,25 24,50 36,00 37,5	70 50 53 66	120 80 80 68	2,29 1,60 1,77 1,55	340 450 475 600
	Cubatão	Imigrantes Estaca 127	16,30 16,30	61 62	121 98	1,85 1,97	270 300
		Imigrantes Estaca 56	19,30	65	93	2,13	290
	Canal de Bertioga	Piaçaguera--Guarujá SP6	22,7	—	—	2,65	300
	Ilha de Santo Amaro	Piaçaguera--Guarujá SP7	22,25	66	89	1,94	190

$\overline{\sigma}_a$ – Pressão de pré-adensamento; $\mu \pm s$ – Média ± desvio-padrão; (N) – Número de pontos

TAB. 5.20 COMPRESSIBILIDADE OEDOMÉTRICA – ÍNDICES DE COMPRESSÃO E EXPANSÃO

Unidade genética	Local	Obra	$C_c/(1+e_0)$			C_r/C_c (%)			C_e/C_c (%)		
			μ	s	N	μ	s	N	μ	s	N
Mangue	Vale do rio Diana	Itapema	0,386	0,055	5	11,3	1,8	4	—	—	—
	Vale do rio Mogi	Cosipa – Laminação	0,335	0,065	5	12,7	2,6	5	—	—	—
Sedimentos fluviolagunares e de baías	Alemoa	Petrobras	0,327	0,097	6	14,4	9,1	6	9,8	3,3	6
	Praias de Santos	Edifício A	0,400	0,123	16	7,4	4,7	12	10,3	2,5	12
		Edifício B	0,377	0,111	23	6,1	3,3	23	8,1	2,0	24
		Edifícios C e D	0,462	0,133	27	5,3	2,5	27	8,2	1,7	27
	Cubatão	Via dos Imigrantes Est. 56	0,467	0,116	16	10,4	3,8	16	11,3	2,9	15
	Vale do rio Piaçaguera	Cosipa – Laminação	0,424	0,029	17	9,2	0,4	17	—	—	—

TAB. 5.20 COMPRESSIBILIDADE OEDOMÉTRICA – ÍNDICES DE COMPRESSÃO E EXPANSÃO (continuação)

Sedimentos fluviolagunares e de baías	Vale do rio Quilombo	Via Piaçaguera-Guarujá	0,444	0,127	6	13,6	4,2	6	12,0	3,4	6
	Vale do rio Jurubatuba	Via Piaçaguera-Guarujá	0,479	0,108	6	9,9	4,8	6	10,4	1,5	6
	Vale do rio Diana e Canal de Bertioga	Itapema	0,411	0,075	11	11,4	5,4	10	—	—	—
		Piaçaguera-Guarujá (SP5)	0,445	0,046	5	9,4	2,1	4	9,7	1,4	5
		Piaçaguera-Guarujá (SP6)	0,514	0,048	5	7,4	3,0	5	10,0	1,1	5
	Ilha de Sto. Amaro	Piaçaguera-Guarujá (SP7)	0,477	0,044	6	9,0	1,6	5	9,2	3,2	5
Argilas transicionais	Alemoa	Petrobras	0,430	0,119	5	6,8	3,7	5	12,7	2,7	4
	Cubatão	Via dos Imigrantes Est. 127	0,347	0,067	6	8,5	4,3	6	14,4	3,1	4
	Iguape	—	0,349	0,138	8	9,0 / 10,2*	6,2 / 5,8*	7 / 7*	10,9 / 16,6*	5,1 / 5,6*	8 / 8*

C_c – Índice de compressão; C_r – Índice de recarga (primeiro carregamento, a menos do caso indicado por *, que corresponde a um segundo carregamento); C_e – Índice de expansão; e_o – Índice de vazios natural; μ, S e N – Média, desvio padrão e número de amostras

TAB. 5.21 EFEITO DO AMOLGAMENTO NA COMPRESSIBILIDADE OEDOMÉTRICA – AMOSTRAS DE SEDIMENTOS FLUVIOLAGUNARES E DE BAÍAS (SFL)

Condição	$C_c/(1+e_o)$			C_r/C_c (%)			C_e/C_c (%)			$\overline{E}_L/\overline{\sigma}_a$ (para RSA > 1)			$\overline{E}_L/\overline{\sigma}_v$ (para RSA ≈ 1)			Obs.
	μ	s	N	μ	s	N	μ	s	N	Correlação	r	N	μ	s	N	
Indeformada	0,456	0,037	3	11,9	3,0	3	11,0	0,9	3	12,5	99	3	6,8	1,6	8	Cosipa
Amolgada	0,227	0,025	3	49,8	10,2	3	16,5	3,6	3	10,3	73	3	11,3	2,5	11	

μ, s, N – Média, desvio-padrão e tamanho da amostragem

TAB. 5.22 COMPRESSIBILIDADE OEDOMÉTRICA – MÓDULOS DE DEFORMABILIDADE COM CONFINAMENTO LATERAL

Unidade genética	Local	Obra	$\overline{E}_L/\overline{\sigma}_a$ (para RSA > 1)			$\overline{E}_L/\overline{\sigma}_v$ (para RSA ≈ 1)		
			Correlação	r(%)	N	μ	S	N
Mangue	Vale do rio Diana	Itapema	12,1	87	4	7,5	1,9	8
	Vale do rio Mogi	Cosipa – Laminação	13,6	53	5	8,5	2,3	10
Sedimentos fluviolagunares e de baías	Alemoa	Petrobras	17,8	86	6	9,7	2,9	10

Tab. 5.22 Compressibilidade oedométrica – módulos de deformabilidade com confinamento lateral (continuação)

Sedimentos fluviolagunares e de baías	Praias de Santos	Edifício A	19,0	56	12	9,1	2,3	11
		Edifício B	20,8	22	23	10,0	2,7	21
		Edifícios C e D	20,7	24	28	8,6	1,5	28
	Cubatão	Via dos Imigrantes Est. 56	11,2	47	16	7,1	2,3	33
	Vale do rio Piaçaguera	Cosipa – Laminação	22,4	27	17	7,6	1,2	16
	Vale do rio Quilombo	Via Piaçaguera-Guarujá	16,0	96	6	7,1	2,5	6
	Vale do rio Jurubatuba	Via Piaçaguera-Guarujá	16,7	93	6	6,6	1,7	6
	Vale do rio Diana e Canal de Bertioga	Itapema	13,2	84	10	7,9	1,9	11
		Piaçaguera-Guarujá (SP5)	14,8	89	5	6,6	0,9	6
		Piaçaguera-Guarujá (SP6)	13,0	97	5	6,1	0,8	4
	Ilha de Sto. Amaro	Piaçaguera-Guarujá (SP7)	14,1	99	6	7,5	0,7	6
Argilas transicionais	Alemoa	Petrobras	10,0	57	5	7,3	1,9	6
	Cubatão	Via dos Imigrantes Est. 127	11,5	86	6	10,8	3,0	7
	Iguape	—	12,1	84	15	9,5	3,0	10

$\overline{E}_L$ – Módulo de deformabilidade com confinamento lateral; $\overline{\sigma}_a$ – Pressão de pré-adensamento; $\overline{\sigma}_v$ – Tensão vertical efetiva; RSA – Relação de sobreadensamento

Ao comparar-se as unidades genéticas, nota-se que as faixas de variação ou os valores médios dos diversos parâmetros são bastante próximos, exceto quanto à expansão, mais acentuada para as argilas transicionais (ATs), pelo forte pré-adensamento sofrido.

Módulo de deformabilidade com confinamento lateral ($\overline{E}_L$)

Uma forma alternativa de manipular os resultados dos ensaios de adensamento é com o módulo $\overline{E}_L$, definido por:

$$\overline{E}_L = \frac{d\overline{\sigma}_v}{d\varepsilon} = \frac{1}{m_v} \qquad (5.18)$$

isto é, como sendo o inverso do coeficiente de compressibilidade volumétrica (m_v).

O seu cálculo, na forma adimensionalizada, foi facilitado, pois:

$$\frac{\overline{E}_L}{\overline{\sigma}_v} = -\frac{d\overline{\sigma}_v}{de} \cdot \frac{1+e_o}{\overline{\sigma}_v} = -(1+e_o) \cdot \frac{d(\ln\overline{\sigma}_v)}{de}$$

$$(5.19)$$

depende de uma diferenciação matemática da função índice de vazios (e)-logaritmo da pressão. Durante os ensaios, a carga era dobrada de um estágio para o seguinte, e obteve-se uma expressão muito simples para o cálculo de $\overline{E}_L$:

$$\frac{\overline{E}_L}{\overline{\sigma}_v} = \frac{2.\ln(2) \cdot (1+e_o)}{e_1 - e_3} \qquad (5.20)$$

onde e_1 e e_3 são, respectivamente, os índices de vazios no final dos estágios anterior e posterior ao estágio considerado (Fig. 5.43).

Abaixo dos efeitos do pré-adensamento, constatou-se que as relações $\overline{E}_L/\overline{\sigma}_v$, assim calculadas, mostravam tendência a se alinharem quando postas em função da relação de sobreadensamento (RSA), definida pela relação $\overline{\sigma}_a/\overline{\sigma}_v$, e com a reta passando pela origem. Isso significa que existe uma relação direta e linear entre $\overline{E}_L$ e $\overline{\sigma}_a$ (Fig. 5.44) ou que $\overline{E}_L/\overline{\sigma}_a$ é constante (Tabs. 5.21, 5.22 e 5.2).

Para os sedimentos fluviolagunares e de baías (SFL), a relação $\overline{E}_L/\overline{\sigma}_a$ varia na faixa de 13 a 18 (Tab. 5.2), com valor médio de 16.

Acima dos efeitos do pré-adensamento, ao longo da reta virgem, pode-se provar que:

$$\frac{\overline{E}_L}{\overline{\sigma}_v} = 2,3 \cdot \frac{(1+e_o)}{C_c} \quad (5.21)$$

onde C_c é o índice de compressão, e $\overline{E}_L$ é afetado pelo nível de tensões imposto ao solo. Para os sedimentos fluviolagunares e de baías (SFL), tem-se, em média, um valor de 5,3

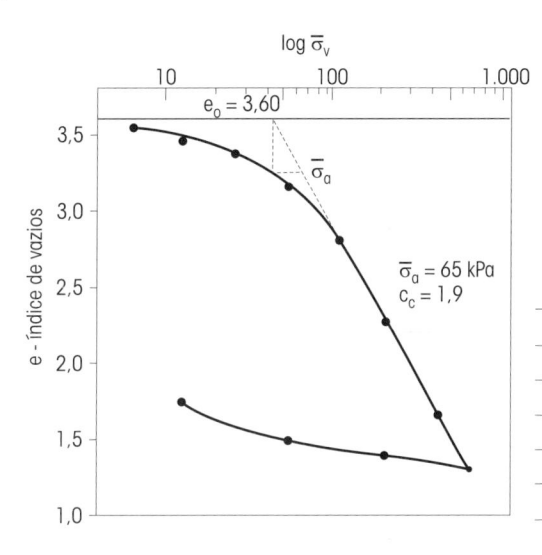

$\overline{\sigma}_v$ (kPa)	e	$\overline{E}_L/\overline{\sigma}_v$	$\overline{E}_L$ (kPa)	RSA
6,5	3,540	–	–	–
13,0	3,515	45,6	592	5,0
26,0	3,400	18,8	488	2,5
55,0	3,175	10,8	594	1,2
110,0	2,810	6,9	758	1
220,0	2,250	5,6	1230	1
440,0	1,670	–	–	–

FIG. 5.43 *Ilustração do cálculo do módulo $\overline{E}_L$*

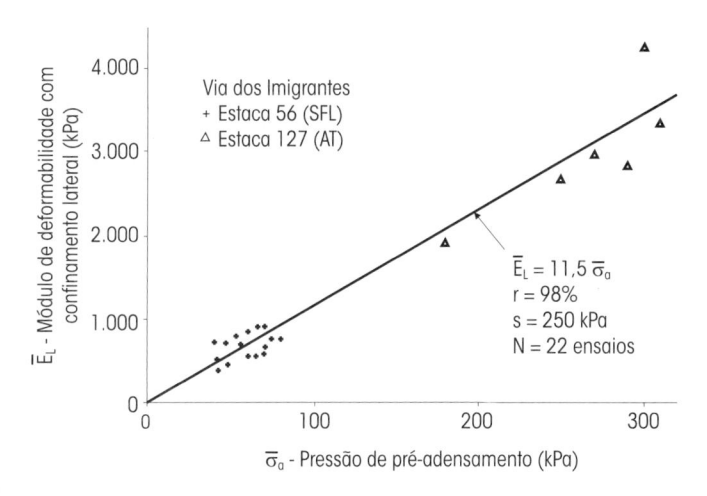

FIG. 5.44 *Correlação entre $\overline{E}_L$ e a $\overline{\sigma}_a$ (abaixo dos efeitos do pré-adensamento)*

para essa relação. Nas imediações da pressão de pré-adensamento, com $\overline{\sigma}_a \leq \overline{\sigma}_v \leq 2\overline{\sigma}_a$ em que RSA = 1, chegou-se aos valores indicados na Tab. 5.22, com uma média de cerca de oito para esses sedimentos. Na Tab. 5.2, pode-se constatar que a relação $\overline{E}_L/\overline{\sigma}_v$ varia muito pouco de uma unidade genética para a outra, e, na Tab. 5.21, o efeito do amolgamento bastante intenso.

Em solos fortemente pré--adensados, há uma tendência do módulo de deformabilidade ser constante, enquanto solos normalmente adensados têm uma relação de linearidade com a profundidade (Mello, 1975a, 1969), resultado a que chegou Massad (1981) ao trabalhar com solos pré-adensados de outra origem.

Apêndice 5.6 – ANÁLISES DETALHADAS DOS MÓDULOS DE DEFORMABILIDADE NÃO DRENADA

Para duas unidades genéticas, dispunha-se de séries completas de ensaios triaxiais rápidos pré-adensados ($\overline{R}$ ou CIU), com as pressões de câmara variando em amplas faixas, tanto acima quanto abaixo da pressão de pré-adensamento. Esse tipo de ensaio rápido tem a vantagem de minimizar os efeitos do amolgamento oriundos da perturbação mecânica durante a extração da amostra ou do alívio de tensões (Ladd, 1964; Davis e Poulos, 1967).

Com esses dados foi possível construir a Tab. 5.23, que apresenta valores médios para relações do tipo E/s_u, isto é, entre módulo de deformabilidade e a resistência não drenada.

Os valores são muito próximos, independentemente da unidade genética. Para o E_1/s_u, a proximidade das relações é notável, com o valor médio de 140, aparentemente um número cabalístico, pois a argila de Londres (Henkel, 1972) e as argilas vermelhas de São Paulo (Massad, 1981) apresentam a mesma cifra.

Para os sedimentos fluviolagunares e de baías (SFL), a relação E_{50}/s_u vale, em média, 240, bastante superior à cifra de 50 indicada por Skempton para as argilas moles. Samara et al. (1982) obtiveram 250 para essa relação em solos da unidade ao longo da Piaçaguera-Guarujá. Aliás, esses autores apresentaram relações entre módulos de deformabilidade, níveis de tensões e relação de sobreadensamento, a exemplo de Ladd (1964), em bases empíricas, e Wroth (1972b), em bases teóricas.

Apêndice 5.7 – ANÁLISE DE k E DO C_V POR ENSAIOS DE ADENSAMENTO

A Fig. 5.45 mostra resultados de medidas do coeficiente de permeabilidade feitas durante ensaios de adensamento, em amostras extraídas do local onde foi construído o Edifício A, na praia de Santos (Tab. 5.10).

Para a Amostra 2, a correlação estatística entre o índice de vazios (e) e o logaritmo do coeficiente de permeabilidade (k) (Fig. 5.45 e Tab. 5.24) apresenta um coeficiente angular muito próximo do índice de compressão (C_c). Ao impor-se esse valor, a correlação passa a ser:

$$e = 0{,}946 + 0{,}585 \log k \quad (5.22)$$

com k em 10^{-8} cm/s.

A equação da reta virgem é dada por:

$$e = 1{,}300 - 0{,}585 \log (\overline{\sigma}_v/135) \quad (5.23)$$

onde $\overline{\sigma}_v$ é a tensão vertical efetiva, e 135 kPa é a pressão de pré-adensamento ($\overline{\sigma}_a$ na Tab. 5.24). Conclui-se que:

$$\log\left(\frac{k \cdot \overline{\sigma}_v}{135}\right) = \frac{1{,}300 - 0{,}946}{0{,}585} \quad (5.24)$$

de onde se tem:

$$k\overline{\sigma}_v = 544 \quad (5.25)$$

isto é, $k\overline{\sigma}_v$ é uma constante, o mesmo acontecendo com coeficiente de adensamento (C_c) para $\overline{\sigma}_v \geq \overline{\sigma}_a$.

De fato:

$$C_v = \frac{(k\overline{\sigma}_v) \cdot (\overline{E}_L / \overline{\sigma}_v)}{\gamma_0} \quad (5.26)$$

TAB. 5.23 MÓDULOS DE DEFORMABILIDADE (ENSAIOS TRIAXIAIS RÁPIDOS PRÉ-ADENSADOS)

Unidade genética	Local	LL	IP	% < 2 μ	$\overline{\sigma}_a$ kPa	e_o	h (%)	E_i/s_u	E_{50}/s_u	E_1/s_u	N	Tipo de ensaio
SFL	Vale do rio Jurubatuba	123	83	65	70	2,95	107	336 (125)*	236 (55)	140 (12)	11	$\overline{R}$
	Alemoa	72	45	36	80	1,84	65	301 (61)	185 (59)	130 (25)	9	$\overline{R}$
	Iguape	89	52	53	100	1,10	38	349 (98)	291 (79)	144 (24)	3	$\overline{R}_{sat}$
AT	Alemoa	87	57	57	470	2,02	70	290 (116)	215 (86)	134 (21)	10	$\overline{R}$
	Iguape	94	58	59	340	2,00	77	318 (121)	253 (61)	152 (6)	3	$\overline{R}_{sat}$

* ( ) – Números entre parênteses referem-se aos desvios-padrão; E_i, E_{50} e E_1 – Módulos de deformabilidade tangente inicial, para 50% de resistência e para 1% de deformação, respectivamente; s_u – Resistência não drenada; N – Número de ensaios analisados

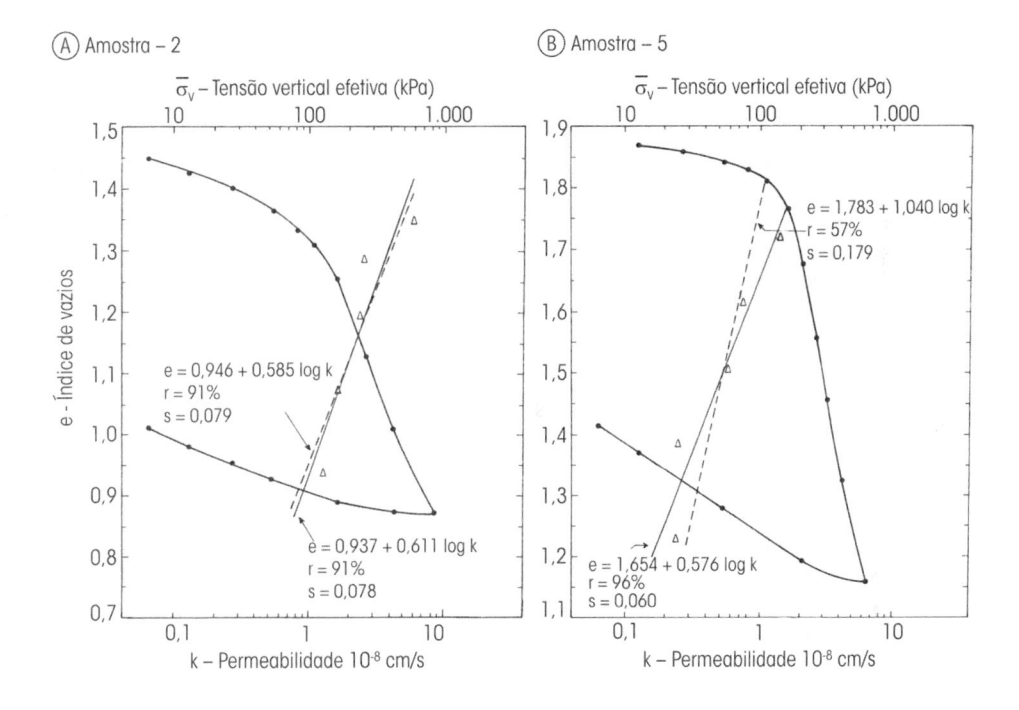

FIG. 5.45 *Resultados de ensaios de adensamento e de permeabilidade, Edifício A, Santos*

Como se viu, $\overline{E}_L/\overline{\sigma}_v$ pode ser tomada como constante acima dos efeitos do pré-adensamento, com o que fica provada a asserção feita, ou seja, C_v = constante.

Na Amostra 5 (Fig. 5.45B), o coeficiente angular é muito diferente do C_c, o que invalida a conclusão sobre a constância de $k\overline{\sigma}_v$. No entanto, uma outra abordagem do problema consiste em calcular o produto $k\overline{\sigma}_v$ "ponto a ponto", isto é:

e	k (10^{-8}cm/s)	$\overline{\sigma}_v$ (kPa)	$k \cdot \overline{\sigma}_v$ (10^{-8}cm/s.kPa)
1,345	5,7	70	399
1,280	2,5	140	350
1,190	2,4	210	504
1,065	1,6	360	576
0,935	1,3	600	780

Há uma faixa de variação de 350 a 780, com média de 522 e desvio-padrão de 169.

A média está muito próxima do produto $k\bar{\sigma}_v$ obtido anteriormente.

A Tab. 5.24 mostra, nas duas últimas colunas, valores de $k\bar{\sigma}_v$ obtidos por ajustagem (impondo-se o C_c) na regressão estatística e pelo cálculo "ponto a ponto". Ao comparar os valores de uma mesma amostra, vê-se que há certa proximidade e consistência nos resultados. Quando se comparam as amostras, $k\bar{\sigma}_v$ varia na faixa de 110 a 522, ao considerar as médias de cada amostra, ou de 60 a 800, se forem tomados os produtos individualmente, de todas as amostras. Em termos práticos, significa que o C_v pode variar de até 800/60 = 13 vezes para o local do Edifício A, nas praias de Santos.

Esse tipo de análise foi conduzido para amostras extraídas de outros locais, referentes às unidades genéticas de sedimentos fluviolagunares e de baías (SFL) e argilas transicionais (ATs), como está indicado na Tab. 5.25.

Ao comparar os valores extremos das faixas de variação dos valores de C_v (Tab. 5.25) e os obtidos por ajustagem teórica da curva recalque-tempo, chega-se a relações que variam de 2 a 14 para os sedimentos fluviolagunares e de baías (SFL), que atingem um máximo de 13 para os mangues e de 6 para as argilas transicionais (ATs). Essas diferenças poderiam ser maiores se os cálculos levassem em conta as dispersões na relação $\bar{E}_L/\bar{\sigma}_v$. Por outro lado, a comparação em locais diferentes, na mesma unidade genética, encontra diferenças mais acentuadas: para Alemoa e Vale do Quilombo, do grupo dos

TAB. 5.24 VARIAÇÕES DE k COM e (ÍNDICE DE VAZIOS) E $\bar{\sigma}_v$, ACIMA DOS EFEITOS DO PRÉ-ADENSAMENTO (EDIFÍCIO A, PRAIAS DE SANTOS)

Amostra	Profundidade (m)	e_a	$\bar{\sigma}_a$ (kPa)	Cc	Correlação $e = a_1 + a_2 \log \cdot k$				a_3	$k \cdot \bar{\sigma}_v$ (*)	$k \cdot \bar{\sigma}_v$ (**)	
					a_1	a_2	r (%)	N			μ	s
2	12,1	1,300	135	0,585	0,937	0,611	91	5	0,946	544	522	169
3	12,4	1,535	138	0,875	1,402	1,153	99	4	1,370	213	210	60
5	13,1	1,790	165	1,040	1,654	0,576	96	5	1,783	168	196	80
6	13,6	1,832	170	1,230	1,640	0,662	77	4	1,721	209	220	80
7	13,8	1,952	190	1,610	1,740	0,728	94	5	1,800	236	250	90
8	14,3	1,718	155	0,930	1,686	0,540	92	3	1,865	108	110	40
9	14,7	1,690	170	0,910	1,477	0,887	96	4	1,477	291	280	30
10	15,3	2,025	200	1,785	1,800	1,083	85	4	1,878	242	300	170
11	15,7	2,280	197	1,960	2,247	0,704	71	5	2,825	104	110	50
12	16,1	1,355	245	0,696	1,055	0,347	38	4	0,832	—	—	—
13	16,4	1,587	205	0,900	1,442	0,658	100	5	1,455	287	290	50
14	16,9	1,693	305	1,920	1,673	0,392	93	4	2,153	177	180	80
15	17,1	1,483	200	0,855	1,324	0,503	90	4	1,334	300	310	110
16	17,6	1,646	210	0,960	1,475	0,530	99	4	1,454	333	310	80
17	17,9	1,285	220	0,665	1,095	0,503	85	5	1,062	476	460	90

$\bar{\sigma}_a$ – Pressão de pré-adensamento; e_a – Índice de vazios associado a $\bar{\sigma}_a$; C_c – Índice de compressão; a_1 e a_2 – Constantes da correlação: $e = a_1 + a_2 \log \cdot k$; r – Coeficiente de correlação; N – Número de ensaios de permeabilidade por amostra; a_3 – Coeficiente da "correlação ajustada": $e = a_1 + a_2 \log \cdot k$; k – Coeficiente de permeabilidade, em 10^{-5} cm/s; $\bar{\sigma}_v$ – Tensão vertical efetiva (kPa); * - "Ajustado"; ** – "Ponto a ponto"; μ e s – Média e desvio-padrão, respectivamente

TAB. 5.25 Dados laboratoriais de k e C_v

Unidade genética	Local	Obra	$k \cdot \overline{\sigma}_v$ (10^{-8} cm/s.kPa)			C_v (10^{-4} cm²/s)		
			Faixa de variação	$\mu \pm s$	N	Faixa de variação	$\mu \pm s$	N
Mangue	Vale do rio Diana	Itapema	—	—	—	30 – 400 *	145 ± 145	4
	Vale do rio Mogi	Cosipa – Laminação	—	—	—	0,4 – 1,7 *	1,0 ± 0,5	5
SFL	Alemoa	Petrobras	600 – 1.050	840 ± 170	5	5,8 – 10,2	8,1 ± 1,6	5
	Praias de Santos	Edifício A	60 – 800	260 ± 130	56	0,5 – 7,3	2,5 ± 1,2	13
	Cubatão	Via dos Imigrantes (Est. 56)	—	—	—	0,3 – 4,3 *	2,4 ± 2,2	17
	Vale do rio Mogi e Piaçaguera	Cosipa – Laminação	—	—	—	0,2 – 10 *	2,3 ± 2,3	20
		Ilha dos Amores	100 – 720	280 ± 160	42	0,8 – 5,5	2,1 ± 1,2	13
	Vale do rio Quilombo	Cosipa	40 – 270	170 ± 77	12	0,3 – 1,9	1,2 ± 0,5	3
	Vale do rio Diana e Canal de Bertioga	Itapema	—	—	—	5 – 40 *	24 ± 13	10
		Piaçaguera-Guarujá (SP6)	340 – 480	410 ± 70	3	2,1 – 2,9	3,1 ± 0,5	1
AT	Alemoa	Petrobrás	500 – 900	660 ± 220	3	3,7 – 6,6	4,8 ± 1,6	2
	Cubatão	Via dos Imigrantes (Est. 127)	—	—	—	1,3 – 7,1 *	2,7 ± 2,1	10

C_v – Coeficiente de adensamento para $\overline{\sigma}_v \cong \overline{\sigma}_a$, obtidos por ensaios de permeabilidade em laboratório, exceto aqueles indicados por (*), que foram determinados por ajustagem teórica da curva recalque-tempo;

k – Coeficiente de permeabilidade em 10^{-8} cm/s; $\overline{\sigma}_v$ – Tensão vertical efetiva em kPa; μ, s e N – Média, desvio-padrão e tamanho da amostragem, respectivamente

sedimentos fluviolagunares e de baías (SFL), chega-se a uma relação máxima de 10,2/0,3 = 34. A diferença deve-se ao fato de em Alemoa os sedimentos serem bem mais arenosos do que em Quilombo (Tab. 5.10).

Constata-se que a permeabilidade e o coeficiente de adensamento nas proximidades da pressão de pré-adensamento variam de forma acentuada não só em uma dada unidade como no mesmo local, fato há muito conhecido no meio técnico. Tais variações devem-se em parte à grande heterogeneidade dos depósitos marinhos, nos quais ocorrem, em pontos próximos, solos mais arenosos ao lado de solos mais argilosos.

Apêndice 5.8 – Ensaios para a medida do K_o

Com o objetivo de medir o coeficiente de empuxo em repouso de sedimentos argilosos, foram executados pelo autor, na década de 1980, ensaios em amostras indeformadas tanto de sedimentos fluviolagunares e de baías (SFL) quanto de argilas transicionais (ATs).

As amostras de sedimentos fluviolagunares e de baías (SFL) eram provenientes do Vale do rio Mogi e Piaçaguera, mais especificamente da Cosipa (duas amostras), e de Alemoa (uma amostra). Quanto às argilas transicionais (ATs), as amostras foram extraídas de Alemoa (duas amostras), e de Iguape (uma amostra), no Litoral Sul do Estado de São Paulo. A Tab. 5.26 resume as principais características geotécnicas das amostras. Constata-se que nos sedimentos fluviolagunares e de baías (SFL), a amostra de Alemoa é arenosa e, as da Cosipa, argilosas.

A medida do K_o realizou-se na câmara de ensaios triaxiais. Os corpos de prova, com 5 cm de diâmetro, foram colocados em recipiente apropriado, com 5,5 cm de diâmetro interno e o espaço anelar entre um e outro era preenchido com mercúrio. Com a aplicação da pressão axial, os corpos de prova tendiam a se deformar lateralmente, elevando o nível de mercúrio em 1 mm, quando então era disparado um sistema de servo-mecanismo que, ao aumentar a pressão de câmara, forçava o mercúrio a voltar ao seu nível original.

As Figs. 5.46A e B mostram as curvas de deformação-logaritmo da pressão para duas amostras, uma de cada unidade genética, enquanto as Figs. 5.47A e B revelam que os ensaios foram conduzidos praticamente sem deformação lateral, dentro de tolerâncias plenamente satisfatórias.

Apêndice 5.9 – RESULTADOS DE *VANE TESTS* (ENSAIOS DE CISALHAMENTO *IN SITU*)

Os ensaios *Vane Test* foram realizados pelo IPT, segundo procedimento padronizado.

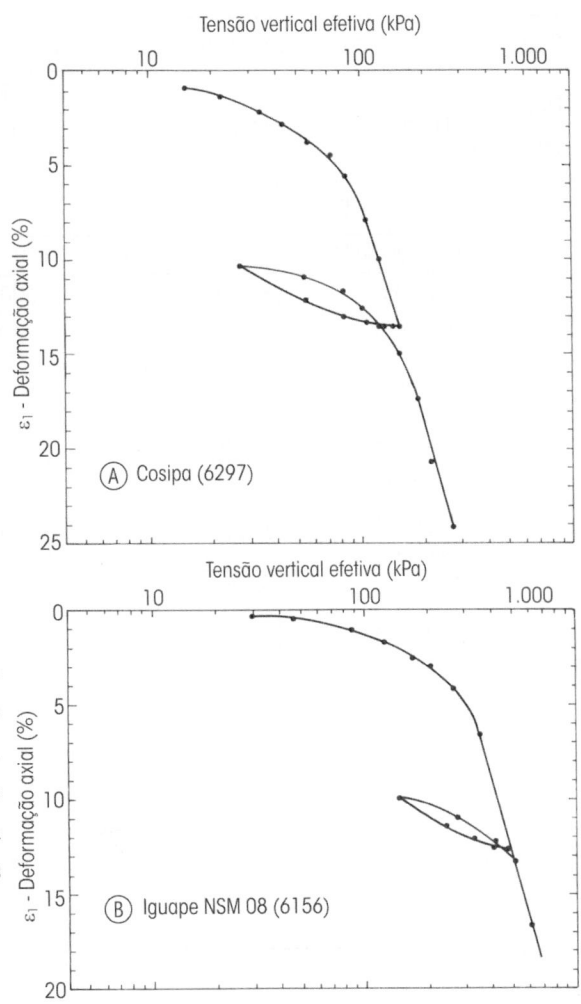

FIG. 5.46 *Curvas tensão-deformação (ensaios K_o drenados)*

TAB. 5.26 CARACTERÍSITCAS GEOTÉCNICAS DAS AMOSTRAS ENSAIADAS (ENSAIOS K_o)

Unidade genética	Local	Amostra	Profundidade (m)	% < 2 μ	LL	IP	h (%)	γ_n kN/m³	e_o	$\overline{\sigma}_a$ (kPa)
SFL	Cosipa	6296	18,0	69	115	76	109	14,1	3,06	64
		6297	18,5	69	123	91	109	14,0	3,02	71
	Petrobras (Alemoa)	6484	14,0	37	67	45	58	15,8	1,77	95
AT	Petrobrss (Alemoa)	6491	22,3	60	120	92	72	15,6	1,91	333
		6500	37,5	66	68	44	52	16,0	1,47	539
	Iguape (NSM 08)	6156	17,2	60	85	49	64	15,9	1,68	294

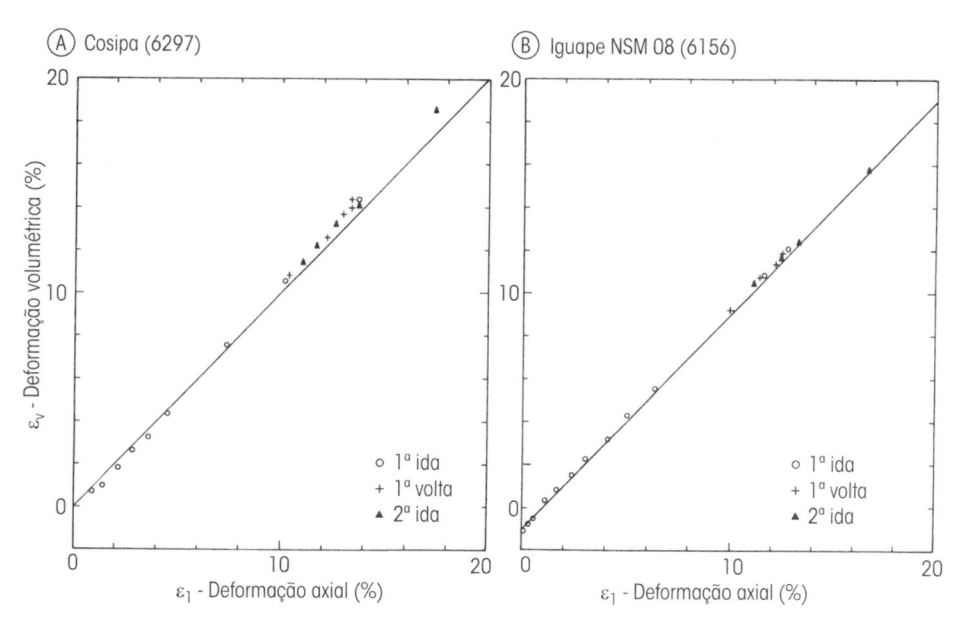

FIG. 5.47 *Variação da deformação volumétrica, medida com buretas, com a deformação axial, medida com extensômetros mecânicos (ensaios K_o drenados)*

A velocidade de rotação das hastes era de 0,1 graus por segundo (Massad, 1977).

A Fig. 5.6 mostra os resultados de ensaios feitos em duas seções da Via dos Imigrantes, antes de sua construção, os quais são extraordinariamente consistentes, mesmo quando se comparam valores de seções diferentes. Os desenhos mostram também a resistência amolgada, em linha tracejada.

Um exame da Tab. 5.27, com resultados de ensaios em locais virgens ou com aterros antigos, que nunca excedem 1,5 m de altura, dá outra impressão. Por exemplo, o caso dos ensaios em Itapema (Vale do rio Diana e Canal de Bertioga), feitos em furos espaçados em planta em até 50 m entre si, mostra valores da constante de regressão c_o variando de 2,5 a 12,3 kPa, enquanto o coeficiente angular oscila de 1,3 a 3,0 kPa/m. Uma análise dos perfis de sondagens revelaram a presença de conchas e bolsões de areia, distribuídos como que erraticamente (provavelmente sedimentação interdigitada), o que deve ter afetado os resultados. Essa heterogeneidade dos depósitos manifesta-se também nos ensaios em furos espaçados em planta de até 100 m entre si, feitos no Depósito de Carvão (Cosipa), nos Vales dos rios Mogi e Piaçaguera, ou ao longo da Via dos Imigrantes, entre as estacas 30 e 99.

Pode-se argumentar que distâncias de furos de 50 e 100 m são bastante elevadas para justificar as diferenças, no entanto, houve séries de furos feitos praticamente num mesmo ponto (alguns metros de afastamento, em planta), como os furos DC1 a DC4, DC5 e DC6 (Depósito de Carvão, Fig. 5.48A); CL1, CL3 (Laminação) e CAC1 e CAC2 (Aciaria), todos da Cosipa, nos Vales dos rios Mogi e Piaçaguera. Verificou-se certa dispersão, embora não tão intensa quanto as citadas anteriormente. Os ensaios nos furos DC1 e DC2 diferiam dos furos DC3 e DC4 no diâmetro das palhetas, 65 e 55 mm, respectivamente; outra diferença refere-se ao espaçamento na vertical entre ensaios, de 25 e 50 cm, para os pares DC1-DC3 e DC2-DC4. As mesmas observações valem

TAB. 5.27 Resultados de *Vane Tests* em sedimentos fluviolagunares e de baías

| Local | Obra | Furo | Regressão (1) | | | | Δz (m) | $\bar{\gamma}$ (kN/m³) | $(c_1/\bar{\gamma}) \cdot 3{,}5$ |
			c_0 (kPa)	c_1 (kPa/m)	r (%)	N			
Alemoa	Petrobras	—	13,45	2,02	88	12	1-15	5,5	1,29
Cubatão	Via dos Imigrantes	Est. 56	6,20	1,60	99	35	2-19	3,5	1,60
			6,70	1,60	98	33	2-18		1,60
			5,00	1,80	97	32	2-17		1,80
		Est. 127	14,10	1,70	84	21	2-12	5,0	1,19
			15,40	1,60	78	17	3-11		1,12
			16,30	1,50	75	18	3-11		1,05
		Est. 30	6,82	1,41	96	26	2-15	3,5	1,41
		Est. 59	6,02	1,63	98	32	2-18		1,63
		Est. 65	5,74	1,69	97	38	1-19		1,69
		Est. 79	6,26	1,70	97	36	1-20		1,70
		Est. 99	7,23	1,95	96	34	2-19		1,95
		Est. 116	13,45	1,90	99	33	1-18	4,1	1,62
		Est. 119	15,81	1,90	95	29	2-16		1,62
		Est. 141	17,63	1,61	78	19	4-13		1,37
		Est. 156	12,03	1,81	89	27	2-15		1,34
Vale do rio Mogi e Piaçaguera	Ilha dos Amores (Cosipa)	VTFA(3)	2,37	2,15	98	50	2-14	3,8	—
	Piaçaguera-Guarujá	VN 4	14,05	1,66	67	17	3-15	3,5	1,66
	Próximo à Casa de Bombas (Cosipa)	SINT. 2	3,23	1,67	97	31	5-20	3,6	1,62
		SRP – 1	11,12	1,74	97	33	2-18		1,69
		SPP – 1	9,75	1,44	93	24	8-20		1,40
		SR – 8	7,71	1,93	88	25	6-19		1,88
		SPP – 5	4,75	1,94	96	32	2-16		1,89
		SPP – 2	10,91	1,98	80	35	3-20		1,93
	Cosipa – Laminação	CL 1	10,04	1,83	97	20	2-14	4,0(2)	1,60
		CL 2(3)	12,27	1,51	92	35	2-12		—
		CL 3(3)	13,55	1,10	90	34	2-12		—
	Aciaria (Cosipa)	CAC. 1(3)	10,22	1,35	85	37	4-9	4,0(2)	—
		CAC. 2	7,30	1,71	88	19	4-14		1,50
	Depósito de carvão (Cosipa)	DC 1(3)	2,77	2,30	98	46	4-15	4,0(2)	—
		DC 2	3,47	2,21	98	24	4-15		1,93
		DC 3(3)	2,82	2,46	96	45	4-15		—
		DC 4	2,79	2,31	98	19	4-13	4,0(2)	2,02
		DC 5(3)	14,16	1,16	78	24	4-9		—
		DC 6(3)	14,55	1,51	82	23	4-9		—
		DC 7(3)	15,43	1,29	86	32	6-14		—
		CDC 8	5,23	2,06	96	21	4-13	—	1,80
		CDC 9	5,08	1,81	92	16	4-11		1,58
		CDC 10	5,20	1,90	96	25	1-14		1,66

TAB. 5.27 RESULTADOS DE *VANE TESTS* EM SEDIMENTOS FLUVIOLAGUNARES E DE BAÍAS (continuação)

Local	Formação/Via	Furo							
Vale do rio Mogi e Piaçaguera	Depósito de carvão (Cosipa)	CDC 11(3)	4,60	1,90	97	57	2-16		—
		CDC 12	8,06	1,85	91	15	4-11		1,62
		CDC 13	4,36	2,09	99	20	2-11	4,0(2)	1,83
		CDC 14	1,18	2,37	94	21	1-12		2,07
		CDC 15	7,21	1,96	91	15	4-11		1,72
		CDC 16	4,26	2,26	95	22	2-12		1,98
		CDC 17(3)	9,61	1,48	96	42	8-18		—
		CDC 18	7,96	1,60	80	17	5-13		1,40
		CDC 19	5,85	2,01	95	23	2-13	—	1,76
		CDC 20(3)	9,44	1,74	94	32	4-12		—
		CDC 21(3)	7,66	1,94	88	32	5-13		—
		CDC 22(3)	15,64	1,03	72	27	4-10		—
Vale do rio Quilombo	Via Piaçaguera-Guarujá	VN 1	11,86	2,13	99	4	3-15	4,0	1,86
		VN 2	0,10	2,36	90	6	3-15		2,07
Vale do rio Jurubatuba	Via Piaçaguera-Guarujá	VN 3	18,11	1,42	98	6	6-19	3,8	1,31
Vale do rio Diana e Canal de Bertioga	Itapema	ECI – a	9,43	2,09	89	32	1-17		1,59
		ECI	11,45	1,56	86	30	1-18		1,19
		EC II	6,25	2,08	90	30	1-16		1,58
		EC II – a	2,50	2,35	94	37	1-19		1,79
		EC IV	2,69	3,00	95	24	2-15	4,6	2,28
		EC IV – a	3,27	2,98	91	23	2-14		2,27
		EC V	6,00	2,28	77	26	2-14		1,73
		EC V – a	6,07	2,74	85	25	1-17		2,08
		EC VI	12,27	1,26	85	29	1-16		0,96
Vale do rio Diana e Canal de Bertioga	Via Piaçaguera-Guarujá	VN 5	7,29	1,60	96	8	1-20	3,5	1,60
		VN 6	15,10	0,95	87	7	3-17		0,95
Ilha de Santo Amaro	Via Piaçaguera-Guarujá	VN 7	5,15	2,14	97	7	2-16	3,8	1,97
		VN 8	9,91	1,90	97	9	4-30	3,8	1,75
	Próx. Cais Conceiçãozinha	VN 1	35,16	2,29	85	10	3-13	5,3	1,51

(1) Regressão do tipo $c = c_o + c_1 z$, onde z é a profundidade, em m; (2) Valor adotado; (3) Ensaios de 25 em 25 cm. Para os outros casos, o espaçamento foi $\geq 0,50$ m; r e N – Coeficiente de correlação e número de pontos; Δz – Intervalo de profundidade ensaiado; $\overline{\gamma}$ – Densidade submersa

para os furos DC5 e DC6, notando-se grande variação no coeficiente angular, talvez pelo fato de a espessura da camada ensaiada ser relativamente menor, 5 a 8 m (Fig. 5.48B). Para os furos CAC1 e CAC2, as diferenças são também notáveis. O exame da Tab. 5.27, mostra que aos ensaios feitos a cada 25 cm de profundidade associam-se menores coeficientes angulares (c_1). Diante dessa heterogeneidade, deu-se um tratamento estatístico aos dados dessa tabela.

Como os sedimentos fluviolagunares e de baías (SFL) são levemente sobreadensados, admitiu-se que a relação entre a coesão (c) e

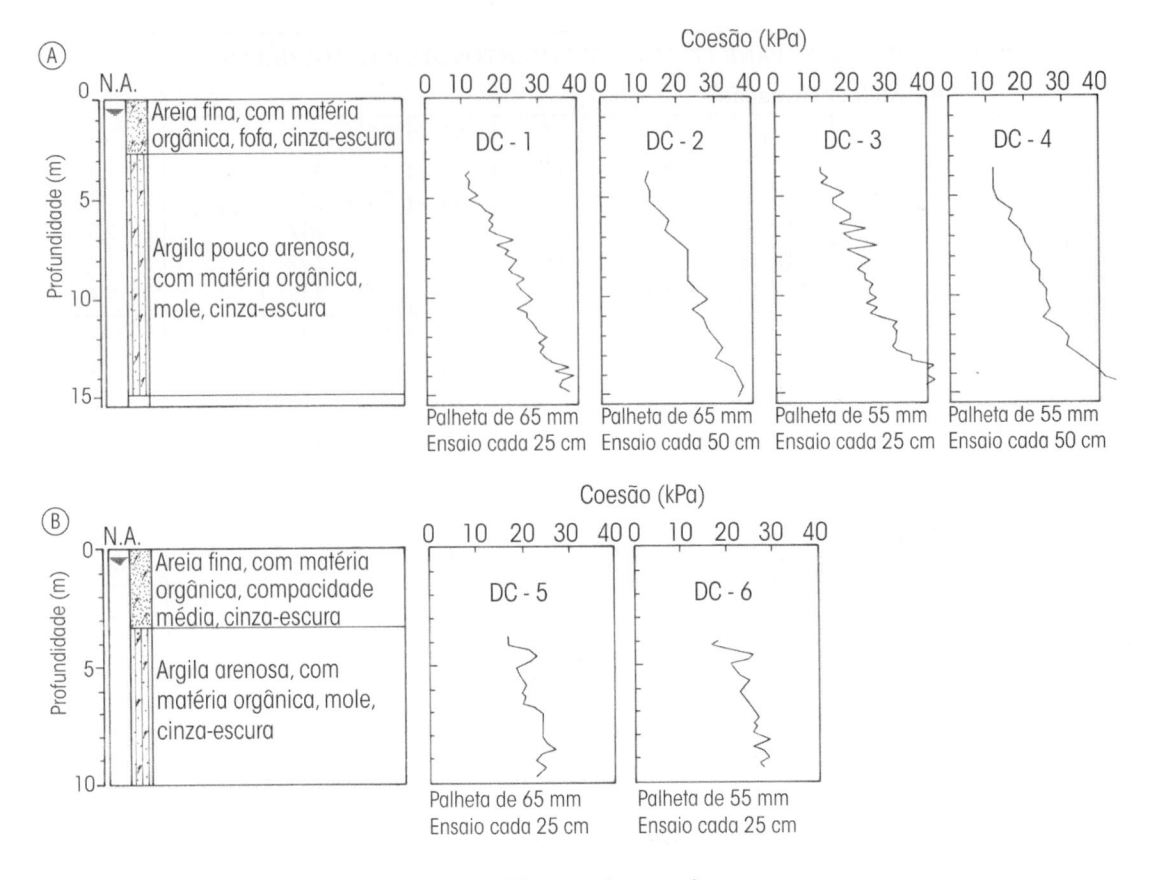

FIG. 5.48 *Resultados de* Vane Tests *na Cosipa (depósito de carvão)*

a pressão de pré-adensamento ($\overline{\sigma}_a$) deve ser constante ou, mais precisamente, que deve haver uma relação entre Δc e $\Delta \overline{\sigma}_a$, pois em alguns locais ocorrem afloramentos importantes de areia. Em uma primeira aproximação, $\Delta \overline{\sigma}_a = \overline{\gamma} \Delta z$, então, $\Delta c / \Delta \overline{\sigma}_a = c_1 / \overline{\gamma}$ deve ser constante.

A Tab. 5.27 mostra valores de $(c_1 / \overline{\gamma}) \cdot 3{,}5$, cuja distribuição de frequência, média e desvio-padrão estão na Fig. 5.49B. A Fig. 5.49A mostra as mesmas informações para c_1. Em ambos os casos, omitiram-se os valores referentes aos ensaios com espaçamento de 25 cm, para prevenir eventuais efeitos de amolgamento. Ao comparar os dois histogramas e, em particular, os desvios-padrão, constata-se uma tendência de c_1 variar com $\overline{\gamma}$. No entanto, continuam existindo "causas não assinaláveis", responsáveis pela dispersão (Fig. 5.49B).

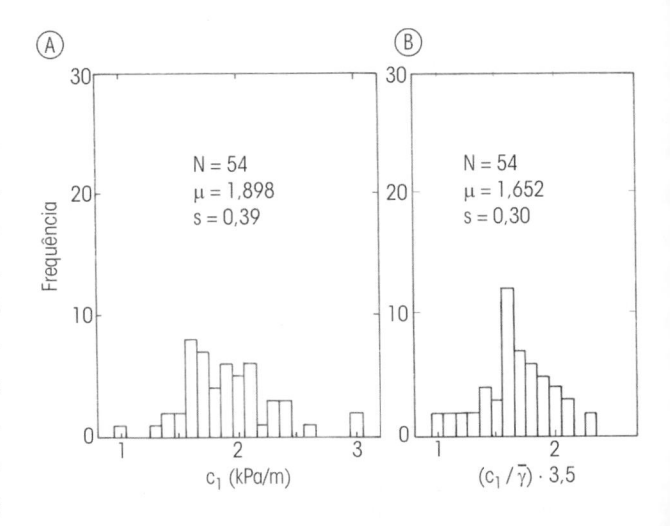

FIG. 5.49 *Histogramas de distribuição de* c_1 *e de* $c_1 / \overline{\gamma}$

Tem-se, em média:

$$\frac{c_1}{\gamma} = 0{,}50 \qquad (5.27)$$

no entanto, pode-se adotar, com certa margem de segurança, a relação:

$$\frac{c_1}{\gamma} = 0{,}40 \qquad (5.28)$$

Apenas 15% dos casos situam-se abaixo dessa cifra.

Na Fig. 5.6, nota-se que a coesão média (c_m) de toda a camada de argila mole é de 22,7 kPa para a estaca 56, e de 23,3 kPa para a estaca 127; os correspondentes valores médios das pressões de pré-adensamento ($\overline{\sigma}_{am}$) são 55 e 54,9 kPa. Resultam, em ambos os casos, relações $c_m/\overline{\sigma}_{am} = 0{,}4$. Para valores tão próximos, como justificar as grandes diferenças nos valores de c_o, entre as estacas? A explicação está na profundidade (z_m) do plano médio das respectivas camadas, 10 m para a estaca 56 e 5 m para a estaca 127. As pressões de pré-adensamento são iguais, porque próximo à estaca 127 ocorre, superficialmente, uma camada de cerca de 3 m de espessura de areia e a argila marinha subjacente é mais arenosa do que próximo à estaca 56.

Dessa forma, pode-se escrever:

$$c = c_m + c_1(z - z_m) \qquad (5.29)$$

Para os dois casos, tem-se:

$$c = 22{,}7 + 1{,}67\,(z - 10) = 6{,}0 + 1{,}67z$$
$$\text{para a estaca 56} \qquad (5.30)$$

e:

$$c = 23{,}3 + 1{,}60\,(z - 5) = 15{,}3 + 1{,}60z$$
$$\text{para a estaca 127} \qquad (5.31)$$

daí as grandes diferenças nos valores de c_o.

As relações do tipo $c_m/\overline{\sigma}_{am}$ (Tab. 5.30) referem-se aos casos em que se contava com resultados de ensaios de adensamento. As regressões lineares entre $\overline{\sigma}_a$ e a profundidade z foram utilizadas para uma estimativa de $\overline{\sigma}_{am}$.

Ao analisar-se os dados da Tab. 5.30, constata-se que a relação $c_m/\overline{\sigma}_{am}$ varia de

TAB. 5.30 RELAÇÃO ENTRE A COESÃO MÉDIA E A PRESSÃO DE PRÉ-ADENSAMENTO MÉDIA – SEDIMENTOS FLUVIOLAGUNARES E DE BAÍAS

Local	Obra	Furo	Δz (m)	Correlações usadas	$\overline{\sigma}_{am}$ (kPa)	$c_m/\overline{\sigma}_{am}$
Alemoa	Petrobras	1	2-15	$c = 13{,}45 + 2{,}02\,z$ $\overline{\sigma}_a = 34{,}6 + 5{,}5\,z$	81,35	0,376
Cubatão	Imigrantes – Estaca 56	3	3-17	$c = 5{,}97 + 1{,}67\,z$ $\overline{\sigma}_a = 20{,}0 + 3{,}5\,z$	55,00	0,412
	Imigrantes – Estaca 127	3	3-7	$c = 15{,}27 + 1{,}60\,z$ $\overline{\sigma}_a = 29{,}9 + 5{,}0\,z$	54,90	0,424
Vale do rio Mogi e Piaçaguera	Cosipa – Casa de Bombas	3 (SPP1, 2 e 5)	3-16	$c = 8{,}47 + 1{,}79\,z$ $\overline{\sigma}_a = 24{,}4 + 3{,}6\,z$	58,60	0,434
	Piaçaguera-Guarujá	1 (VN4)	3-10	$c = 14{,}05 + 1{,}66\,z$ $\overline{\sigma}_a = 33{,}1 + 3{,}5\,z$	55,85	0,445
	Laminação	2 (CL1 e 2)	7-13	$c = 11{,}16 + 1{,}67\,z$ $\overline{\sigma}_a = 33{,}4 + 4{,}2\,z$	75,40	0,369
Vale do rio Quilombo	Piaçaguera-Guarujá	2 (VN1 e 2)	7-15	$c = 6{,}00 + 2{,}25\,z$ $\overline{\sigma}_a = 12{,}7 + 4{,}0\,z$	56,70	0,542

TAB. 5.30 RELAÇÃO ENTRE A COESÃO MÉDIA E A PRESSÃO DE PRÉ-ADENSAMENTO MÉDIA – SEDIMENTOS FLUVIOLAGUNARES E DE BAÍAS (continuação)

Vale do rio Jurubatuba	Piaçaguera-Guarujá	1 (VN3)	5-19	$c = 18{,}11 + 1{,}42\,z$ $\overline{\sigma}_a = 25{,}7 + 3{,}8\,z$	71,30	0,493
Vale do rio Diana e Canal de Bertioga	Itapema	12	3-16	$c = 6{,}96 + 2{,}08\,z$ $\overline{\sigma}_a = 27{,}9 + 4{,}6\,z$	71,60	0,373
	Piaçaguera-Guarujá	1 (VN5)	2-16	$c = 7{,}29 + 1{,}60\,z$ $\overline{\sigma}_a = 20{,}8 + 3{,}7\,z$	54,10	0,401
	Piaçaguera-Guarujá	1 (VN6)	4-17	$c = 15{,}10 + 0{,}95\,z$ $\overline{\sigma}_a = 27{,}3 + 3{,}3\,z$	61,95	0,405
Ilha de Santo Amaro	Piaçaguera-Guarujá	1 (VN7)	4-12	$c = 5{,}15 + 2{,}14\,z$ $\overline{\sigma}_a = 21{,}8 + 3{,}8\,z$	52,20	0,427
	Próximo ao Cais Conceiçãozinha	VN 1	3-13	$c = 35{,}16 + 2{,}29\,z$ $\overline{\sigma}_a = 80{,}6 + 5{,}3\,z$	123,04	0,435

Δz – Intervalo de profundidade ensaiado; c – Coesão obtida por ensaios de cisalhamento in situ, *em kPa*; c_m e $\overline{\sigma}_{am}$ – Coesão e pressão de pré-adensamento médias da camada

0,37 a 0,54, com uma média de 0,43, o que confirma a expressão (5.8).

Apêndice 5.10 – Ensaios de laboratório para a medida do ϕ'

A Tab. 5.31 mostra valores de ϕ' acima dos efeitos do pré-adensamento, isto é, para pressões de câmara não inferiores às pressões de pré-adensamento. A maior parte das informações refere-se aos sedimentos fluviolagunares e de baías (SFL).

Inicialmente, nota-se que os valores de ϕ' dos ensaios $\overline{R}$ (rápidos pré-adensados) são inferiores aos dos outros tipos de ensaios.

As Figs. 5.50 e 5.51 mostram as variações de ϕ', de ensaios $\overline{R}$ ou CIU, com o IP e o teor de argila, respectivamente, para os sedimentos fluviolagunares e de baías (SFL). Vê-se que, para IP acima de 50% ou teor de argila maior de 50%, ϕ' varia de 15° a 20°, com uma média em torno de 16°. Com referência aos ensaios triaxiais lentos (S ou CID-C), dispunha-se de apenas duas séries de ensaios, com ϕ' da ordem de 24° (IP ≥ 50% e teor de argila ≥ 50%). Quanto aos sedimentos transicionais, os dados eram mais escassos ainda. Para IP ≥ 50% e teor de argila ≥ 50%, obteve-se ϕ' da ordem de 15° para os ensaios $\overline{R}$ (ou CIU) e variaram de 19° a 22° para os ensaios S (ou CID).

TAB. 5.31 VALORES DO ÂNGULO DE ATRITO INTERNO (ϕ') ACIMA DOS EFEITOS DO PRÉ-ADENSAMENTO

Unidade genética	Local	Obra	Profundidade (m)	% < 2 μ	IP	h (%)	γ_n (kN/m³)	$\bar{R}$	S	C.D.	$\bar{R}_{sat}$
SFL	Alemoa	Petrobras	5,2	16	18	53	16,4	28°	—	—	—
			14,5	37	45	60	16,0	23°	—	—	—
	Praia de Santos	Edifício B	12,2	51	39	78	15,4	—	—	29°	—
			14,0	45	61	67	16,0	—	—	18°	—
	Cubatão	Imigrantes Est. 56 e 127	3,7	29	26	72	15,7	21°	—	—	—
			7,1	19	17	44	17,3	25°	—	—	—
			5,5	54	72	106	14,8	—	24°	—	—
	Vale do rio Mogi e Piaçaguera	Cosipa – Casa das Bombas	4,1	48	53	117	13,4	15°	—	—	—
			6,3	58	68	129	13,4	15°	—	—	—
			8,2	58	62	125	13,5	16°	—	—	—
			10,1	68	72	122	13,3	15°	—	—	—
			18,2	52	56	107	13,8	16°	—	—	—
		Ilha dos Amores (Cosipa)	20,7	58	88	84	14,3	24°	—	—	—
			3,2	32	62	128	13,2	20°	27°	—	—
			4,9	52	80	102	14,0	16°	24°	—	—
		Piaçaguera/ Guarujá (SP1, 2, 3 e 4)	4,7	55	50	110	14,1	18°	—	—	—
			9,0	10	5	23	20,9	35°	—	—	—
			6,2	60	55	87	—	17°	—	—	—
			3,1	52	40	40	—	34°	—	—	—
			7,6	62	52	120	13,8	16°	—	—	—
			4,0	67	65	151	13,1	16°	—	—	—
			9,6	67	59	124	13,6	15°	—	—	—
	Vale do rio Quilombo	Cosipa	2,3	9	—	—	—	—	—	—	32°
			5,0	—	89	91	14,8	—	—	—	19°
			10,3	20	75	115	14,1	—	—	—	23°
			15,3	65	92	108	14,0	—	—	—	26°
			20,3	65	87	110	14,0	—	—	—	27°
			6,3	—	82	100	14,5	—	—	—	25°
		Piaçaguera/ Guarujá	6,6	59	64	147	13,3	17°	—	—	—
			11,2	65	85	122	13,7	22°	—	—	—
	Vale do rio Jurubatuba	Piaçaguera/ Guarujá	8,7	60	85	104	14,3	16°	—	—	—
			12,7	64	—	113	14,1	23°	—	—	—
			18,7	69	90	109	13,9	23°	—	—	—
	Vale do rio Diana e Canal de Bertioga	Itapema	1 a 20	—	—	101	14,6	24°	—	—	—
		Piaçaguera/ Guarujá (SP5 e 6)	4,7	—	—	145	13,4	17°	—	—	—
			12,7	—	—	114	14,0	24°	—	—	—
			12,7	—	—	114	14,0	19°	—	—	—
			22,7	—	—	104	13,4	18°	—	—	—
	Ilha de Santo Amaro	Piaçaguera/ Guarujá (SP7)	3,2	48	60	165	13,0	16°	—	—	—
			6,2	51	57	100	14,3	15°	—	—	—
			12,2	—	—	100	14,3	20°	—	—	—

TAB. 5.31 VALORES DO ÂNGULO DE ATRITO INTERNO (φ') ACIMA DOS EFEITOS DO PRÉ-ADENSAMENTO (continuação)

	Alemoa	Petrobras	22,2	60	92	73	15,1	15°	—	—	—
			37,5	53	44	36	17,8	—	19°	—	—
AT	Iguape	—	16,4	58	66	76	15,2	—	—	—	19°
			10,4	—	—	21	20,3	—	37°	—	—
			12,4	—	—	23	18,7	—	30°	—	35°
			9,5	59	60	97	14,3	—	—	—	28°
			14,2	4	0	18	19,0	—	—	—	34°
			5,5	25	24	75	15,1	—	21°	—	—
			6,5	53	52	43	17,5	—	22°	—	24°
			11,5	56	39	93	14,8	—	—	—	22°

$\overline{R}$ e S – Ensaios triaxiais rápidos pré-adensados e lentos, respectivamente; C.D. – Ensaios de cisalhamento direto; Sat. – Saturado

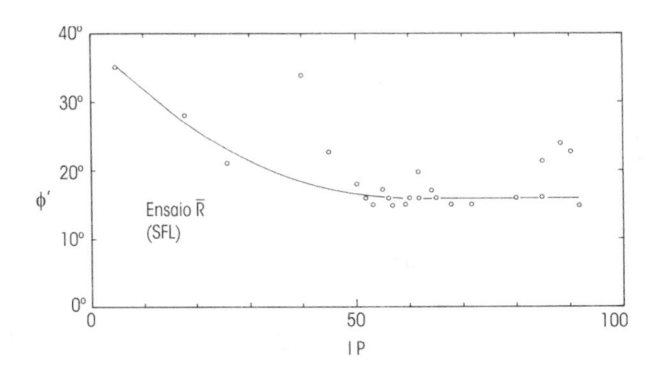

FIG. 5.50 Ângulo de atrito efetivo (φ') acima dos efeitos do pré-adensamento, em função do índice de plasticidade (IP)

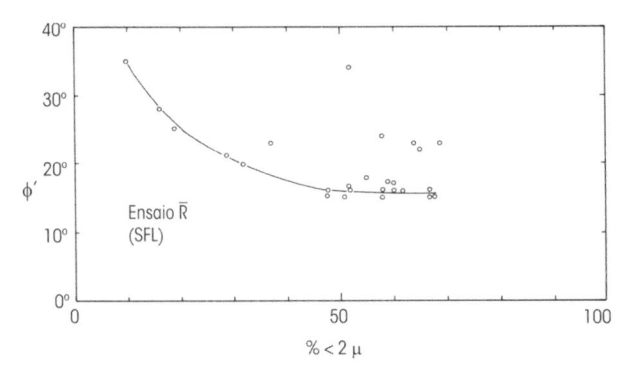

FIG. 5.51 Ângulo de atrito efetivo (φ') acima dos efeitos do pré-adensamento, em função do teor de argila (% < 2 μ)

6 Aterros sobre Solos Moles

Com base em conhecimentos geológicos e sondagens, é possível diferenciar os sedimentos argilosos da Baixada Santista nas três unidades genéticas (argilas de mangues, argilas de SFL e argilas transicionais ou pleistocênicas) e explicar o sobreadensamento dos sedimentos, com base em modelo mecânico.

O objetivo deste capítulo é mostrar o alcance desses resultados e suas implicações no projeto (Massad, 1989, 1999) em casos de aterros sobre solos moles, construídos na Baixada Santista nas últimas décadas, analisando-os do ponto de vista do adensamento e da ruptura.

6.1 Adensamento

Para as análises do adensamento primário, examinaram-se os seguintes casos de aterros (Tab. 6.1):

a) cinco seções experimentais (SE) da Via dos Imigrantes, em Cubatão;
b) Pátio de Carvão da Cosipa, no Vale dos rios Mogi e Piaçaguera;
c) aterro experimental em Itapema, próximo ao Canal de Bertioga e à Via Piaçaguera-Guarujá;
d) dois aterros experimentais na Ilha de Santo Amaro.

As informações abrangiam os carregamentos aplicados e perfis de sondagens, às vezes com algumas características (índice de vazios, densidades naturais etc.), ou propriedades de engenharia (pressão de pré-adensamento, índice de compressão etc.); e resultados de medições de recalques ao longo do tempo, em geral no topo da camada de argila mole.

Quando as informações eram precárias ou insuficientes, foram complementadas com dados disponíveis nas proximidades do local em estudo ou nos dados de solos "semelhantes", apresentados no Cap. 5.

A Tab. 6.1 fornece a indicação do tipo de solo em cada caso, e informações adicionais dos Casos I a IX encontram-se no Apêndice 6.3. As argilas de SFL, que ocorriam em todos os casos, exceto o IV, eram mais heterogêneas do que as argilas transicionais (ATs). As argilas de SFL continham intercalações de lentes e finas camadas de areia, exceto nos três casos referentes à Ilha de Santo Amaro (X-a, X-b e XI), que serão analisados separadamente. Para cada caso, indica-se, com asteriscos, o correspondente mecanismo de sobreadensamento.

6.1.1 Metodologia

Para o cálculo dos recalques primários finais, trabalhou-se com camadas de argila diferenciadas, segundo suas origens geológicas, como um todo unitário, isto é, determinaram-se as tensões efetivas verticais, iniciais e finais, nos planos médios das camadas; valeu-se de seu índice de vazios médio etc. Para o cálculo do incremento de tensão devido ao carregamento na superfície do terreno, recorreu-se aos fatores de influência disponíveis na literatura técnica.

Os recalques foram estimados com base em três procedimentos: (1) nos $\overline{E}_L$ (módulos de deformabilidade com confinamento lateral); (2) nos C_c e C_r (índices de compressão e recompressão); e (3) exclusivamente nos C_c (índices de compressão), como se os solos fossem normalmente adensados.

O primeiro procedimento leva em conta o fato da relação e-log p não ser retilínea. Para caracterizar essa relação (Cap. 5), é possível trabalhar com parâmetros adimensionais envolvendo o $\overline{E}_L$. Assim, abaixo da pressão de pré-adensamento, tem-se $\overline{E}_L/\overline{\sigma}_a$ constante (expressão 5.1), em que $\overline{\sigma}_a$ é a

TAB. 6.1 CASOS ATERROS INSTRUMENTADOS

Local	Caso	Seção/etapa	Camada	ΔH (m)	$\overline{\sigma}_v/\overline{\sigma}_{vo}$	RSA	Recalques (cm)				C_{vv} (10^{-2}cm²/s)	b/H
							(1)	(2)	(3)	ρ_f		
Imigrantes (Cubatão)	I (*)	SE 1 Est 62 + 2,6 m	Superior (SFL)	5,0	3,11	1,59	64	73	115	—	> 1,2 [50]	3,0
			Inferior (AT)	12,0	1,82	3,10	28	15	146	—		
			Total	17,0	—	—	92	98	261	96		
	II (*)	SE 2 62 + 1,8 m	Superior (SFL)	5,0	3,11	1,59	64	73	115	—	> 2,5 [100]	3,0
			Inferior (AT)	12,0	1,82	3,10	28	15	146	—		
			Total	17,0	—	—	92	98	261	100		
	III (*)	SE 3 (Est 56)	Superior (SFL)	12,7	2,87	1,50	153	177	272	—	2,3 [100]	4,0
			Inferior (AT)	4,0	1,64	2,57	9	4	40	—		
			Total	16,7	—	—	162	181	312	145		
	IV (**)	SE 4 (Est 128)	Única (AT)	11,9	1,26	1,72	16	5	56	13	1,6	4,0
	V (***)	SE 5 (Est 40)	Única (SFL)	13,0	—	—	—	—	—	—	1,1 [50]	4,0
Cosipa (Pátio de carvão)	VI (****)	RN 2	Superior (Mangue)	1,3	2,50	1,00	14	22	22	—	2,7 [100]	1,5
			Inferior (SFL)	14,1	1,27	1,00	44	68	68	—		
			Total	15,4	—	—	58	90	90	50,3		
	VII (****)	RN 3	Superior (Mangue)	1,3	2,40	1,00	13	21	21	—	1,1 [50]	1,5
			Inferior (SFL)	14,1	1,23	1,00	38	59	59	—		
			Total	15,4	—	—	51	80	80	62,6		
Itapema (Canal de Bertioga)	VIII (*)	Placas centrais	Superior (SFL)	18,0	2,05	1,86	85	53	231	—	3,3 [15]	1,5
			Inferior (AT?)	6,8	1,26	2,47	6	3	24	—		
			Total	24,8	—	—	91	56	255	64		
	IX (*)	Placas laterais	Superior (SFL)	18,0	1,81	1,86	59	21	191	—	3,2 [15]	1,5
			Inferior (AT?)	6,8	1,22	2,47	6	3	20	—		
			Total	24,8	—	—	65	24	211	44		

TAB. 6.1 CASOS ATERROS INSTRUMENTADOS (continuação)

Ilha de Sto. Amaro	Próx. Conceiçãozinha	X-a (*****)	MR (Berma) (4,4 m de aterro)	Superior (SFL)	12,0	2,58	2,64	36	17	167	—	1,0	7,0
				Inferior (AT?)	14,0	1,47	1,95	17	7	79	—		
				Total	26,0	—	—	53	24	246	41		
		X-b (*****)	MR (Centro) (6,4 m de aterro)	Superior (SFL)	12,0	3,13	2,64	60	55	201		1,1	7,0
				Inferior (AT?)	14,0	1,47	1,95	17	8	79	—		
				Total	26,0	—	—	77	63	280	59		
	Conceiçãozinha	XI (*****)	2ª etapa	Superior (SFL)	22	1,30	1,9			5		1,5	2,8
			3ª etapa			1,60				16		1,9	
			4ª etapa	Inferior (AT)	18	1,95				41		1,1	
			5ª etapa			2,28				108		0,4	

SFL – Argilas fluviolagunares de baías; ΔH – Espessura das camadas de argila; ρ_f – Recalques finais observados; (1) Recalques calculados pelos módulos $\overline{E}_L$; (2) Recalques calculados por C_c e C_r; (3) Recalques calculados supondo solo n.a.; ATs – Argilas transicionais; $\overline{\sigma}_v/\overline{\sigma}_{vo}$ – Tensões verticais efetivas finais/iniciais; RSA – Relação de sobreadensamento; C_{vv} – Coeficiente de adensamento vertical "equivalente"; [ ] – Relação entre C_{vv} de campo e o C_{vv} de laboratório; b/H – Largura do aterro/espessura de solo mole

Mecanismos de sobreadensamento: (*) Oscilação negativa do N.M. e peso total de terra; (**) Peso total de terra; (***) Oscilação negativa do N.M.; (****) Oscilação negativa do N.M., exceto para o mangue; (*****) Ação de dunas e peso total de terra

pressão de pré-adensamento; entre $\overline{\sigma}_a$ e $2 \cdot \overline{\sigma}_a$, tem-se $\overline{E}_L / \overline{\sigma}_v$ constante, sendo $\overline{\sigma}_v$ a tensão vertical efetiva; e, acima de $2 \cdot \overline{\sigma}_a$, tem-se outro valor para $\overline{E}_L / \overline{\sigma}_v$, dado por $\overline{E}_L/\overline{\sigma}_v = 2{,}3 \cdot (1 + e_o)/C_c$ (expressão 5.2). Mais informações sobre a estimativa dos recalques encontram-se no Apêndice 6.1.

Os recalques observados ao longo do tempo foram analisados pelo Método Gráfico de Asaoka (1978), discutido por Massad (1982), o qual permite obter, por extrapolação, o recalque final e o coeficiente de adensamento vertical primário (C_{vv}) de campo. O subscrito "vv" significa adensamento vertical com fluxo vertical. Em um caso, recorreu-se também aos ábacos de Schiffman (1958).

O método proposto por Asaoka consiste em lançar em ordenadas o valor do recalque referente a uma leitura dos aparelhos de medida, em função do recalque da leitura anterior, em abscissas. É essencial que as leituras dos recalques sejam equiespaçadas ao longo do tempo de um valor Δt, e que o carregamento seja constante. Do gráfico, obtém-se uma reta, cujo coeficiente angular β permite a estimativa do C_{vv}:

$$C_{vv} = -\frac{\ln\beta}{2{,}5 \cdot \Delta t} \cdot H_d^2 \qquad (6.1)$$

válida para graus de adensamento superiores a 33%; e H_d é a altura de drenagem.

O Método de Asaoka dá excelentes resultados quando se interpolam valores, isto é, quando o adensamento entrou no secundário. Quando se pretende prever os recalques finais, durante o adensamento, é necessário fazer extrapolações, que podem levar a resultados falsos (veja-se Sousa Pinto, 2001). Neste caso, é bom ter uma ideia da duração do adensamento primário, com base em experiências prévias com o solo local (Baguelin, 1999). O trabalho de Sousa Pinto (2001) tem o mérito de recomendar o traçado da curva teórica, com os dados obtidos pelo Método de Asaoka, e sua comparação com a curva de campo. Essa recomendação deveria ser observada em qualquer método que se proponha a extrapolar valores experimentais.

Os fundamentos teóricos do Método de Asaoka e os cuidados a serem tomados na sua aplicação encontram-se no Apêndice 6.2. A Fig. 6.12 ilustra uma aplicação desse método ao caso apresentado na Fig. 6.11.

As limitações mais severas da metodologia empregada dizem respeito ao uso, na maior parte dos casos, da teoria unidimensional do adensamento, isto é, com fluxo e deformação apenas na direção vertical.

As soluções tridimensionais disponíveis são para casos em que o solo possui comportamento elástico-linear. Algumas delas mostram que soluções unidimensionais são conservativas, porque ocorrem fugas d'água também na direção radial (Lambe e Whitman, 1969). No entanto, pode haver um retardamento em relação à teoria de Terzaghi, como mostraram Yamaguchi et al. (1976), fato atribuído ao Efeito Mandel-Cryer.

Os solos comportam-se como materiais elastoplásticos, em que o sobreadensamento desempenha um papel importante no adensamento, e não só no "quantum" de deformação como também na velocidade com que ela se desenvolve. Leroueil e Tavenas (1978) analisaram 30 casos de aterros sobre solos moles e concluíram que o C_{vv} reduz de um fator de 100 ou mais durante a construção, quando passa do estado sobreadensado ao normalmente adensado.

Existem objeções quanto ao emprego da Teoria de Terzaghi. O caminho escolhido, de ajustes empíricos de C_{vv}, conduz a coeficiente de adensamento vertical de campo ou "equivalente", pela heterogeneidade dos extratos de solo mole ou presença de finas lentes ou camadas de areia, que passam despercebidas. São consideradas constitutivas dos próprios estratos de solos moles, contribuindo para acelerar o adensamento.

Quanto ao cálculo dos recalques finais, os aterros foram considerados, invariavelmente, "pressões flexíveis" (Mello, 1975a, 1975b), ignorando-se, portanto, a redistribuição de tensões no seu interior, causadas pela rigidez própria. Na distribuição de tensões, levou-se em conta o fato de as espessuras das camadas compressíveis serem finitas.

6.1.2 Recalques primários finais

Ao manipular-se os recalques observados pelo Método de Asaoka, obtiveram-se os valores do recalque final (ρ_f) e do coeficiente de adensamento vertical (C_{vv}) para cada seção dos aterros instrumentados, conforme apresentado resumidamente na Tab. 6.1 e em detalhes no Apêndice 6.3 (Casos I a IX).

A Fig. 6.1 apresenta os resultados de deformação final, em função da tensão aplicada e da relação de sobreadensamento (RSA) para as argilas moles (SFL). Trata-se de uma representação gráfica da expressão (6.22). Os casos I e II (Imigrantes) da Tab. 6.1 foram omitidos pela grande influência da camada profunda de AT, responsável por 1/3 do recalque total. Para os outros casos, a camada responde por menos de 10% dos recalques totais, exceto nos casos X (próximo a Conceiçãozinha) e XI (Conceiçãozinha), quando a cifra foi de 20%. Nesses casos, os pontos assinalados devem ser entendidos como limites superiores das deformações, pela interferência da camada profunda nos recalques. Incluiu-se o caso referente ao tanque de óleo em Alemoa,

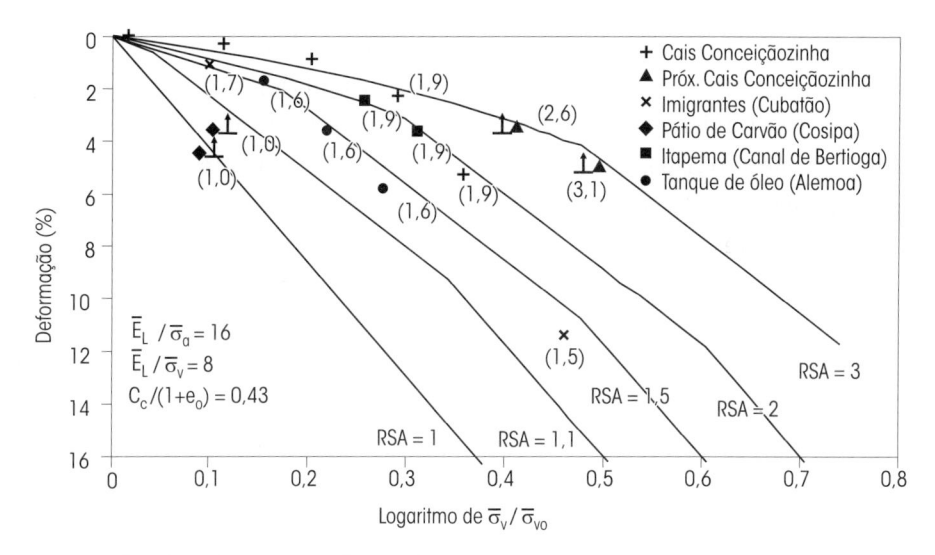

FIG. 6.1 *Influência do sobreadensamento das argilas da Baixada Santista nos recalques - carregamentos flexíveis*

objeto de instrumentação e estudos feitos por Pacheco Silva (1953a) e que, por se tratar de caso com fundação direta "flexível", será abordado no Cap. 7.

A Fig. 6.1 mostra curvas teóricas, obtidas com os valores médios dos módulos $\overline{E}_L$ e dos índices de compressão. Apesar de alguma dispersão, os valores aproximam-se satisfatoriamente dos calculados, independentemente do mecanismo de sobreadensamento (Tab. 6.1). Ademais, evidencia-se a influência do sobreadensamento nos recalques finais; a hipótese de argila normalmente adensada levaria a valores 2 a 6 (média de 3,5) vezes maiores dos que os observados.

O sobreadensamento da camada de argila de SFL, revelado pelo Caso X (próximo a Conceiçãozinha) da Tab. 6.1 (Fig. 6.1), é bastante significativo com RSA~2,5, que confirma os resultados de ensaios em amostras indeformadas do local (Massad, 1985a e 1999), como se viu no Cap. 4 (Fig. 4.5C).

Nos limites apontados, a Fig. 6.1 pode funcionar como um ábaco para a estimativa de recalques na Baixada Santista para carregamentos flexíveis.

6.1.3 Coeficientes de adensamento primário

Quanto ao coeficiente de adensamento vertical (C_{vv}), a Tab. 6.1 e a Fig. 6.2 mostram os valores observados, obtidos pela expressão (6.1).

Neste ponto, é necessário diferenciar os casos da Ilha de Santo Amaro (X-a, X-b e XI) dos restantes (Tab. 6.1): ali, próximo ao Cais Conceiçãozinha, não se constatou a presença de lentes ou finas camadas de areia, pois o local está situado no Núcleo 2 (Fig. 3.1). Nos casos X-a, X-b e XI foram empregados drenos fibroquímicos. Nos outros casos, ocorriam camadas drenantes, por se situarem no Núcleo 1 (Fig. 3.1).

Nos casos I a IX (Tab. 6.1), foram determinados os C_{vv} "equivalentes", isto é, os coeficientes de adensamento, admitindo-se que as camadas compressíveis sofreram um adensamento unidimensional. Na realidade, deve haver um componente horizontal, pela pequena magnitude da relação b/H, entre a largura da área carregada e a espessura da camada de argila (última coluna da Tab. 6.1), e pela heterogeneidade dos extratos de solo mole, com finas lentes ou camadas de areia.

Esses fatores contribuem para acelerar o adensamento.

Na Fig. 6.2, há uma tendência de decréscimo de C_{vv} à medida que as tensões aumentam. Os valores de C_{vv} são 15 a 100 vezes maiores do que os correspondentes valores de laboratório (números entre colchetes na Tab. 6.1). Tal constatação é atribuída à grande heterogeneidade das camadas de argilas de SFL (principalmente à presença de lentes e finas camadas de areia), do que ao sobreadensamento. Esses coeficientes de adensamento (C_{vv}) são equivalentes, e os níveis de tensões impostos ($\overline{\sigma}_v$, isto é, peso próprio mais acréscimo de pressão devido ao carregamento), variaram de 0,7 a 2 vezes a pressão de pré-adensamento ($\overline{\sigma}_a$). Assim, os resultados apresentados são válidos para solos e níveis de tensões impostos similares aos indicados neste estudo.

Sousa Pinto (1994) apresentou o caso do aterro hidráulico de grande extensão, construído sobre solo mole para o Conjunto Habitacional Tuyuti, em que o coeficiente de adensamento revelou $(1 \text{ a } 9).10^{-3}$ cm²/s, portanto, com potência de 10 abaixo dos valores indicados na Tab. 6.1 e na Fig. 6.2. Atribuiu tal discordância a dois fatores: nessa obra, o adensamento deve ter sido preferencialmente unidimensional pelas dimensões em planta; e tanto as camadas de areia fina, subjacentes às argilas moles, quanto a areia fina empregada na sobrecarga ao aterro hidráulico, possuíam permeabilidades reduzidas, de tal forma que a altura de drenagem (Hd) não ficou bem caracterizada.

O primeiro caso da Ilha de Santo Amaro é o X (Tab. 6.1). O aterro experimental foi construído na década de 1980, próximo ao Canal do Porto, com altura máxima de 6,4 m; 90 m de largura e 90 m de extensão. O local foi submetido à ação de dunas em tempos pretéritos, removidas pela ação eólica (Cap. 1). O perfil do subsolo é parecido com o das praias de Santos (Fig. 3.13, perfil mais à direita) e revela a existência de duas camadas de argilas discordantes, entremeadas por areia: uma superior, de SFL, entre as profundidades 2,3 e 14,3 m, e uma inferior, provavelmente de AT, entre as profundidades 18,3 e 32,3. O peso próprio das dunas justifica os valores de SPTs relativamente elevados nas camadas superiores de solo mole – argilas de SFL com 1 a 4 golpes/30 cm (Cap. 3).

O segundo caso da Ilha de Santo Amaro, de número XI (Tab. 6.1), refere-se a um aterro de 5,8 m de altura, construído em cinco etapas, na década de 1990. O subsolo no local era constituído de camada de 22 m de argila holocênica (SFL, classe 2, Tab. 4.1), sobrejacente a 18 m de argila pleistocênica. Nesta última camada, $\overline{\sigma}_a \cong 500$ kPa (Fig. 4.4), e a primeira camada $\overline{\sigma}_a = 164$ kPa (Fig. 4.7), valor próximo ao da curva e-log de campo (Fig. 4.9).

Nos casos X-a, X-b e XI (Tab. 6.1), não havia lentes ou finas camadas de areia e,

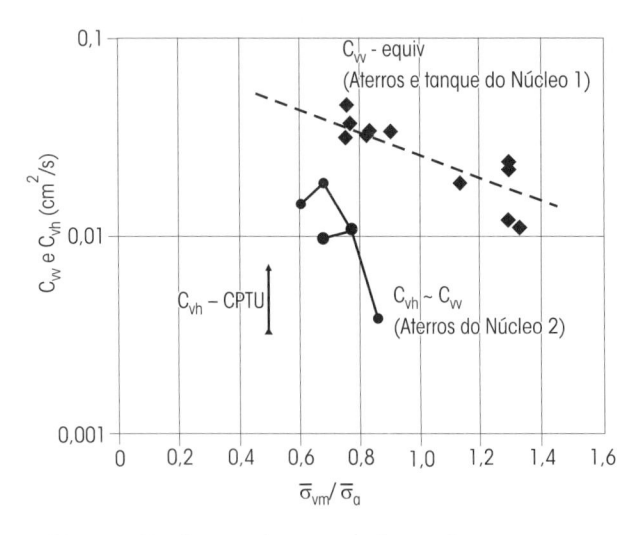

FIG. 6.2 *Tendências de variação dos coeficientes de adensamento com o nível médio de tensões* $\overline{\sigma}_{vm} = (\overline{\sigma}_{vo} + \overline{\sigma}_v)/2$ – *argilas de SFL da Baixada Santista*

no caso XI, não se constatou camada de areia entre as argilas de SFL e as ATs. Optou-se pelo emprego de drenos fibroquímicos, espaçados de 2,2 m, nos casos X-a e b, e de 2,1 m, no caso XI.

Nessas situações com drenos verticais, o Método de Asaoka deve ser alterado para levar em conta a ocorrência de adensamentos vertical e horizontal, concomitantemente. Massad (1985a) (ver Apêndice 6.2) mostrou que, nessas condições, deve-se usar:

$$2,5 \cdot \frac{C_{vv}}{H_d^2} + \frac{8}{m \cdot d_e^2} \cdot C_{vh} = -\frac{ln(\beta)}{\Delta t} \quad (6.2)$$

onde β é a inclinação da reta do gráfico de Asaoka e Δt é o incremento constante na série equiespaçada do tempo. Valores do segundo membro da expressão (6.2) estão indicados na Tab. 6.2. Levantou-se a hipótese de que $k_h/k_s = 5$ e $d_s/d_w = 2$, com $d_w = 6,6$ cm, em que k_h é a permeabilidade horizontal do solo intacto; d_w é o diâmetro do dreno; e "s" refere-se ao "filme" de solo amolgado.

A Tab. 6.2 revela que os casos X-b e XI (4ª etapa) devem apresentar os mesmos coeficientes de adensamento, pois estão associados ao mesmo nível de tensões. Essa constatação possibilitou obter C_{vv} e C_{vh}, pois passou-se a dispor de duas equações lineares do tipo da expressão (6.2):

$$\begin{array}{l} 0,0694 \cdot C_{vv} + 0,3000 \cdot C_{vh} = 0,0304 \\ 0,0052 \cdot C_{vv} + 0,3300 \cdot C_{vh} = 0,0267 \end{array} \quad (6.3)$$

cuja solução é:

$$\begin{array}{l} C_{vv} = 1,10 \cdot 10^{-2} \, cm^2/s \\ C_{vh} = 0,92 \cdot 10^{-2} \, cm^2/s \end{array} \quad (6.4)$$

Note-se que $C_{vv} \cong C_{vh}$.

A Tab. 6.2 e a Fig. 6.2 mostram valores dos coeficientes de adensamento para vários níveis de tensão, com a mesma tendência de variação dos casos I a IX (aterros e tanque do Núcleo 1), mas com valores de 5 a 10 vezes menores do que os C_{vv}-equiv. Esses resultados devem ser vistos com reserva, pois precisam ser confirmados com outros casos de obras semelhantes.

A Fig. 6.2 mostra os valores (3.10^{-3} a 8.10^{-3} cm²/s) de C_{vh} (coeficientes de adensamento vertical com drenagem horizontal) obtidos em ensaios de dissipação de pressão neutra do CPTU, executados na década de 1990, em Conceiçãozinha, Ilha de Santo Amaro, ao lado do Canal do Porto (Fig. A). Esses valores são da mesma ordem de grandeza dos observados nos aterros instrumentados.

6.2 Rupturas

Em dois casos de aterros na Baixada Santista, dispunha-se de informações documentadas de ruptura, o que possibilitou retroanálises para obter parâmetros de resistência não drenada e sua comparação com resultados de ensaios de campo e de laboratório (Cap. 5).

As retroanálises foram feitas por cálculos de estabilidade em computador e com o uso

TAB. 6.2 CASOS COM DRENOS FIBROQUÍMICOS

Caso (*)		$\overline{\sigma}_v$ (kPa)	$\overline{\sigma}_{vm}/\overline{\sigma}_a$	$-ln(\beta)/\Delta$	C_{vh} (cm²/s)
X-a	Bermas	111	0,68	0,027	9,9E-03
X-b	Centro	135	0,78	0,030	1,1E-02
XI	2ª etapa	115	0,60	0,036	1,5E-02
	3ª etapa	141	0,68	0,046	1,9E-02
	4ª etapa	172	0,77	0,027	1,1E-02
	5ª etapa	201	0,86	0,010	4,0E-03

(*) Tab. 6.1; $\overline{\sigma}_{vm}$ – Valor médio entre as tensões verticais efetivas inicial e final ($\overline{\sigma}_v$) no plano médio da camada compressível; $\overline{\sigma}_a$ – Pressão de pré-adensamento

dos ábacos de Sousa Pinto (1965, 1994). Para a comparação entre as resistências retroanalisadas e as obtidas em ensaios, utilizaram-se a correção de Bjerrum (1972) e a fórmula de Mesri (1975).

6.2.1 Aterro próximo a Cubatão

Em 1998, foi observado e documentado um caso de ruptura na Baixada Santista, de um aterro com 3,2 mm de altura, talude 1:1, apoiado sobre uma camada de argila de SFL, com cerca de 30 m de espessura, e as seguintes características:

$$s_u = 8 + 1,5 \cdot z \quad (\text{kPa}) \tag{6.5}$$

$$\bar{\sigma}_a = 20 + 4,0 \cdot z \quad (\text{kPa}) \tag{6.6}$$

obtidas em ensaios *Vane Tests* e de adensamento em amostras indeformadas, respectivamente (Araújo, 1998). As expressões inserem-se nos parâmetros apresentados no Cap. 5.

Segundo Bjerrum (1972), os resultados dos ensaios de *Vane Test* precisam ser corrigidos de um fator μ, para a definição da "coesão de projeto", isto é:

$$c_{proj} = \mu \cdot s_u \tag{6.7}$$

com μ variando de 0,6 a 1, em função do IP do solo. Essa correção leva em conta a velocidade do ensaio e a anisotropia da resistência não drenada das argilas moles. O autor propôs a correção com base na retroanálise de casos de ruptura de aterros sobre solos moles (Sousa Pinto, 1992). Para as argilas de SFL, tem-se, em média:

$$IP = 60\% \text{ de onde se tem: } \mu = 0,7 \tag{6.8}$$

onde IP é o índice de plasticidade. Portanto:

$$s_u = 5,6 + 1,1 \cdot z \quad (\text{kPa}) \tag{6.9}$$

Para o aterro em pauta, foram conduzidas retroanálises da ruptura (Marzionna, 1998), impondo duas condições: c_1 = 1,1 kPa/m e superfícies de ruptura passando pelas trincas do aterro rompido. Os resultados obtidos foram: c_o = 5,0 kPa, para superfícies circulares, e c_o = 6,5 kPa, para superfícies não circulares. O valor médio, 5,8 kPa, é próximo de 5,6 kPa, termo constante da expressão (6.9).

A aplicação da fórmula de Mesri (1975):

$$c_{proj} = 0,22 \cdot \bar{\sigma}_a \tag{6.10}$$

conduz à expressão:

$$s_u = 4,4 + 0,9 \cdot z \quad (\text{kPa}) \tag{6.11}$$

uma espécie de limite inferior, em termos médios, da resistência ao cisalhamento. Enquanto a expressão (6.7) de Bjerrum resultou de uma média, a expressão (6.10) representa uma envoltória mínima dos casos analisados pelos autores. Ao aplicar-se a correção de Bjerrum (expressão 6.7) à expressão (5.9), chega-se a c_{proj} = 0,21 · $\bar{\sigma}_a$, muito próximo da expressão (6.10).

6.2.2 Aterro e escavação em Cubatão

A escavação, com cerca de 3 m de profundidade e talude de 1(V):1,5(H), foi feita para a implantação de um sistema de contenção de vazamentos de uma refinaria em Cubatão, São Paulo (Fig. 6.3). No local ocorria (Fig. 6.4) uma camada de aterro lançado, constituído de solo siltoso, com argila orgânica e entulho, com SPT variando entre 0 e 7 golpes, e espessura entre 2 e 3 m, aproximadamente. Subjacente, havia uma camada de argila mole (SFL), com SPT nulo e cerca de 10 m de espessura. Após atingir o fundo da escavação, executou-se um revestimento de 30 cm de espessura, constituído de manta geotêxtil, colchão "reno" e capa de 7 cm de concreto armado com tela metálica.

A ruptura ocorreu logo após o alteamento do terreno, com um aterro de cerca de 1,20 m de espessura, para permitir o acesso à caixa de acumulação, uma estrutura em concreto armado (Fig. 6.3). No momento da ruptura, a profundidade da escavação era de cerca de 3 m e o lençol freático estava rebaixado. As Figs. 6.4 e 6.5 mostram a escavação em andamento e no seu final, respectivamente, e a Fig. 6.6 permite um visão panorâmica da obra após a ruptura. Note-se que o alteamento, do lado da caixa de acumulação, foi removido para garantir a estabilidade temporária da escavação.

FIG. 6.4 *Escavação em andamento*

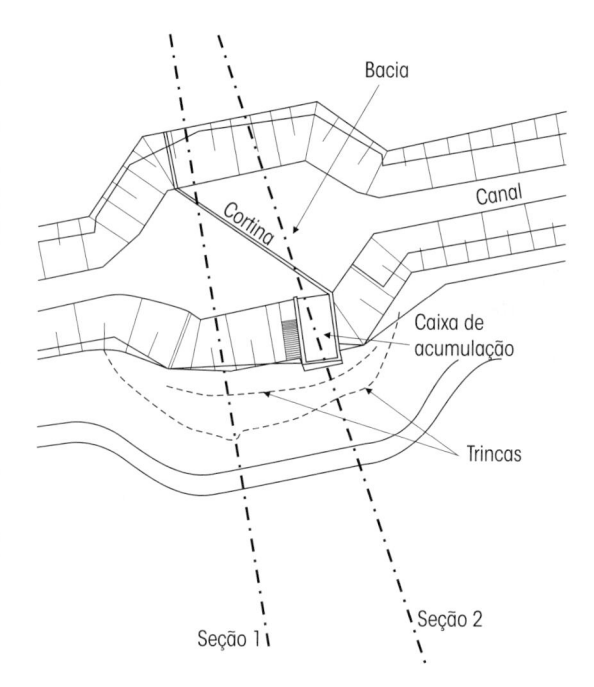

FIG. 6.3 *Planta de trecho do canal e bacia, onde ocorreu a ruptura*

FIG 6.5 *Final da escavação*

FIG 6.6 *Vista geral após a ruptura e a remoção de parte do aterro ao lado da rua de acesso*

Com base em sondagem SPT-T (Fig. 6.7), na observação das trincas da superfície do aterro e no formato do levantamento do fundo da escavação (Figs. 6.3, 6.8 e 6.9), foi possível inferir a posição aproximada da superfície de ruptura (Fig. 6.8). Atente-se para a diferença entre as escalas horizontal e vertical.

A metodologia adotada nas análises consistiu em retroanalisar a ruptura ocorrida, usando dois procedimentos e os conhecimentos disponíveis sobre as argilas moles (SFL) da Baixada Santista (Cap. 5). O objetivo era chegar a uma expressão para a resistência não drenada, linearmente crescente com a profundidade, utilizada para o reprojeto da escavação.

Para as análises, admitiu-se que na situação pós-ruptura (Figs. 6.8 e 6.9), o terrapleno encontrava-se em equilíbrio limite, isto é, com coeficiente de segurança (F) igual a 1.

A resistência não drenada ou coesão (s_u) admitida foi linearmente crescente com a profundidade (z), como acontece na Baixada Santista e, em particular, em Cubatão (expressão 5.7).

O fator de crescimento c_1 foi arbitrado com base na fórmula de Mesri – expressão (6.10). Como para as argilas de SFL da região de Cubatão o sobreadensamento é, originariamente, consequência das oscilações negativas do nível do mar:

$$\overline{\sigma}_a = const + \overline{\gamma} \cdot z \quad (6.12)$$

onde $\overline{\gamma}$ é a densidade submersa da argila mole, adotada como 14,5 kN/m³. A constante da expressão (6.12) pode variar entre 20 e 30 kPa (Cap. 4) e ser afetada pelo lançamento de aterros pelo homem. Substituindo (6.12) em (6.10), chega-se a c_1 = 1 kPa/m.

Retroanálise com os ábacos de Sousa Pinto (1º procedimento)

Com a geometria pós-ruptura levantada topograficamente (Fig. 6.8), definiram-se os seguintes parâmetros inerentes aos ábacos de Sousa Pinto (1965, 1994):

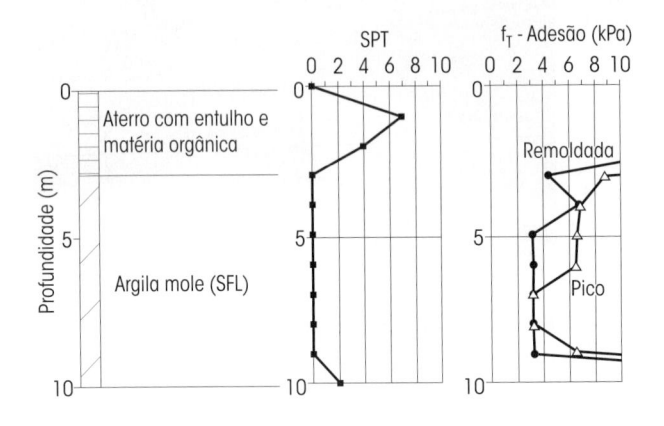

FIG. 6.7 *Sondagem S1 (SPT-T)*

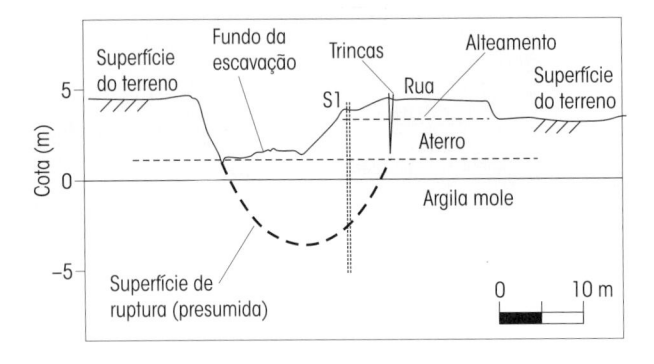

FIG. 6.8 *Geometria pós-ruptura (Seção 1, Fig. 6.3)*

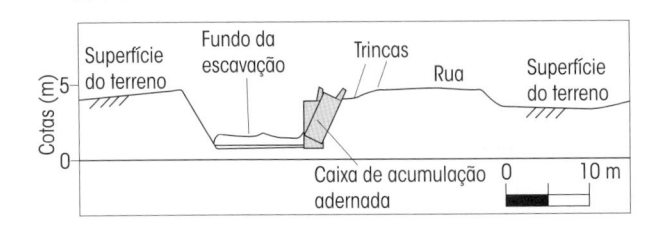

FIG. 6.9 *Geometria pós-ruptura (Seção 2, Fig. 6.3)*

a) $H = 2{,}75$ m (desnível pós-ruptura);
b) $d = 8{,}8$ m (projeção horizontal do talude da escavação);
c) $\gamma_{at} = 17{,}5$ kPa (valor adotado para o peso específico médio do terrapleno acima do fundo da escavação).

Ao impor-se $F = 1$, chegou-se à seguinte pressão de ruptura:

$$q_{rupt} = \gamma_{at} \cdot H = 17{,}5 \cdot 2{,}75 = 48 \text{ kPa} \quad (6.13)$$

Com os ábacos de Sousa Pinto, construiu-se a Tab. 6.3, que permitiu estimar $c_o \cong 5{,}0$ kPa. Assim, a coesão para projeto é:

$$c_{proj} = 5 + 1{,}0 \cdot z \text{ (kPa)} \quad (6.14)$$

TAB. 6.3 APLICAÇÃO DOS ÁBACOS DE SOUSA PINTO

c_o (kPa)	$c_1 \cdot d/c_o$	N_{co}	$q_{rupt} = c_o \cdot N_{co}$ (kPa)
4,0	2,20	10,4	41,6
4,5	1,96	10,0	45,0
5,0	1,76	9,7	48,5

É possível fazer uma análise expedita dos erros envolvidos, em consequência das variações em γ_{at} e $\bar{\gamma}$. Ao supor desvios de ±10% em $\bar{\gamma}$, o que implicaria valores de c_1 entre 0,9 e 1,1, ter-se-ia, para $\gamma_{at} = 19$ kPa, $c_o = 57$ kPa; e, para $\gamma_{at} = 16$ kPa, $c_o = 44$ kPa; ou seja, os desvios em c_o seriam da ordem de ±12%.

Retroanálise pelo círculo de ruptura (2° procedimento)

A inferência da posição da linha de ruptura foi feita com base nas seções topográficas levantadas, onde estão identificadas as trincas e os soerguimentos do fundo da escavação, decorrentes do escorregamento, e nos resultados das sondagens feitas após a ruptura, em particular pela análise dos torques do furo S1, convertidos em adesão (f_T), segundo expressão de Ranzine (1988, 1994). A Fig. 6.4 mostra como a "adesão" (f_T) variou com a profundidade: entre as profundidades 7 e 8 m, a adesão "de pico" (após a ruptura da escavação) igualou-se à "adesão" remoldada.

Dessa forma, foi possível estabelecer a posição estimada ou presumida da superfície de ruptura (Fig. 6.8). Com base nessa superfície, na geometria da escavação e admitindo-se resistência desprezível para o aterro, hipótese de trinca ou fenda (Fig. 6.8), chegou-se a uma estimativa de coesão média da ordem de 8 kPa ao longo da superfície de escorregamento, por meio de cálculo simples de equilíbrio limite.

O valor é compatível e coerente com a expressão (6.14), resultante das análises do 1° procedimento. A coesão média ($\bar{c}$) ao longo de uma superfície circular, imersa em argila mole, com a coesão crescente com a profundidade z, vale aproximadamente:

$$\bar{c} = c_o + c_1 \cdot \frac{2}{3} \cdot z_{máx} \quad (6.15)$$

para qualquer ângulo central. Na expressão (6.15), $z_{máx}$ é a máxima profundidade atingida pelo círculo. No presente caso, ter-se-ia pela expressão (6.14):

$$\bar{c} = 5 + 1{,}0 \cdot \frac{2}{3} \cdot 4 = 7{,}7 kPa \quad (6.16)$$

ou seja, praticamente 8 kPa.

6.3 Súmula

A análise do adensamento e da resistência não drenada de diversos casos de aterros sobre solos moles, construídos ao longo das últimas décadas na Baixada Santista, mostrou a consistência e pertinência dos conhecimentos relativos ao sobreadensamento das argilas de SFL e às suas propriedades (Caps. 4 e 5).

O sobreadensamento das argilas da Baixada Santista tem papel decisivo no entendimento das suas propriedades e na definição de parâmetros para projetos. Os resultados obtidos mostraram que o sobreadensamento, inferido de ensaios e de considerações sobre a gênese dos solos, influencia os recalques finais, ou que a hipótese de argila normalmente adensada leva a superestimativas dos recalques finais. Apresentou-se um ábaco para estimativas expeditas do recalque final de aterros (carregamentos "flexíveis") sobre solos moles, com base na relação de sobreadensamento (RSA) e na relação pressão final/pressão inicial ($\overline{\sigma}_v / \overline{\sigma}_{vo}$).

Para carregamentos "flexíveis", os valores do coeficiente de adensamento primário (C_{vv}) de campo apresentaram a tendência de diminuir com aumentos de tensões aplicadas, mas chamou a atenção o fato de os valores de C_{vv} serem muito superiores àqueles obtidos em laboratório. Além disso, constatou-se uma diferença de comportamento entre aterros construídos no Núcleo 1 e 2 (Fig. 3.1).

No Núcleo 1, os C_{vv} de campo atingiram valores até 100 vezes os correspondentes valores de laboratório, devido à presença de lentes e finas camadas de areia, e pelo fato de esses coeficientes de adensamento (C_{vv}) serem "equivalentes", no sentido indicado anteriormente. No Núcleo 2, não se constatou a presença de lentes de areia inseridas na camada de argila mole e chegou-se a valores de $C_{vv} \cong C_{vh}$ 5 a 10 vezes menores que os valores dos aterros do Núcleo 1.

As conclusões são válidas para solos e níveis de tensões impostos, similares aos indicados neste estudo.

Pelas retroanálises de dois casos de ruptura bem documentados, chegou-se a expressões para a resistência não drenada, em função da profundidade, consistentes com os conhecimentos das propriedades das argilas de SFL (Cap. 5), em particular, com as expressões 5.7 e 5.9. Além disso, confirmou-se a validade da metodologia empregada nas retroanálises, que envolveu a correção de Bjerrum, a fórmula de Mesri e os ábacos de Sousa Pinto.

Apêndice 6.1 – ESTIMATIVAS DO RECALQUE FINAL

Para a estimativa dos recalques finais, costuma-se recorrer aos resultados dos ensaios de adensamento, que reproduzem situações em que o solo mole encontra-se confinado, como, por exemplo, entre duas camadas de areia ou por bermas de grande extensão. Em algumas situações, quando o solo mole está desconfinado lateralmente, há que se considerar os recalques imediatos (elásticos), que ocorrem por deformação lateral.

O recalque final ρ_f, por adensamento primário e secundário, pode ser calculado multiplicando a espessura do estrato de argila mole pela deformação final, dada pela expressão:

$$\varepsilon_f = \frac{1}{(1+e_o)} \cdot \left(C_r \cdot log \frac{\overline{\sigma}_a}{\overline{\sigma}_{vo}} + C_c \cdot log \frac{\overline{\sigma}_v}{\overline{\sigma}_a} \right) + \\ + C_{\alpha\varepsilon} \cdot log\left(\frac{t}{t_p}\right) \quad (6.17)$$

quando $\overline{\sigma}_v > \overline{\sigma}_a$, onde $\overline{\sigma}_{vo}$ e $\overline{\sigma}_v$ são, respectivamente, as pressões inicial e final, impostas pelo aterro no centro da camada de solo mole; t_p é o tempo correspondente ao final do adensamento primário; e t, um tempo qualquer, maior do que t_p.

Se o solo mole estiver desconfinado lateralmente (relação b/H pequena), deve-se acrescentar o recalque imediato, da Teoria da Elasticidade:

$$\rho_i = I \cdot \frac{\sigma_o \cdot B}{E} \cdot (1 - \nu^2) \quad (6.18)$$

onde σ_o é a pressão uniformemente distribuída na superfície; E e ν são os parâmetros elásticos do solo mole; B é a largura da área carregada; e I é o coeficiente de forma.

Os recalques podem ser estimados com base nos $\overline{E}_L$ (módulos de deformabilidade com confinamento lateral), que permite levar em conta o fato de a relação e-log p não ser retilínea. As expressões para o cálculo são:

$$\varepsilon_f = \frac{1}{\overline{E}_L/\overline{\sigma}_a} \cdot \frac{1}{RSA} \cdot \left(\frac{\overline{\sigma}_v}{\overline{\sigma}_{vo}} - 1 \right) \quad (6.19)$$
para $\overline{\sigma}_v < \overline{\sigma}_a$ ou $RSA > 1$

$$\varepsilon_f = \frac{1}{\overline{E}_L/\overline{\sigma}_a} \cdot \frac{RSA-1}{RSA} + \frac{2,3}{\overline{E}_L/\overline{\sigma}_v} \cdot \log\left(\frac{1}{RSA} \cdot \frac{\overline{\sigma}_v}{\overline{\sigma}_{vo}} \right)$$
para $\overline{\sigma}_a \leq \overline{\sigma}_v \leq 2 \cdot \overline{\sigma}_a$ (6.20)

$$\varepsilon_f = \frac{1}{\overline{E}_L/\overline{\sigma}_a} \cdot \frac{RSA-1}{RSA} + \frac{2,3 \cdot \log(2)}{\overline{E}_L/\overline{\sigma}_v} +$$
$$\frac{C_c}{(1+e_o)} \cdot \log\left(\frac{1}{2 \cdot RSA} \cdot \frac{\overline{\sigma}_v}{\overline{\sigma}_{vo}} \right) \quad \text{para} \quad \overline{\sigma}_v \geq 2 \cdot \overline{\sigma}_a$$
(6.21)

obtidas pela integração da expressão (5.18).

Vê-se que:

$$\varepsilon_f = f\left(RSA, \frac{\overline{\sigma}_v}{\overline{\sigma}_{vo}} \right) \quad (6.22)$$

Apêndice 6.2 – Método gráfico de Asaoka para a determinação do C_{vv} e do recalque primário final

Asaoka (1978) propôs um método gráfico bastante simples para o acompanhamento dos recalques ao longo do tempo, devido à aplicação de uma carga constante.

O método permite prever com boa precisão o recalque primário final e o coeficiente de adensamento primário. Consiste em lançar, em ordenada, o valor do recalque referente à *(n+1)-ésima* leitura, contra a *n-ésima*, em abscissa. É condição essencial que as leituras dos recalques sejam equiespaçadas na escala do tempo de um valor Δt.

Parte-se da expressão:

$$U_v = 1 - 0,811 \cdot e^{c \cdot t} \quad (6.23)$$

na qual e é a base dos logaritmos neperianos, com:

$$c = -\frac{2,5 \cdot C_{vv}}{H_d^2} \quad (6.24)$$

que fornece o valor da porcentagem de adensamento vertical (U_v) da teoria de Terzaghi para $U_v \geq 60\%$ (Taylor, 1948).

Com a definição de U_v, pode-se escrever, após algumas transformações:

$$\frac{\rho_n}{\rho_f} = 1 - 0,811 \cdot e^{c \cdot n \cdot \Delta t} \quad (6.25)$$

Nessas expressões, ρ_n é o recalque da camada compressível no tempo $n\Delta t$; ρ_f é o recalque final; e H_d é a altura máxima de drenagem.

É fácil provar que:

$$\beta = \frac{\rho_{n+1} - \rho_n}{\rho_n - \rho_{n-1}} = e^{c \cdot \Delta t} = constante \quad (6.26)$$

para $U_v \geq 60\%$. Significa que, no gráfico de Asaoka, o trecho final da relação entre recalques é retilíneo.

Extraindo-se c da expressão anterior e substituindo-a em (6.24), resulta:

$$C_{vv} = -\frac{\ell n \beta}{2,5 \cdot \Delta t} \cdot H_d^2 \quad (6.27)$$

A expressão anterior pode ter sua validade estendida para $U_v \geq 33\%$, graças ao uso de outra exponencial, que dá o valor do grau de adensamento em função do fator tempo (Schofield e Wroth, 1968, p. 79). Ela se transforma em:

$$C_{vv} = -\frac{\ell n\beta}{3 \cdot \Delta t} \cdot H_d^2 \quad (6.28)$$

No caso de se instalarem drenos verticais, a solução matemática tem a forma da expressão (6.23), o que possibilita o uso do método gráfico de Asaoka.

A teoria de Barron (Lambe e Whitman, 1969) permite o cálculo da porcentagem de adensamento U_r devida ao fluxo radial, pela expressão:

$$U_r = 1 - e^{-\lambda t} \quad (6.29)$$

com:

$$\lambda = \frac{8}{m} \cdot \frac{C_{vh}}{d_e^2} \quad m = \frac{n^2}{n^2-1} \cdot \ln(n) - \frac{3n^2-1}{4n^2}$$

$$n = \frac{d_e}{d_w} \quad (6.30)$$

onde m é um parâmetro que depende da relação entre a distância dos drenos (d_e) e o diâmetro dos drenos (d_w); e C_{vh} é o coeficiente de adensamento vertical para fluxos horizontais (radiais).

Como a água pode percolar tanto para as camadas drenantes, no topo e na base do solo mole, como para os drenos, tem-se, na realidade, um adensamento tridimensional. Para levar em conta essa simultaneidade, pode-se recorrer à expressão de Nabor Carillo:

$$(1-U) = (1-U_v) \cdot (1-U_r) \quad (6.31)$$

que fornece a porcentagem de adensamento (U) resultante dos adensamentos vertical (U_v) e radial (U_r).

Ao substituir-se (6.23) e (6.29) em (6.31), tem-se, após algumas transformações:

$$U = 1 - 0,811 \cdot e^{-\lambda_1 t} \quad (6.32)$$

com:

$$\lambda_1 = 2,47 \cdot \frac{C_{vv}}{H_d^2} + \frac{8}{m} \cdot \frac{C_{vh}}{d_e^2} \quad (6.33)$$

A expressão (6.32) possui a forma de (6.23), o que permite o uso do gráfico de Asaoka e, portanto, uma estimativa de C_{vh}, desde que se conheça o valor de C_{vv}. Note-se que, neste caso:

$$\lambda_1 = -\frac{\ell n\beta}{\Delta t} \quad (6.34)$$

O método de Asaoka dá excelentes resultados quando se interpolam valores, isto é, quando o adensamento entrou no secundário. Em situações em que se pretende prever os recalques finais, durante o adensamento, é necessário fazer extrapolações que podem levar a resultados falsos (Sousa Pinto, 2001).

No trabalho de Sousa Pinto (2001), encontra-se o traçado da curva teórica, com os dados obtidos pelo método de Asaoka, e sua comparação com a curva de campo. Esse raciocínio deveria ser observado em qualquer método que se proponha a extrapolar valores experimentais, como aqueles para a obtenção da carga de ruptura em provas de carga interrompidas prematuramente.

O método de Asaoka é bastante atraente pela sua simplicidade e por prescindir de cálculos mais elaborados na determinação do coeficiente de adensamento, quando o carregamento é variável com o tempo. Nessas situações, é necessário dispor de leituras de recalques, a tempos regulares, após o carregamento ter atingido o seu valor máximo, porque as teorias de adensamento são válidas para carregamentos instantâneos.

O que a equação logarítmica da fase do adensamento secundário representa no gráfico de Asaoka? Levando-se em conta que:

$$t_{n+1} = t_n + \Delta t \qquad (6.35)$$

é fácil verificar que, no trecho do adensamento secundário, tem-se:

$$\frac{\rho_{n+1}-\rho_n}{\rho_n-\rho_{n-1}} = \frac{\log\left(\frac{t_{n+1}}{t_n}\right)}{\log\left(\frac{t_n}{t_{n-1}}\right)} = \frac{\log\left(1+\frac{\Delta t}{t_n}\right)}{\log\left(1+\frac{\Delta t}{t_n-\Delta t}\right)} \cong$$

$$\frac{\left(\frac{\Delta t}{t_n}\right)}{\left(\frac{\Delta t}{t_n-\Delta t}\right)} = 1 - \frac{\Delta t}{t_n} \qquad (6.36)$$

A aproximação indicada numa das passagens entre os termos acima só é válida para relações $\Delta t/t_n$ pequenas. Normalmente, os tempos associados ao adensamento secundário são longos, de mil dias, e o valor de Δt escolhido pode ser tão pequeno quanto se queira (por exemplo, 30 dias, ou 50 dias). Nessas condições, $\Delta t/t_n \cong 0,03$ ou 0,05, e a expressão (6.36) assume valor de 0,97 ou 0,95, isto é, próximo de 1. Isso significa que, num gráfico de Asaoka, o trecho correspondente ao adensamento secundário tende a uma reta paralela à reta a 45°, cujo traçado é inerente ao método em questão.

Quanto à questão do tempo decorrido até a análise (Sousa Pinto, 2001), desde que se adote um intervalo Δt pequeno, obtêm-se valores precisos de C_{vv} e de ρ_f, mesmo no início das leituras de recalque. Nesse caso, é bom ter uma ideia da duração do adensamento primário, com base em experiências prévias com o solo local (Baguelin, 1999).

Apêndice 6.3 – ATERROS DO NÚCLEO 1– DADOS E ANÁLISES

Reportando-se aos casos I a IX (Tab. 6.1), situados no Núcleo 1 (Fig. 3.1), apresentam-se as informações e as análises efetuadas.

Via dos Imigrantes

Para a construção do aterro por onde hoje passa a Rodovia dos Imigrantes, removeu-se por dragagem cerca de 5 m de solo natural, formando uma cava que foi preenchida por areia (aterro hidráulico). Sobre o "colchão de areia" formado, construiu-se um aterro com cerca de 3 m de altura e plataforma de cerca de 50 m de largura (Vargas e Santos, 1976). Ao longo da Via dos Imigrantes, as seções experimentais (SE) foram objeto de análise de Sousa Pinto e Massad (1978), com maior ênfase à velocidade de desenvolvimento dos recalques.

A Fig. 6.10 mostra os sedimentos que ocorrem nos locais das seções experimentais. Para a SE3 (estaca 56), predominam os sedimentos fluviolagunares e de baías (SFL) e, para a SE4 (estaca 128), ocorrem argilas transicionais (ATs). No local das SE1 e SE2 (estaca 62), a situação é mista.

As placas de recalques foram instaladas no eixo do aterro e no nível do terreno natural, exceto para a SE1 (estaca 62), cota –5 m. Quando necessário, fez-se um ajuste teórico-experimental das curvas pelo método de Schiffman, para incluir os recalques do tempo de enchimento da cava (Sousa Pinto e Massad, 1978). A SE5 (estaca 40) foi analisada somente quanto à velocidade de desenvolvimento de recalques, uma vez que as leituras dos medidores começaram tardiamente.

A Tab. 6.4 mostra os dados de campo referentes às leituras de recalques nas séries equiespaçadas no tempo de Δt; os resultados

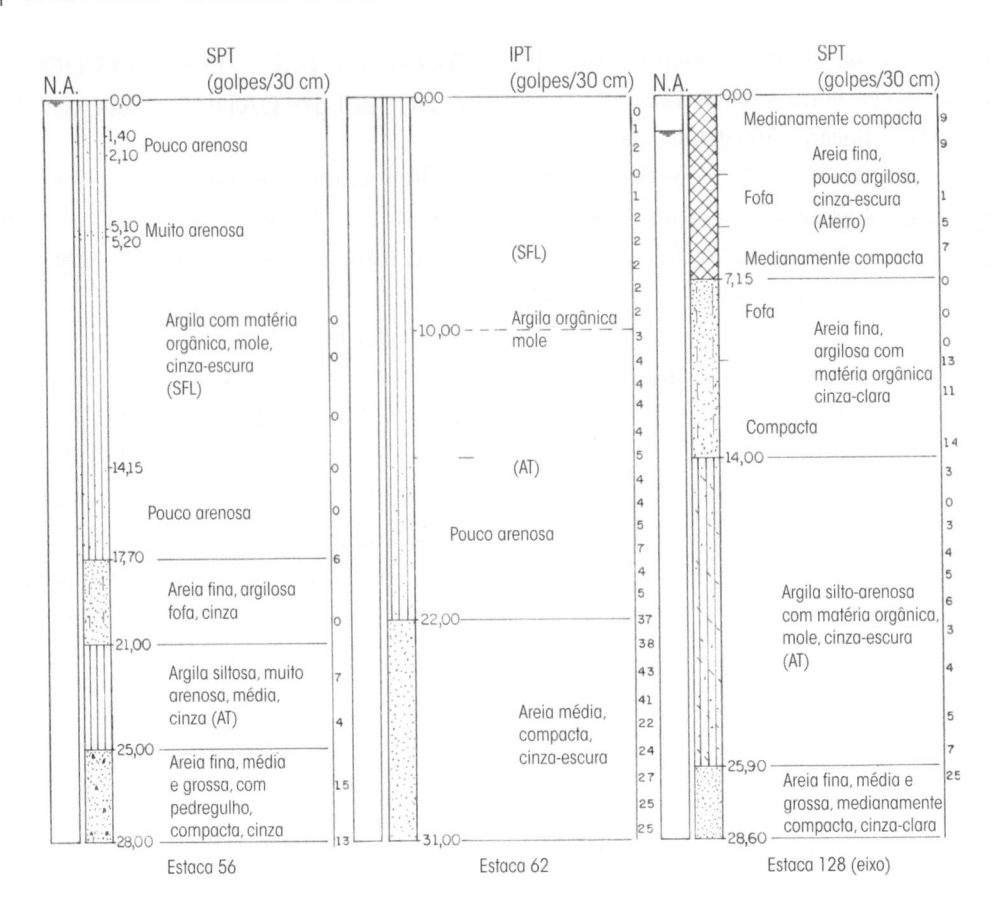

FIG. 6.10 *Perfis de sondagens – Via dos Imigrantes*

TAB. 6.4	VIA DOS IMIGRANTES				
(RECALQUES EM mm)					
n	SE1	SE2	SE3	SE4	SE5
1	0	0	0	0	0
2	280	320	280	50	143*
3	380	400	380	79*	185
4	460	470	465	94	215
5	530	540	620	106	240
6	630	665	800	118	265
7	690	770	975*	121	280
8	755*	820*	1.100	124	295
9	800	890	1.190	125	313
10	840	925	1.250		340
11	865	935	1.300		363
12	890	945	1.350		368
13	905	955	1.370		380
14	905	970			395
15		985			405

*Momento em que os carregamentos ficaram constantes

TAB. 6.5	VIA DOS IMIGRANTES				
Seção	SE1	SE2	SE3	SE4	SE5
Δt(dias)	25	25	25	40	20
β	0,777	0,592	0,739	0,682	0,898
r (%)	99,8	96,5	99,8	98,5	99,7
N	5	7	6	6	13

Δt – Intervalo de tempo entre leituras consecutivas de recalques; β – Inclinação da reta do gráfico de Asaoka; r e N – Coeficiente da correlação de Asaoka e tamanho da Amostra

intermediários da aplicação do método gráfico de Asaoka estão na Tab. 6.5. As Figs. 6.11 e 6.12 ilustram, respectivamente, a curva de campo relativa à SE3 e o uso do método gráfico de Asaoka.

Os recalques estão indicados na Tab. 6.1. Para as SE3 (estaca 56) e SE4 (estaca 128), os parâmetros geotécnicos foram extraídos da Tab. 5.16. Vê-se que não considerar o sobreadensamento leva a superestimativas dos recalques finais, conclusão que é extensiva às outras SE.

Os valores de C_{vv} (Tab. 6.1) são muito próximos, independentemente da unidade genética (SFL ou AT). Atente-se ao fato de as RSA das camadas intervenientes da SE3 (estaca 56), praticamente apenas SFL, e da SE4 (estaca 128), apenas AT, serem quase próximas: 1,50 e 1,72 (Tab. 6.1), respectivamente.

Para a SE5 (estaca 40), toda em SFL, obtiveram-se valores da mesma ordem de grandeza. Para as SE1 e 2 (estaca 62), com perfis mistos de SFL e AT, admitiu-se igualdade de C_{vv}, o que deve ser visto como uma primeira aproximação, pois as RSA são diferentes. Os valores resultantes dessa aproximação (Tab. 6.1) são, na realidade, limites inferiores de C_{vv}, pois a camada de AT possui espessura 2,4 vezes a da camada de SFL e é responsável, teoricamente, por cerca de 1/3 do recalque total.

Em suma, independentemente da origem do solo, pode-se afirmar que, em primeira aproximação, os C_{vv} variam de 1 a 3 · 10^{-2} cm²/s (Tab. 6.1), com uma média de 2 · 10^{-2} cm²/s, cerca de cem vezes o valor médio de laboratório.

Cosipa, pátio de carvão

Por volta de 1964, foram medidos os recalques provocados por uma pilha de carvão, que se apoiava num subsolo de perfil geotécnico próximo ao indicado na Fig. 6.13, com aterro de areia fina com 4,4 m de espessura. A pilha ocupava uma área, em planta, de 8 × 20 m², e altura variável, com um máximo de 4 m.

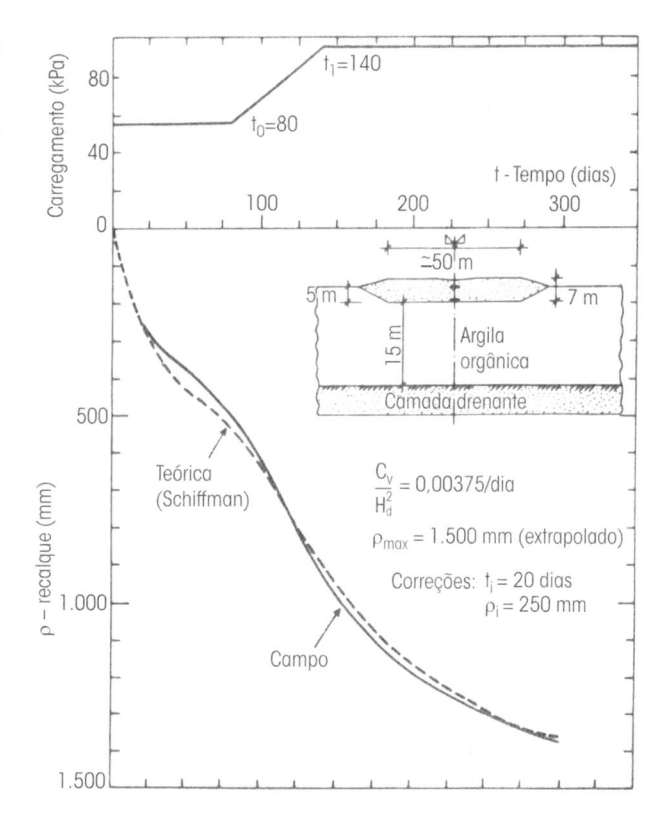

FIG. 6.11 *Ajustagem da curva teórica à de campo – SE 3 Via dos Imigrantes*

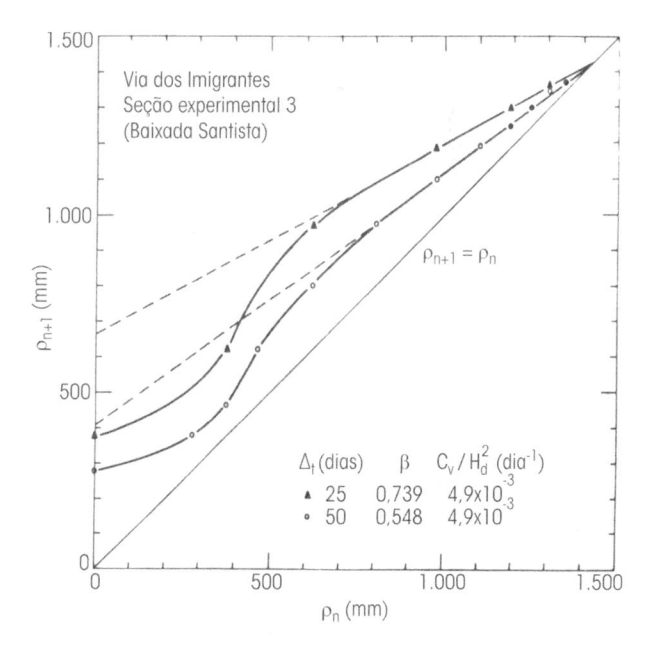

FIG. 6.12 *Representação gráfica de Asaoka – SE 3 Via dos Imigrantes*

Uma análise dos dados disponíveis mostra que o aterro de areia provocou o adensamento da argila mole antes do empilhamento do carvão. Nessas condições, tinha-se RSA = 1.

Com base nos valores dos recalques observados nos dois medidores de recalques (RN1 e RN2), a diversos períodos (Tab. 6.6), foi possível extrapolar o valor dos recalques finais e calcular o C_{vv} pelo método gráfico de Asaoka (Tab. 6.1).

Pela pequena espessura da camada superior de argila mole, admitiu-se que os seus recalques tenham se desenvolvido nos primeiros 16 dias. A hipótese é plausível, pois os recalques finais, estimados pelo método mais pessimista, foram da ordem de 20 cm, portanto, inferiores aos observados na data (Sousa Pinto et al., 1978).

Uma comparação entre os recalques finais estimados e observados mostra que, mesmo com RSA = 1, o método convencional de cálculo com base no C_c superestima os recalques finais. Os parâmetros geotécnicos de compressibilidade utilizados foram extraídos das Tabs. 5.20 e 5.22.

Quanto aos C_{vv} de campo, constatam-se valores tão elevados quanto 1 a 3 · 10^{-2} cm^2/s, 80 vezes o valor médio de laboratório.

Itapema (Canal de Bertioga)

Em 1963, foi construído um aterro experimental com a seção transversal indicada na Fig. 6.14A, a 200 m do Canal de Bertioga, do lado do Guarujá. O aterro ocupava uma área em planta de 40 × 100 m^2, e a única sondagem disponível no local está na Fig. 6.14B.

Pelas informações da região, trata-se de sedimentos fluviolagunares e de baías (SFL), até pelo menos 20 m de profundidade, quando a argila marinha passa a ter uma consistência mais elevada. Seriam resquícios de sedimentos mais antigos, argila transicional (AT)? De qualquer forma, nota-se uma "discordância" entre os dois sedimentos.

Instalaram-se medidores de recalques ao longo do eixo e nas laterais do aterro experimental (Tab. 6.7).

Uma análise dos resultados apresentados na Tab. 6.1 confirma que o efeito do sobreadensamento é bastante acentuado nos recalques finais, e, nesse caso, $\overline{\sigma}_v/\overline{\sigma}_{vo}$ é da ordem de grandeza da RSA. Os parâmetros geotécnicos utilizados estão nas Tabs. 5.10, 5.20 e 5.22. A Tab. 6.1 também mostra os valores de C_{vv} de campo, obtidos pelo

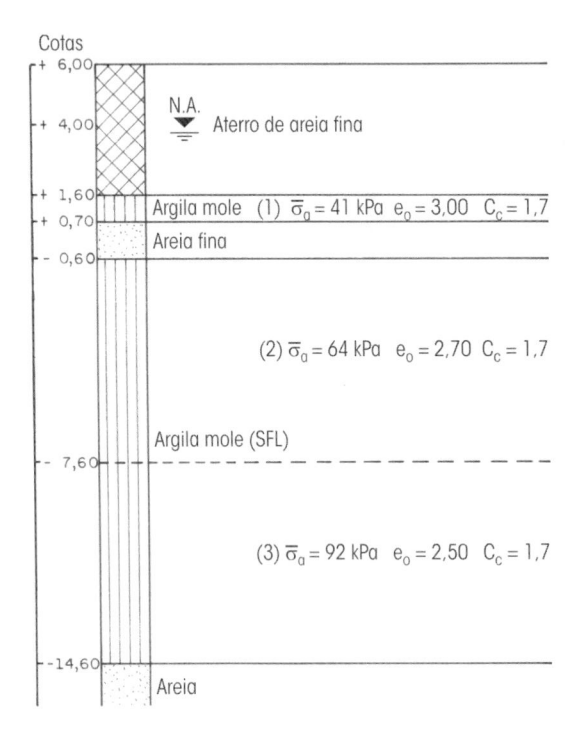

FIG. 6.13 *Perfil de sondagens – Pátio de Carvão, Cosipa*

TAB. 6.6 PÁTIO DE CARVÃO

Período	Recalques medidos (cm)	
(dias)	RN 2	RN 3
16	28	34
47	35	40
132	45	50
216	48	53

método gráfico de Asaoka. Só as placas P1 e P2 estão no eixo longitudinal, mas nas bordas do aterro, ao que tudo indica, houve o início de um processo de plastificação, que afetou as curvas recalque-tempo.

Conclui-se que o valor médio para o C_{vv} é de $3 \cdot 10^{-2}$ cm²/s, 15 vezes maior do que o correspondente valor de laboratório.

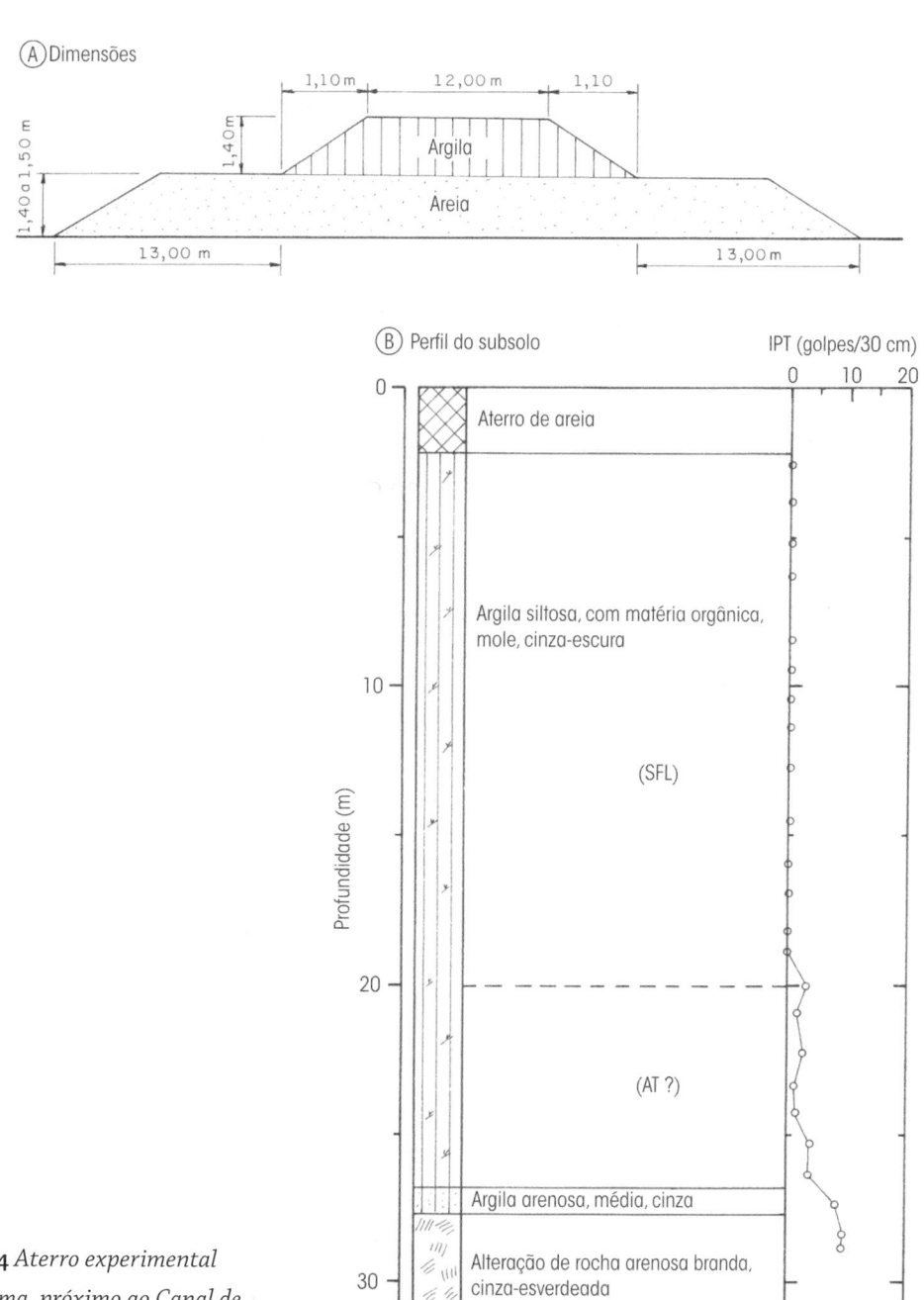

FIG. 6.14 *Aterro experimental em Itapema, próximo ao Canal de Bertioga*

TAB. 6.7 ITAPEMA (recalques em mm)

n/Placa	P3	P6	P1	P2	P7	P4	P5
1	58	40	157	170	38	40	38
2	205	140	282	323	130	116	110
3	290*	260*	375*	420*	180*	162*	158*
4	337	287	435	470	225	193	188
5	375	314	473	515	254	221	214
6	410	350	497	560	288	246	240
7	440	398	510	608	320	270	262
8	470	405	530	620	344	279	290
9	492	434	540**	680	363	296	298
10	510	450	578	732	380	313	305
11	530	476	620	828**	405	327	325
12	543	480	632	840	418	338	335
13	558	503	642	852	430	349	346
14	573	517	653	866	442	360	357
15	587	527	664	878	453	367	368
16	600	540	675	890	465	380	379
Δt(dias)	25	25	25	25	25	25	25
β	0,885	0,913	0,678	0,843	0,886	0,893	0,895
r (%)	100	99,3	99,5	98,5	99,9	99,8	99,7
N	13	13	6	5	13	13	13

*Momento em que os carregamentos ficaram constantes; Δt – Intervalo de tempo entre leituras consecutivas de recalques; β – Inclinação da reta do gráfico de Asaoka; r e N – Coeficiente da correlação de Asaoka e tamanho da Amostra

7 FUNDAÇÕES DIRETAS SOBRE SOLOS MOLES

É comum o uso de fundações diretas no caso de tanques de óleo da Baixada Santista e de edifícios nas cidades de Santos e São Vicente. No Cap. 2, apresentou-se uma síntese de como os engenheiros geotécnicos lidavam com essas obras na Baixada Santista, enfatizando os problemas geotécnicos surgidos até a década de 1980, para os quais não havia uma explicação racional.

Neste capítulo, mostra-se como a história geológica auxilia na reinterpretação do comportamento das fundações de um tanque de óleo em Alemoa, e de edifícios construídos nas cidades de Santos e São Vicente, com as possíveis implicações no projeto de fundações diretas na Baixada Santista. Explicam-se algumas anomalias observadas no comportamento de edifícios da orla praiana de Santos, relatados no Cap. 2.

7.1 Tanque de óleo em Alemoa

Pacheco Silva (1953a) apresentou dados de recalques e de pressões neutras durante teste de enchimento com água de um tanque de óleo de grandes dimensões, apoiado diretamente em fundação flexível, sobre camada de argila mole, em Alemoa, Santos. As dimensões do tanque e o perfil do subsolo estão na Fig. 7.1. Drenos verticais de areia, com 30 cm de diâmetro e espaçados de 2 m, foram instalados até a profundidade de 13 m. Era uma técnica inovadora para controlar a estabilidade das fundações do tanque de óleo com a medida das pressões neutras na camada superior de argila mole. Essa técnica é uma antecipação do conhecido Método das Trajetórias das Tensões, alguns anos antes da divulgação de Lambe (1964), como observou Sousa Pinto (1992).

Realizaram-se medidas de recalques no centro e nas bordas do tanque, bem como leituras de pressões neutras em vários pontos da camada superficial de argila mole. Os piezômetros eram do tipo Casagrande, com áreas de drenagem relativamente grandes e tubos de pequenos diâmetros, tornando-os

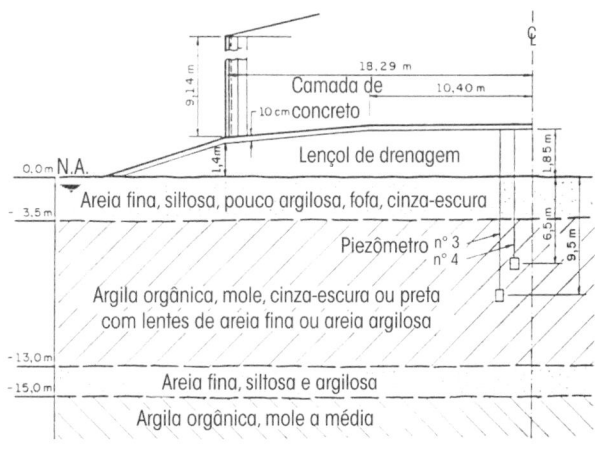

FIG. 7.1 *Tanque de óleo em Alemoa. Dimensões e condições do subsolo (apud Pacheco Silva, 1953a)*

piezômetros de "rápida reação" (Pacheco Silva). Tal fato foi amplamente constatado à medida que se procedia ao primeiro enchimento do tanque com água, isto é, à prova de carga. No início dessa prova de carga, os excessos de pressão neutra, sob o peso do "lençol de drenagem", eram praticamente nulos.

Pela descrição de Pacheco Silva da consistência mole a média da camada inferior de argila, e a julgar por outras sondagens mais profundas feitas na região, é de se supor que se trate de AT; ela não foi levada em conta nas análises subsequentes.

O programa de carregamento adotado por Pacheco Silva fixava incrementos de altura de água dentro do tanque (Δh) (Tab. 7.1), de forma a induzir excessos de pressão neutra (Δu) de, no máximo, 60% dos correspondentes valores na ruptura (Δu_r). Após cada incremento de carga, esperava-se pela dissipação completa do excesso de pressão neutra e passar para o estágio seguinte de carregamento, conforme a trajetória 1, 2, 3... até 9 (Fig. 7.2). O autor supôs que $\overline{B}_1 = 100\%$, isto é, uma relação unitária entre o excesso de pressão neutra inicial (Δu_i) e o incremento de tensão vertical total ($\Delta \sigma_v$), pois admitia que as argilas da Baixada Santista (Cap. 1) tinham se formado num único e ininterrupto ciclo de sedimentação e, consequentemente, eram normalmente adensadas.

Tab. 7.1 Tanque de óleo em Alemoa – programa de carregamento

Δh (m)	h (m)	Estágio
1,6	1,6	0
1,5	3,4	1
1,8	5,2	2
2,4	7,0	3
2,2	9,2	4

Δh – Incremento de altura d'água; h – Altura total de água no tanque efetivamente mantida ao longo do tempo

Daí a surpresa em constatar incrementos de pressões neutras "um tanto dissipadas", como se o solo fosse sobreadensado (Vargas, 1974). Quanto ao plano médio da camada, a tensão vertical efetiva inicial ($\overline{\sigma}_{vo}$) era de 68 kPa, que, frente a uma pressão de pré-adensamento ($\overline{\sigma}_a$) de 109 kPa, obtida por ensaio em amostra indeformada, revelava uma RSA, do terreno virgem, de 1,6. O solo era, na realidade, sobreadensado.

7.1.1 Recalques e C_v

Nos estágios 1, 2 e 3, correspondentes aos incrementos de altura de água no tanque (Δh) de 3,4, 5,2 e 7 m (Tab. 7.1), os carregamentos eram mantidos por algum tempo, até a tendência de estabilização dos recalques.

Os dados de recalques de Pacheco Silva (Tab. 7.2) foram analisados pelo método gráfico de Asaoka (Apêndice 6.2). Os resultados estão na Tab. 7.3. Note-se que as leituras foram equiespaçadas em dez dias.

Dessa forma, foi possível construir a Tab. 7.4, na qual $\overline{\sigma}_{vo}$ e $\overline{\sigma}_v$ são, respectivamente, as tensões efetivas inicial e final no

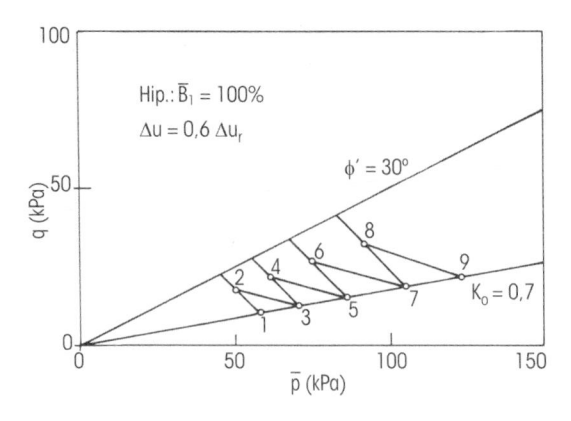

Fig. 7.2 *Programa de carregamento do tanque de óleo de Alemoa (Pacheco Silva, 1953a)*

TAB. 7.2 TANQUE DE ÓLEO EM ALEMOA –
RECALQUES NO CENTRO DO TANQUE (em mm)

Estágio 1		Estágio 2		Estágio 3	
Tempo (dias)	Recalque (mm)	Tempo (dias)	Recalque (mm)	Tempo (dias)	Recalque (mm)
0	0	60	220*	120	332*
10	46	70	255	130	400
20	90*	80	280	140	434
30	115	90	290	150	455
40	132	100	304	160	475
50	142	110	320	170	495
				180	514
				190	532

TAB. 7.3 TANQUE DE ÓLEO EM ALEMOA –
APLICAÇÃO DO MÉTODO DE
ASAOKA

Estágios	1	2	3
Δt (dias)	10	10	10
β	0,645	0,730	0,734
r (%)	99,9	98,3	98,6
N	3	5	7

Δt – Intervalo de tempo entre leituras consecutivas de recalques; β – Inclinação da reta do gráfico de Asaoka; r – Coeficiente da correlação de Asaoka; N – Tamanho da Amostra

centro da camada de argila; RSA é a relação de sobreadensamento; (1), (2), (3) remetem aos três procedimentos de cálculo indicados no Cap. 6; e ρ_f é o valor do recalque observado, obtido pelo método de Asaoka.

Pelo exame dos resultados constata-se que o procedimento de cálculo dos recalques por meio dos $\overline{E}_L$ conduz a melhores resultados. Os recalques, computados sem levar em conta o sobreadensamento do solo mole, estão bem acima daqueles outros observados, o que corrobora conclusões análogas quanto ao comportamento de aterros sobre solos moles (Cap. 6), com destaque para a influência do

TAB. 7.4 TANQUE DE ÓLEO EM ALEMOA – RECALQUES FINAIS E C_{vv}

Estágio	h (m)	$\overline{\sigma}_v/\overline{\sigma}_{vo}$	RSA	Recalques finais calculados (cm)			ρ_f (cm)	C_v 10^{-2}cm²/s	b/H
				(1)	(2)	(3)			
1	3,4	1,43	1,6	20	7	67	16	4,7 [60]	6,0
2	5,2	1,66		32	16	95	34	3,4 [45]	
3	7,0	1,89		50	40	120	55	3,4 [45]	

h – Altura total de água mantida no tanque; RSA – Relação de sobreadensamento; (1) Recalques calculados pelos módulos $\overline{E}_L$; (2) Recalques calculados por C_c e C_r; (3) Recalques calculados supondo solo n.a.; $\overline{\sigma}_v/\overline{\sigma}_{vo}$ – Tensões verticais efetivas finais/iniciais; C_{vv} – Coeficiente de adensamento primário "equivalente"; ρ_f – Recalques finais observados; [ ] Relação entre C_{vv} de campo e o C_{vv} de laboratório; b/H – Largura do aterro/espessura de solo mole

sobreadensamento e, portanto, da história geológica nos recalques finais.

Quanto aos valores do coeficiente de adensamento primário (C_{vv}), chegou-se a uma conclusão surpreendente: cálculos do C_{vv}, pelo método gráfico de Asaoka, valendo-se da expressão (6.33) (Apêndice 6.2), e supondo C_{vh}/C_{vv} = 1 a 5, conduziram a valores de C_{vh} de 2 a 3.10^{-3} cm²/s, com o que resultariam valores de C_v da ordem de 6 a 30.10^{-4} cm²/s. No entanto, como os valores de campo de C_{vv} "equivalentes" obtidos na análise de aterros sobre solos moles foram bem maiores (Tab. 6.1 e Fig. 6.2), conclui-se que os drenos de areia tiveram eficiência muito baixa, pois foram instalados numa camada de solo com lentes de areia (Pacheco Silva, Fig. 7.1). Nessas condições, ignorando-se os drenos verticais de areia, chegou-se, pela expressão (6.27) (Apêndice 6.2), aos valores de C_{vv} "equivalentes" apresentados na Tab. 7.4.

Os valores encontrados para os recalques primários finais e para o C_{vv} mostram uma extraordinária consistência com os casos de aterros sobre solos moles (Figs. 6.1 e 6.2). Note-se que o local do tanque de óleo situa-se no Núcleo 1 da Fig. 1.9.

7.1.2 Pressões neutras iniciais

As conclusões mais interessantes dizem respeito aos excessos de pressão neutra inicial (Δu_i), provocados pelo enchimento do tanque com água. Trata-se de avaliar as consequências do sobreadensamento das argilas da Baixada Santista quanto aos Δu_i induzidos por incrementos de tensão vertical total ($\Delta \sigma_v$).

Ao analisar os piezômetros 3 e 4, instalados nas proximidades do plano médio da camada de argila mole, na vertical próxima ao eixo do tanque (Fig. 7.1), Massad (1985a) determinou (Tab. 7.5) o valor do parâmetro $\overline{B}_1$ para diversos estágios da prova de carga. Vê-se que $\overline{B}_1$ atingiu um máximo de 70% a 80% quando a tensão vertical efetiva aproximou-se da pressão de pré-adensamento ($\overline{\sigma}_a$ = 109 kPa), e, na média, $\overline{B}_1$ assumiu um valor de 60%, abaixo dos efeitos do pré-adensamento, no plano médio da camada, como nas análises de Leroueil e Tavenas (1978, p. 75) e Magnan (1981).

TAB. 7.5 TANQUE DE ÓLEO EM ALEMOA – EXCESSOS DE PRESSÃO NEUTRA INICIAL NO CENTRO DA CAMADA

Estágio	Δh (m)	h (m)	Δσ$_v$ (kPa)	Δp (kPa)	Δu observado (kPa)			$\overline{B}_1$ %	Δu$_i$ (kPa)
					Piez.3	Piez.4	Média		
0	1,6	1,6	14	14	4,3	3,5	3,9	28	4
1	1,5	3,1 (3,4)	27 (30)	13	5,6	4,5	5,0	38	10
2	1,8	5,2	46	16	9,5	7,5	8,5	54	25
3	2,4	7,6 (7,0)	67 (62)	21	17,5	16,2	16,9	80	53
4	2,2	9,2	81	19	14,9	11,0	13,0	68	55

Δh – Incremento de altura d'água programado; h – Altura total de água no tanque; Δσ$_v$ – Incremento acumulado da tensão vertical total no plano médio da camada (Fator de influência = 0,88); Δp – Incremento de tensão vertical total associado a cada Δh (Δp = 0,88 · γ$_o$ · Δh); Δu – Excesso de pressão neutra observado, induzido pela aplicação de Δh; Δu$_i$ – Excesso de pressão neutra inicial, calculado com os $\overline{B}_1$, supondo que o tanque tivesse sido cheio num só estágio (instantaneamente); $\overline{B}_1$ – Relação entre Δu e Δp; ( ) Valores mantidos efetivamente, ao longo do tempo

A partir de dados experimentais de observação de piezômetros de 30 aterros e do modelo Ylight, os autores propuseram um método para a estimativa do excesso de pressão neutra inicial (Δu_i), para solos sobreadensados, com RSA < 2,5:

a) para $\Delta\sigma_v < \Delta\sigma_{vc}$, em que $\Delta\sigma_{vc}$ é um certo valor crítico, a ser determinado, pode-se calcular:

$$\Delta u_i = \overline{B}_1 \cdot \Delta\sigma_v \qquad (7.1)$$

com $\overline{B}_1$ = 60%, no plano médio da camada de argila;

b) para $\Delta\sigma_v \geq \Delta\sigma_{vc}$:

$$\Delta u_i = \Delta\sigma_v - (\overline{\sigma}_a - \overline{\sigma}_{vo}) \qquad (7.2)$$

isto é, $\overline{B}_1$ = 100%. Na expressão (7.2), $\overline{\sigma}_{vo}$ é a tensão vertical efetiva inicial.

A Fig. 7.3 ilustra esse método, e os pontos assinalados referem-se aos pares de valores Δu_i e $\Delta\sigma_v$ (Tab. 7.5), supondo que o tanque fosse cheio num só estágio (instantaneamente), confirmando $\overline{B}_1 \cong$ 60%, abaixo dos efeitos do pré-adensamento.

A tensão vertical efetiva crítica ($\overline{\sigma}_{vc}$), em que $\overline{B}_1$ passa de 60 a 100%, vale (Fig. 7.3):

$$\overline{\sigma}_{vc} = \overline{\sigma}_{vo} + (\Delta\sigma_{vc} - \Delta u_i) = \overline{\sigma}_a \qquad (7.3)$$

pois $\Delta u_i = \Delta\sigma_{vc} - (\overline{\sigma}_a - \overline{\sigma}_{vo})$. Ademais:

$$\overline{p} + q = \overline{\sigma}_{vc} = \overline{\sigma}_a \qquad (7.4)$$

O valor de $\Delta\sigma_{vc}$ pode ser determinado por uma simples inspeção da Fig. 7.3: $\Delta u_i = \overline{B}_1 \cdot \Delta\sigma_{vc}$, com $\overline{B}_1$ = 60%, que, substituído na expressão (7.3), leva a:

$$\Delta\sigma_{vc} = \frac{\overline{\sigma}_a - \overline{\sigma}_{vo}}{1 - \overline{B}_1} = \frac{RSA - 1}{1 - \overline{B}_1} \cdot \overline{\sigma}_{vo} \qquad (7.5)$$

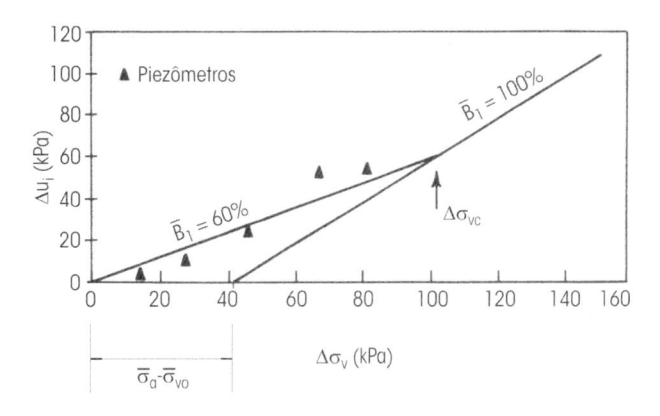

FIG. 7.3 *Variação da pressão neutra em função da carga aplicada no plano médio da camada de argila de SFL. Tanque de óleo em Alemoa (enchimento instantâneo)*

No caso do tanque de óleo de Alemoa, $\Delta\sigma_{vc}$ valeria (109-68)/(1-0,60) $\cong$ 103 kPa, se o enchimento do tanque tivesse sido feito num só estágio.

É importante mostrar o significado de $\Delta\sigma_{vc}$ no contexto da plastificação do solo. Quando um elemento de solo situado no plano médio da camada sofre um incremento de tensão vertical total ($\Delta\sigma_v$) inferior a $\Delta\sigma_v$, a pressão neutra acresce pelo valor dado na expressão (7.1), $\overline{p} + q < \overline{\sigma}_a$, e a trajetória de tensões não ultrapassa a curva de plastificação (Fig. 5.13A). Se o valor crítico for atingido, passa a valer a expressão (7.4), ou seja, a trajetória de tensões coincide com a curva de plastificação e com a reta $\overline{p} + q = \overline{\sigma}_{vc} = \overline{\sigma}_a$ (Fig. 5.13A). As tensões verticais efetivas permanecem constantes, e os acréscimos de tensão vertical são absorvidos pela água dos poros, ou $\overline{B}_1$ = 100%.

A Fig. 7.4 mostra a real trajetória de tensões, do teste de enchimento do tanque, para os parâmetros de solo indicados. Para a curva de plastificação, tomaram-se curvas homotéticas (Fig. 5.13A), isto é, proporcionais ao $\overline{\sigma}_a$ do solo intacto (109 kPa) e ao $\overline{\sigma}_a$

determinar o coeficiente de adensamento primário (C_{vv} na Tab. 7.6); e com a teoria do adensamento de Olson (1977), que leva em conta o tempo de construção (t_c na Tab. 7.6), que oscilou entre 350 e 650 dias, com uma média de 440 dias. A concordância é notável ao longo do adensamento primário. Na aplicação do método de Asaoka, procedeu-se por interpolação e não por extrapolação, pois havia dados sobre o adensamento secundário.

Da análise das Figs. 7.5A a 7.7A, depreende-se que o recalque por adensamento secundário (ρ_{sec}) desenvolve-se ao longo de uma linha reta, que satisfaz a equação:

$$\rho_{sec} = C_{\alpha\varepsilon} \cdot H \cdot \log(t/t_p) \qquad (7.6)$$

onde $C_{\alpha\varepsilon}$ é o coeficiente de adensamento secundário e t_p, o tempo necessário para a ocorrência do adensamento primário. A

TAB. 7.7 DADOS GERAIS E RESULTADOS DE ANÁLISES DOS RECALQUES DOS PILARES MAIS RECALCADOS – EDIFÍCIOS DAS CIDADES DE SANTOS E SÃO VICENTE (S.V.)

Edifício	Carga total (MN)	N	H (m)	RSA ou OCR	$\overline{\sigma}_{vf}/\overline{\sigma}_{vo}$	Adensamento primário ρ (mm) 900 dias	ρ (mm) EOP	ε_f (%)	$C_{vv}\cdot 10^3$ (cm²/s)	Adensamento secundário $C_{\alpha\varepsilon}$ (%)	Início (dias)	U (%)	ε'_{EOP} (10⁻¹¹/s)	Fonte
A (S.V)	95	15	7,0	1,25	1,64	121	130	1,9	1,9	0,8	800	90	2	Machado (1961)
B	51	15	8,0	1,17	1,36	225	258	3,2	3,0	3,8	900	95	21	
C	62	12	12,0	1,25	1,39	315	345	2,9	5,2	3,0	950	91	16	
D	60	12	12,0	1,25	1,36	274	315	2,6	5,2	2,8	1.100	93	13	
IA	49	8	13,5	-	1,14	113	121	0,9	7,3	1,2	1.000	95	5	Teixeira (1960b)
IB	78	15	13,5	-	1,26	202	215	1,6	7,4	1,8	1.000	94	9	
SC	64	14	15,0	-	1,19	206	237	1,6	7,7	1,3	1.200	95	6	
SA	75	15	15,0	-	-	450	754	5,0	2,6	4,6	1.800	83	13	
U	79	10	16,0	1,13	1,26	253	436	2,7	3,3	4,6	1.700	85	7	
I (S.V)	50	13	30,5	2,50	1,19	10	12	0,4	25,3	0,09	1.600	~100	—	Teixeira (1960a)
Núncio Malzoni	—	17	18,0	1,11	1,45	-	> 980	> 5,4	2,0	4,9	—	—	2-4	Gonçalves et al. (2002a)
Unisanta	129	7 (10)	16,0	1,41	1,27	110	140	0,9	5,5	0,8	—	—	—	
3 blocos do Macuco	~60	12	9,0	—	—	60	—	—	—	—	—	—	—	Reis (2000)

Todos os edifícios são de Santos, exceto o A e o I, de São Vicente (S.V.)

N – Número de andares; H – Espessura da camada de argila holocênica (SFL); RSA – Relação de sobreadensamento; $\overline{\sigma}_{vf}$ e $\overline{\sigma}_{vo}$ – Pressões verticais efetivas final e inicial, respectivamente, no centro da camada compressível; ρ – Recalque; ε_f – Deformação final; EOP – End of primary; C_{vv} e $C_{\alpha\varepsilon}$ – Coeficientes de adensamento primário e secundário, respectivamente; U – Grau de adensamento; ε'_{EOP} – Velocidade de deformação no final do adensamento primário

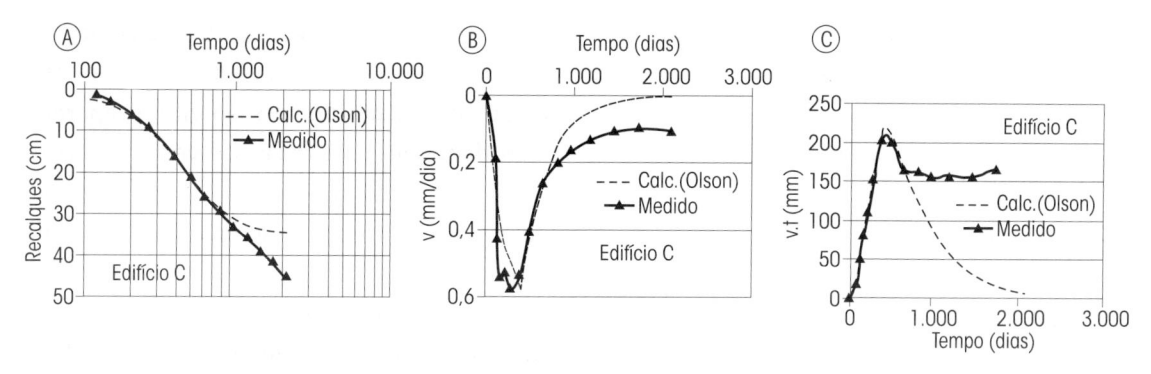

FIG. 7.5 *Recalques e velocidade dos recalques (v) – Edifício C*

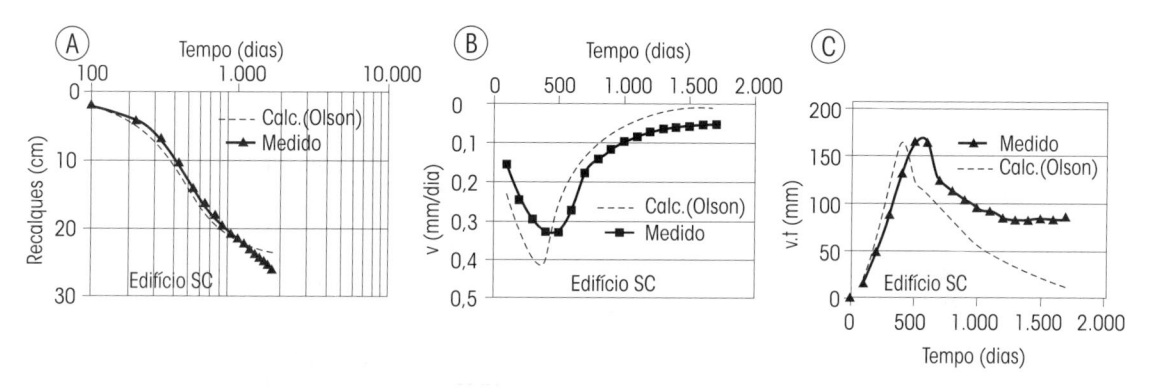

FIG. 7.6 *Recalques e velocidade dos recalques (v) – Edifício SC*

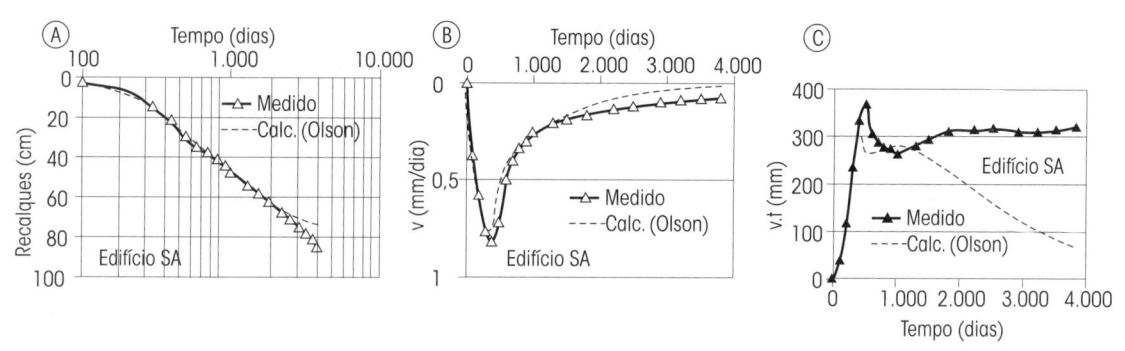

FIG. 7.7 *Recalques e velocidade dos recalques (v) – Edifício SA*

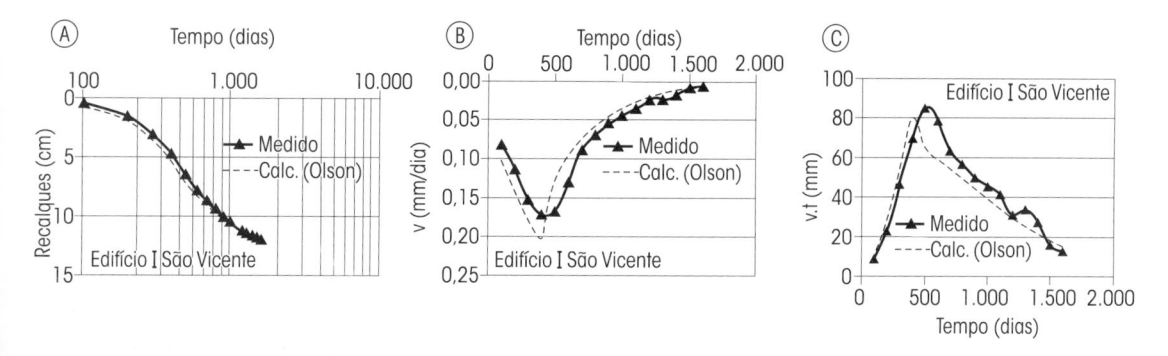

FIG. 7.8 *Recalques e velocidade dos recalques (v) – Edifício I (São Vicente)*

velocidade de recalque secundário pode ser obtida pela expressão:

$$v_{sec} = \frac{d\rho_{sec}}{dt} = C_{\alpha\varepsilon} \cdot \frac{H}{2.3 \cdot t} \quad (7.7)$$

de onde se tem:

$$v_{sec} \cdot t = C_{\alpha\varepsilon} \cdot \frac{H}{2.3} = constante \quad (7.8)$$

isto é, $v_{sec} \cdot t$ = constante. As Figs. 7.5C a 7.7C confirmam esse achado para vários edifícios.

No caso do Edifício S.A., tem-se:
a) $v_{sec} \cdot t \cong 300$ mm, logo $C_{\alpha\varepsilon} = 300 \times 2.3/15.000 = 4,6\%$;
b) o adensamento secundário iniciou-se aos 1.800 dias, quando o grau de adensamento primário (U) era de 83%, o que mostra a validade da Hipótese B de Jamiolkowski et al. (1985) para as argilas holocênicas (SFL);
c) $C_{\alpha\varepsilon}$ pode ser determinado a qualquer tempo t, medindo-se v, portanto, sem a série completa de registro de recalques secundários; assim, basta medir v_{sec}.

A Fig. 7.9 mostra que a expressão (7.8) é válida para outros edifícios listados na Tab. 7.6, o que permitiu completar a Tab. 7.7. A Fig. 7.10 ratifica a conclusão de que $v_{sec} \cdot t$ = constante (expressão 7.8), preparada com dados de Foss (1969) e vem de encontro à afirmação de Bjerrum (1967) de que, após alguns anos, os recalques de edifícios de Drammen, Noruega, ocorreram sob tensão efetiva constante e só podem ser explicados pelo adensamento secundário.

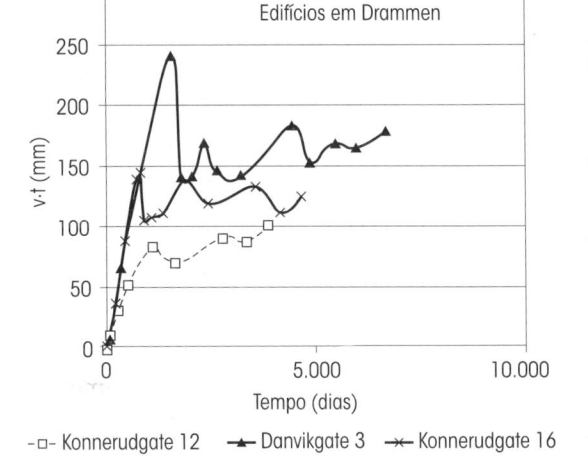

FIG. 7.10 *Produto v.t para três edifícios em Drammen, Noruega*

A análise da Tab. 7.7 permite as seguintes conclusões:
a) a deformação final oscilou em uma ampla faixa de valores, de 1 a 5%;
b) edifícios com praticamente os mesmos N (n° de andares) e H (espessura de argila mole) revelaram recalques primários finais (EOP) completamente diferentes (dispersão dos recalques absolutos). Ao comparar os edifícios U e Unisanta, os recalques primários finais (EOP) estão na proporção de 3:1;
c) os valores de C_{vv} situaram-se no intervalo 3.10^{-3} a 8.10^{-3} cm²/s, a mesma magnitude dos obtidos por CPTUs

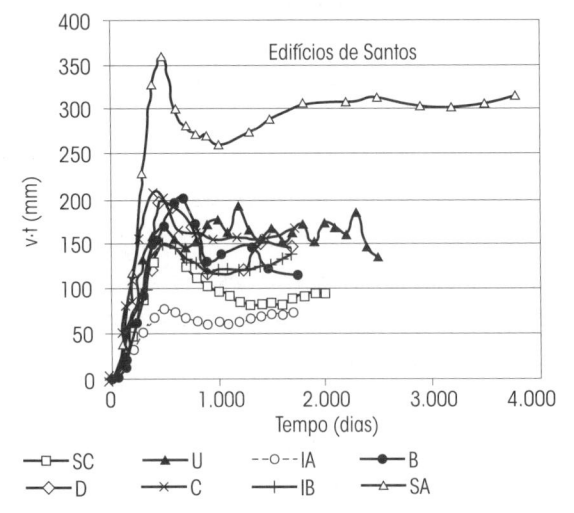

FIG. 7.9 *Produto v.t para pilares mais carregados, edifícios de Santos*

(Cap. 5 e Teixeira, 1994). Na Fig. 7.11A, o ponto associado a $C_{vv} \cong 25.10^{-3}$ cm²/s refere-se ao Edifício I (Tabs. 7.6 e 7.7), construído em São Vicente, e apoiado diretamente sobre a camada de areia compacta, sobrejacente ao depósito de argila transicional (AT), de consistência rija e muito sobreadensada, com RSA = 2,5 (Cap. 2);

d) o t_p (final do adensamento primário) variou de 900 a 1.200 dias, exceto para os Edifícios S.A. (1.800 dias), U (1.700 dias) e I (1.600 dias);

e) os $C_{\alpha\varepsilon}$ variaram entre 1,2 e 4,6%, com média de 2,5%. Na Fig. 7.11B, o ponto associado a $C_{\alpha\varepsilon} \cong 0,09\%$ refere-se ao já citado Edifício I de São Vicente. A Fig. 7.8 revela que as curvas teóricas aderem de forma notável e *in totum* às medidas, mesmo para o produto *v.t*, devido ao pequeno adensamento secundário, fato consistente com a RSA = 2,5 das ATs.

Para o Edifício Unisanta, em cujo terreno foi feito o CPTU 2 (Fig. 4.12), esperavam-se recalques de 30 a 40 cm para RSA = 1,1 a 1,2, ou $\bar{\sigma}_a - \bar{\sigma}_{vo}$ = 20 a 30 kPa, caso fosse a oscilação negativa do nível do mar a causa do sobreadensamento. A aplicação do método de Asaoka (Massad, 2003, 2005), após 1.300 dias de medições, permitiu inferir um recalque primário máximo de apenas 14 cm; o valor de RSA~1,4, indicado na Tab. 7.7, foi determinado com base na Fig. 4.12 e só pode ser atribuído à ação de dunas (Cap. 4).

Quanto à dispersão dos recalques absolutos, o grupo de três edifícios (blocos) no Macuco, em Santos, construídos simultaneamente, com 12 andares cada um, próximo ao Unisanta, recalcaram um máximo de 6 cm após 900 dias do início de sua construção (Tab. 7.7; Reis, 2000). O correspondente valor do Unisanta foi de 11 cm, em contraposição aos 22,5 cm do Edifício B e cerca de 30 cm para os Edifícios C e D.

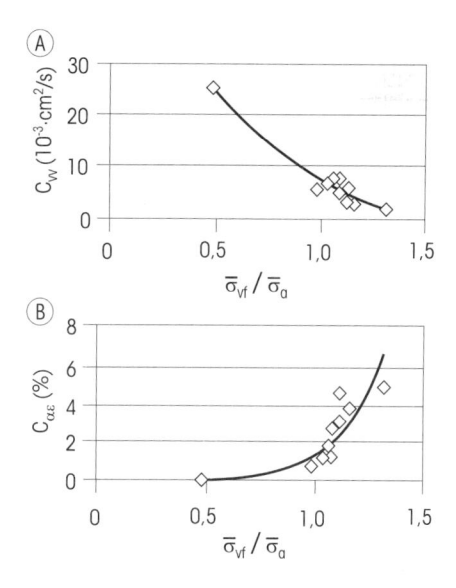

FIG. 7.11 C_{vv} e $C_{\alpha\varepsilon}$ em função do nível de tensões

Para explicar essa dispersão, a Fig. 7.11 correlaciona os recalques dos pilares mais recalcados com as cargas nos pilares mais carregados e com a relação de sobreadensamento (RSA), segundo procedimento adotado anteriormente por Teixeira (1960b). Os números associados às letras, que identificam os vários edifícios, são os valores das RSA medidos em cada local. As linhas cheias obtidas com parâmetros médios de ensaios oedométricos, como os do Cap. 5, sem nenhuma correção, e revelam uma boa concordância em termos dos RSA, apesar dos baixos valores de ε'_{EOP} (Tab. 7.7), provavelmente por alguma perturbação nas amostras "indeformadas" (Lerouiel, 1996). Esses resultados permitem entender melhor a dispersão nos valores dos recalques, que dependem do mecanismo de sobreadensamento (oscilação negativa do nível do mar ou a ação de dunas) e, portanto, da classe 3 ou 4 de argila de SFL (Tab. 4.1).

A julgar pelos dados de Machado (1961), o Edifício A, de São Vicente, é um caso à parte:

apoia-se sobre uma camada de 12 m de areia compacta, sobrejacente a estrato de 7 m de areia fina argilosa, com matéria orgânica, fofa, cinza-escura (SFL), LL = 33%, IP = 11%, índice de vazios natural em torno de 1 e C_c = 0,25. Daí o fato de a "grade" constituída pelas curvas de igual RSA ser diferente, pois os referidos parâmetros de ensaios oedométricos são diferentes. Na Tab. 7.7, pode-se ver que, surpreendentemente, enquanto o C_{vv} é da mesma ordem de grandeza das cifras referentes às argilas de SFL, o $C_{\alpha\varepsilon}$ é muito menor, da ordem de 0,8%. Para o mesmo nível de tensões, o Edifício Núncio Malzoni revelou $C_{\alpha\varepsilon}$ = 4,9%.

Outro resultado a destacar da análise (Figs. 7.11A e B) é que os coeficientes C_{vv} e $C_{\alpha\varepsilon}$ variam em função do nível de tensões ($\overline{\sigma}_{vf}$) e do pré-adensamento ($\overline{\sigma}_a$), portanto da classe de argila holocênica de SFL, 3 ou 4 (Tab. 4.1), o que explica a dispersão nas velocidades dos recalques primários e secundários (v_{sec}).

A Fig. 7.13 reúne todas as informações da variação do coeficiente de adensamento primário com o nível de tensões, as quais foram agrupadas em função do tipo de obra e da sua posição em relação aos núcleos 1 e 2 (Fig. 1.9): os aterros (Fig. 6.2), o tanque de óleo de Alemoa e os edifícios de Santos e São Vicente. As informações referem-se às argilas de SFL, exceto pelo caso de AT, do Edifício I de São Vicente, que corresponde ao ponto de coordenadas 0,44 – 25 · 10^{-3} cm²/s. Portanto,

a) há uma tendência de decréscimo de C_{vv} à medida que as tensões aumentam;
b) para os aterros e o tanque de óleo do Núcleo 1, região conturbada pela influência de vários rios, os valores de C_{vv} são 15 a 100 vezes maiores do que os de laboratório, pois as camadas de argilas de SFL são heterogêneas na presença de lentes e finas camadas de areia. Além disso, os coeficientes de adensamento primário (C_{vv}) são "equivalentes", com efeitos tridimensionais;
c) para os aterros da Ilha de Santo Amaro e os edifícios de Santos e São Vicente do Núcleo 2, região de baía em que a sedimentação ocorreu em ambiente de "calmaria", os C_{vv} equivalentes das argilas de SFL são 5 a 10 vezes menores do que os do Núcleo 1, e 10 a 20 vezes maiores do que os valores de laboratório.

Os níveis de tensões impostos aos solos ($\overline{\sigma}_{vf}$) variaram de 0,7 a 2 vezes à pressão de pré-adensamento ($\overline{\sigma}_a$) para os aterros e o tanque de óleo; de 1 a 1,3 para os edifícios de Santos; e de 0,5 para o edifício de São Vicente. Assim, os resultados são válidos para solos e níveis de tensões impostos similares aos indicados neste estudo.

7.2.2 Limiar de plastificação

Para o Edifício D, Machado (1954) mediu a pressão neutra num ponto próximo ao plano médio da camada superior de

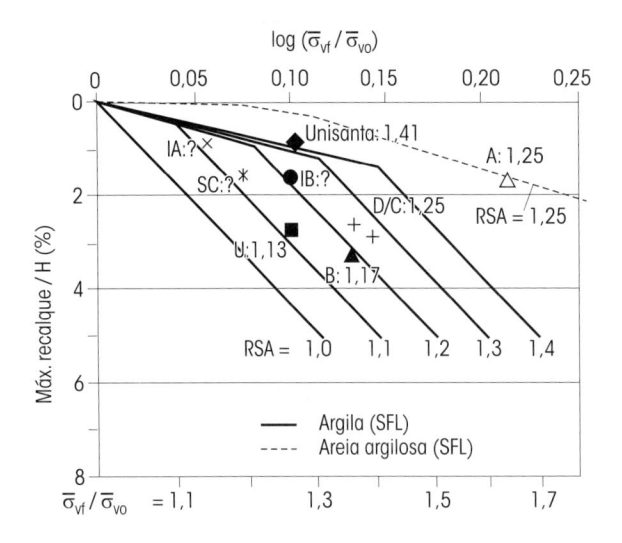

FIG. 7.12 *Máximo recalque primário em função da carga máxima e da RSA ($\overline{\sigma}_{vf}$ e $\overline{\sigma}_{vo}$; ver a legenda da Tab. 7.7)*

argila de SFL. A Fig. 4.10 mostra o perfil simplificado do terreno no local e os valores da pressão de pré-adensamento ($\overline{\sigma}_a$) em função da profundidade. O valor relativamente baixo da RSA, pela espessa camada de areia, torna as pressões de pré-adensamento e os pesos de terra efetivos elevados quando comparados com a oscilação negativa do nível do mar ou com o peso de dunas pretéritas (Fig. 4.12).

Como imaginava que o solo era normalmente adensado, Machado constatou, surpreendentemente, um valor de $\overline{B}_1 = 55\%$ no início da construção do edifício. A Fig. 7.14 mostra esse ponto experimental, com outros, obtidos por Tavenas e Lerouiel (1977). Vê-se que ele se ajusta bem à curva média proposta pelos autores.

É possível limitar o carregamento no topo da camada de areia, de forma a evitar a plastificação da argila de SFL subjacente, com um valor máximo estimado de forma que $\Delta\sigma_v \leq \Delta\sigma_{vc}$ no plano médio da camada de argila mole, com $\Delta\sigma_{vc}$ dado pela expressão (7.5).

Na Fig. 7.15A, se $\Delta\sigma_v < \Delta\sigma_{vc}$, parte-se de um ponto inicial I e caminha-se para um ponto L, numa trajetória IL, que depende das condições de drenagem da camada de argila (presença de lentes de areia, por exemplo). Do ponto L, vai-se ao ponto M, por adensamento primário. Com o adensamento secundário, a argila enrijece, com "expansão" da curva de plastificação, como está ilustrado para 10 anos de *aging*. A curva de plastificação expandida está associada a uma pressão de pré-adensamento estimada, supondo $C_{\alpha e}/C_c = 6\%$ e $t_p = 2{,}5$ anos, em que $C_{\alpha e}$ é o coeficiente

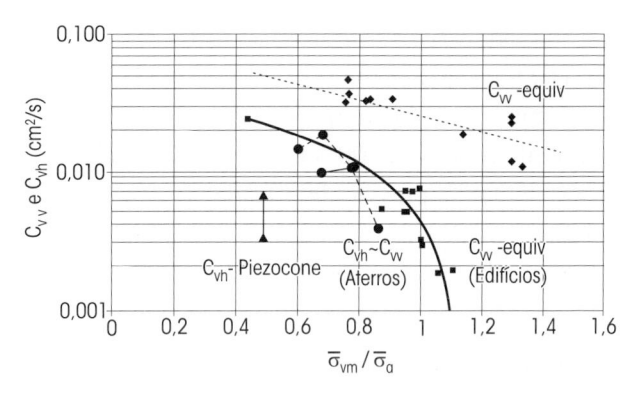

FIG. 7.13 *Tendências de variação dos coeficientes de adensamento primários com o nível médio de tensões* $\overline{\sigma}_{vm} = (\overline{\sigma}_{vo} + \overline{\sigma}_v)/2$ *(argilas da Baixada Santista)*

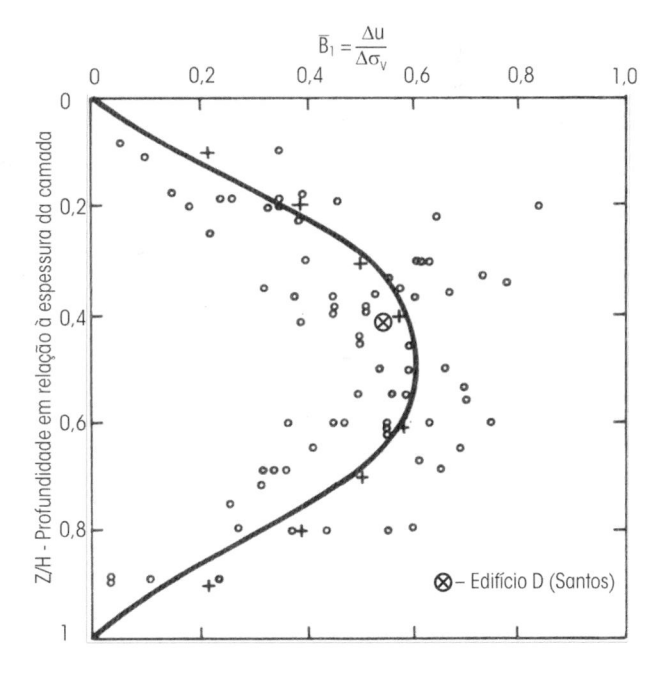

FIG. 7.14 *Pressões neutras observadas em fundações diretas sobre argila mole, no início da construção (adaptado de Tavenas e Lerouiel, 1977)*

de adensamento secundário em termos de índice de vazios; C_c, o índice de compressão; e t_p, o tempo necessário para completar o adensamento primário.

No caso de $\Delta\sigma_v \geq \Delta\sigma_{vc}$ (Fig. 7.15B), a trajetória de tensões poderia ser ILMN. O ponto L representa o estado em que $\overline{B}_1$ passa do valor inicial, de 60% para 100% e a tensão vertical efetiva é igual à pressão de pré-adensamento, conforme a expressão (7.3). Assim, caminha-se na junção da curva de plastificação com a reta $\overline{p} + q = \overline{\sigma}_{vc} = \overline{\sigma}_a$, expressão (7.4), até, eventualmente, M, de acordo com a magnitude do carregamento. De M a N, tem-se o adensamento primário e, posteriormente, o enrijecimento do solo, de forma análoga à situação anterior.

A Tab. 7.8 apresenta, para os edifícios B, C e D (Tab. 7.6), valores de $\Delta\sigma_{vc}$ estimados pela expressão (7.5), com $\overline{B}_1 = 60\%$ no plano médio da primeira camada de argila mole (SFL). Vê-se que, no plano médio, o incremento de tensões causado pela fundação dos edifícios ($\Delta\sigma_{vf}$) esteve sempre aquém de $\Delta\sigma_{vc}$, isto é, $\Delta\sigma_{vf} < \Delta\sigma_{vc}$. Os edifícios com 12 pavimentos tiveram um comportamento satisfatório ao longo do tempo.

7.2.3 Os recalques, a inclinação de edifícios e a ação de dunas

Em Santos, cerca de cem edifícios com mais de dez andares são inclinados (Nunes 2003). No Cap. 2 foram listadas as causas dos desaprumos, como a interferência entre bulbos de pressão de edifícios lindeiros e os carregamentos não uniformes (blocos de um mesmo edifício com diferentes alturas), entre as mais frequentes (Teixeira, 1994). No entanto, ocorreram casos que desafiavam explicações.

Nos Caps. 1 e 4, há várias evidências da ação de dunas na Baixada Santista e, em particular, na planície onde hoje está a Santos moderna. A Fig. C mostra a duna da Ponta da Praia, na cidade de Santos, sobre a qual foi construído, em 1734, o Forte Augusto, para proteger a entrada do Canal do Porto. Na década de 1950, havia dunas de 2 a 5 m de

TAB. 7.8 VALORES DE $\Delta\sigma_{vc}$, EM CONFRONTO COM O CARREGAMENTO

Edifício	$\overline{\sigma}_{vo}$ (kPa)	$\overline{\sigma}_a$ (kPa)	RSA	$\Delta\sigma_{vc}/\overline{\sigma}_{vo}$	$\Delta\sigma_{vf}/\overline{\sigma}_{vo}$
B	150	175	1,17	0,42	0,2 a 0,4
C e D	133	166	1,25	0,62	0,3 a 0,6

$\overline{\sigma}_{vf}$ e $\overline{\sigma}_{vo}$ – Tensões efetivas final e inicial no plano médio da camada de argila mole $\Delta\sigma_{vf} = \overline{\sigma}_{vf} - \overline{\sigma}_{vo}$

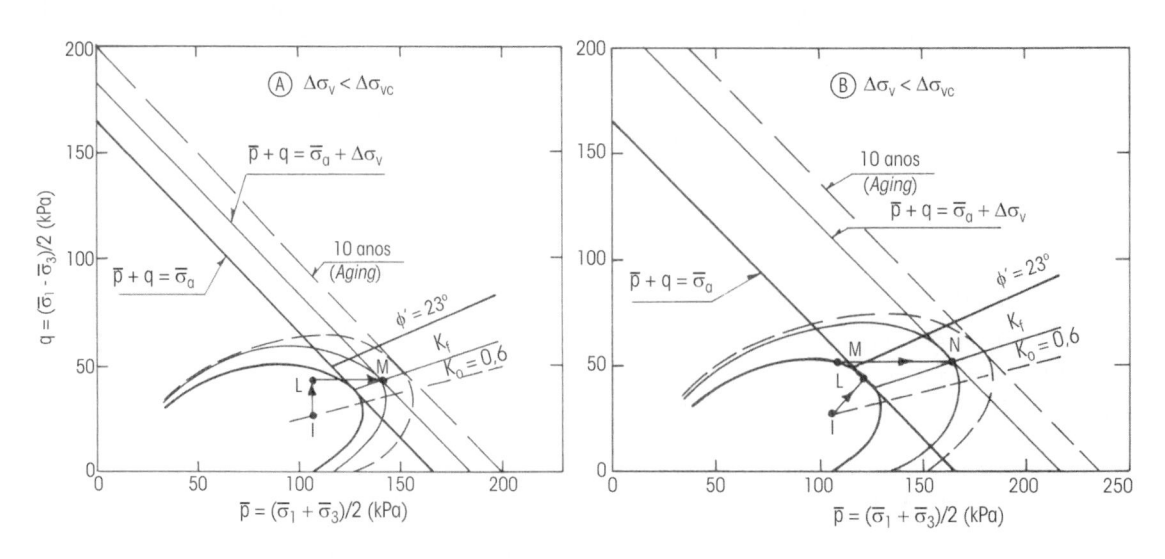

FIG. 7.15 *Trajetória de tensões para duas situações ideais de incremento de tensão vertical total ($\Delta\sigma_v$)*

altura na Praia Grande, nas proximidades de Santos (Fig. 7.16).

A máxima pressão exercida por dunas de 2 a 5 m de altura, estacionadas por um longo tempo num dado local, equivale à pressão de edifícios de quatro a nove andares. Esse fato pode explicar a dispersão dos valores dos recalques absolutos dos edifícios, pois as diferentes alturas de dunas refletem-se nos valores da RSA, afetando os valores dos recalques (Fig. 7.12).

A pressão não uniforme que as dunas exerceram no subsolo pode ter causado o desaprumo de alguns edifícios (Fig. 7.16). Mesmo com a sua remoção, ela deixaria sua marca indelével na argila de SFL com um o sobreadensamento diferenciado, pela altura variável. Ao se construir um edifício com nove andares ou mais, a sua tendência seria inclinar-se, o que explicaria as mal sucedidas sobrecargas temporárias no lado menos recalcado do Edifício Excelsior (Cap. 2). Em todos esses casos, o solo (ou parte dele) teria sido sobreadensado, de forma errática, pela ação de dunas.

7.3 Súmula

Para a estimativa dos recalques de obras com fundação direta, é necessário que se considere o solo como sobreadensado, mesmo que seja levemente, como acontece com as argilas holocênicas (SFL) da Baixada Santista. Esse resultado foi realçado na análise dos aterros sobre solos moles e ganhou nova força com os casos do tanque de óleo em Alemoa e dos edifícios em Santos.

Nos edifícios de Santos, construídos no Núcleo 2 (Fig. 3.1), sem a presença de lentes de areia, os C_{vv} de campo foram de 10 a 20 vezes os correspondentes valores de laboratório, mas menores do que os obtidos com "carregamentos flexíveis". O caso do tanque de óleo em Alemoa, construído no Núcleo 1, com a presença de lentes de areia, revelou um C_{vv} de campo 50 vezes maior do que o valor de laboratório. Uma das consequências foi o efeito do adensamento secundário nos recalques dos edifícios de Santos, que são bastante acentuados.

Ao aliar-se a característica de solo sobreadensado ao atual conhecimento das curvas de plastificação, pode-se estimar, de forma simples, o limiar de plastificação das argilas de SFL quando dão suporte a fundações diretas.

Em dois casos de obra, constatou-se que as pressões neutras iniciais atingiram, em média, cerca de 60% da pressão do carregamento imposto. Tal fato pode explicar porque, frequentemente, observam-se na Baixada Santista valores de pressões neutras aquém do que seria de se esperar em solos normalmente adensados, usando-se as teorias clássicas da Mecânica dos Solos.

A orla praiana, onde a cidade de Santos desenvolveu-se no século passado, sofreu a ação de dunas nos últimos 5 mil anos, o que permite explicar o desaprumo de alguns edifícios. Além disso, a dispersão observada

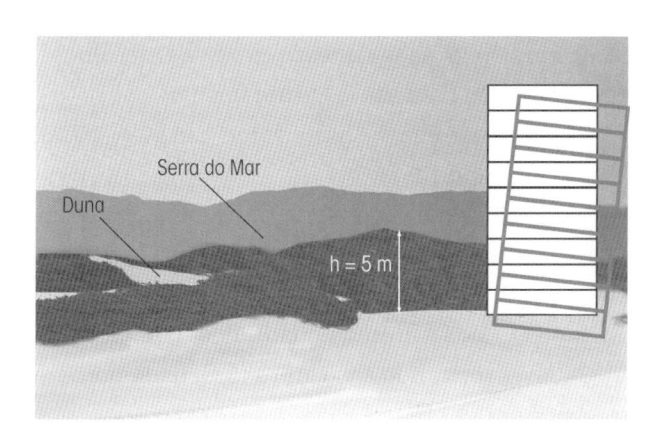

FIG. 7.16 *Duna na Praia Grande (adaptado de Rodrigues, 1965)*

nos recalques de edifícios, com o mesmo número de andares e apoiados sobre camada compressível de mesma espessura, deve-se a diferenças nas RSA, envolvendo o mecanismo de sobreadensamento: oscilação negativa do N.M. ou a ação de dunas. A monitoração contínua de vários edifícios, ao longo de cinco a dez anos, mostrou que o final do adensamento primário (EOP) ocorreu em torno dos mil dias, exceto em três casos, e os C_{vv} variaram entre $3 \cdot 10^{-3}$ e $8 \cdot 10^{-3}$ cm²/s. O adensamento secundário começou quando o adensamento primário atingiu um grau entre 85% e 95%, confirmando a Hipótese B de Jamiolkowski et al. (1985), com um coeficiente de adensamento secundário, em média, de 2,5%. O nível de tensões aplicado ao solo e o seu pré-adensamento influem decisivamente nos valores dos recalques e nas velocidades, sejam elas as primárias ou as secundárias.

Apêndice 7.1 – Método estatístico de Baguelin para determinar C_V e o recalque primário final

Baguelin (1999) apresentou uma alternativa ao método gráfico de Asaoka, com a vantagem de trabalhar com valores dos recalques na sequência em que foram medidos e fazer uma análise estatística dos dados.

Analogamente ao que foi feito na apresentação do método de Asaoka, parte-se da expressão (6.23), que pode ser escrita:

$$\frac{\rho}{\rho_f} = 1 - 0{,}811 \cdot e^{c \cdot t} \qquad (7.9)$$

onde e é a base dos logaritmos neperianos; ρ, o recalque da camada compressível no tempo t; ρ_f, o recalque final e c é dado por:

$$c = -\frac{2{,}5 \cdot C_{vv}}{H_d^2} \qquad (7.10)$$

Essa equação é válida para cargas aplicadas instantaneamente. Quando esse não for o caso, a forma correta de escrever a equação (7.9) é:

$$\frac{\rho}{\rho_f} = 1 - 0{,}811 \cdot e^{c \cdot (t - t_0)} \; \therefore$$
$$\rho = \rho_f - (0{,}811 \cdot \rho_f \cdot e^{-c \cdot t_0}) \cdot e^{c \cdot t} \qquad (7.11)$$

onde t_o pode ser interpretado, conforme a solução de Taylor para carga variável com o tempo, como próximo de $t_c/2$, onde t_c é o tempo acima do qual a carga permanece constante.

A segunda das expressões (7.11) tem a forma:

$$\rho = a - b \cdot x \qquad (7.12)$$

onde:

$$a = \rho_f \qquad (7.13)$$

e

$$b = 0{,}811 \cdot \rho_f \cdot e^{-c \cdot t_0} \qquad (7.14)$$

$$x = e^{c \cdot t} \qquad (7.15)$$

O método de Baguelin consiste em fazer uma regressão linear entre os recalques medidos $\hat{\rho}$ e x, da seguinte forma:

a) escolhe-se um valor para o parâmetro c;
b) calcula-se a série de valores de x pela expressão (7.15) e de ρ, por (7.12);
c) faz-se a regressão linear pelo método dos mínimos quadrados, isto é, minimizando a variança (S_r^2), dada por:

$$S_r^2 = \sum(\hat{\rho} - \rho)^2 \qquad (7.16)$$

d) varia-se parametricamente o valor de c, de forma a obter o mínimo valor para S_r^2, e obtém-se a, b e o valor de c ótimo, que fornece C_{vv} (expressão 7.10). O recalque final ρ_f é calculado pela expressão (7.13).

A análise estatística completa-se com a determinação dos desvios-padrão de C_{vv}, ρ e da própria regressão – portanto, do seu intervalo de confiança.

8 Capacidade de Carga de Estacas Flutuantes

O uso de estacas em sedimentos quaternários da Baixada Santista constitui, muitas vezes, a única solução possível para certo tipo de obra, principalmente para os tanques e armazéns graneleiros. Segundo Teixeira (1988), em algumas delas foram utilizadas estacas curtas, cravadas apenas nas argilas marinhas. Trata-se das estacas flutuantes, que trabalham essencialmente por atrito lateral. A conclusão do autor é que os métodos baseados no SPT não conseguem prever adequadamente as capacidades de carga de solos de elevadas plasticidade e sensibilidade.

A questão que se coloca (Massad, 1990, 1999) é como os conhecimentos sobre a gênese dos sedimentos quaternários podem ajudar na determinação dos atritos laterais unitários associados aos vários horizontes de solos que compõem esses sedimentos. Ou melhor, como a história geológica desses sedimentos afeta a capacidade de carga de estacas pré-moldadas, trabalhando isoladamente.

8.1 Metodologia

A metodologia adotada consistiu em definir os valores observados dos atritos laterais unitários, com base nas provas de carga em estacas instrumentadas em profundidade, com medida do seu encurtamento; e nas provas de carga comuns, realizadas em estacas flutuantes, na sua maioria.

As cargas de ruptura das estacas submetidas às provas de carga comuns, e que não se romperam, foram extrapoladas pelo método de Mazurkiewcz, modificado por Massad (1985c). Para determinar os valores dos atritos laterais unitários máximos observados ($f_{máx}$), foi feita uma estimativa da parcela de ponta da carga de ruptura (Q_p), com a fórmula de Skempton ($Q_p = 9 \cdot c_p$, para argilas), ou a fórmula de Vesic ($Q_p = 40 \cdot$ SPT, para areias). O valor da resistência não drenada ou coesão (c_p) na ponta foi fixado com base em metodologia que será descrita adiante.

Com essa base "experimental" e os conhecimentos da história geológica da região da Baixada Santista, aplicaram-se métodos de cálculo para a estimativa do atrito unitário máximo. Foram usados os métodos "teóricos" de cálculo (ou semiempíricos) – Alfa, Beta e Lambda –, cujas aplicações requerem o conhecimento de parâmetros mais fundamentais dos solos, como a resistência não drenada, o ângulo de atrito efetivo e o coeficiente de empuxo em repouso (K_o), determinados por procedimento baseado na história geológica (Caps. 4 e 5).

8.2 Provas de carga analisadas

Na primeira etapa, analisaram-se os resultados de provas de carga em estacas instaladas nos locais indicados na Tab. 8.1.

Com exceção das quatro primeiras estacas, todas as outras eram flutuantes. As estacas cravadas para a construção da ponte sobre o Mar Pequeno foram instrumentadas em profundidade, o que possibilitou o estudo da transferência de carga ao subsolo. Onze provas de carga, indicadas com asteriscos, foram levadas à ruptura.

TAB. 8.1   PROVAS DE CARGA DO PRIMEIRO GRUPO

Local	PC	d (cm)	H (m)	H_1 (m)	$P_{omáx}$ (kN)	$y_{omáx}$ (mm)	Q_r (kN)	Tipo de estaca	Fonte
Ponte sobre o Mar Pequeno	1 2 (*)	65 65	45 45	19 25	5.000 6.000	15 83	8.350 6.000	Metálica tubada	Carvalho e Kovari (1983); Rothman (1985); Massad (1988b)
Ponte do Casqueiro	1 (*) 2 (*) (tração)	2 T 2 T	39(32) 41	17 17	1.520 1.180	47 90	1.540 1.180	Perfis duplo T	Relatórios do IPT
Ponte do rio Branco	A/E1 (*) A/E2 (*) B/E2 (*)	70 70 70	10 7 9	10 7 9	— — —	— — —	1.190 990 1.420	Pré-moldada de concreto	Relatórios do IPT
Conceiçãozinha	1 2 3 4 5 6	30 30 30 30 30 33	28 28 28 28 28 34	28 28 28 28 28 28	720 700 600 700(?) 700(?) 900	9 17 11 13(?) 17 12	1.040 810 830 830 860 1.240	Pré-moldadas de concreto	Teixeira (1988)
Alemoa	7 (*) 8 9 10	50 30 35 35	13 26 26 26	13 18 18 18	600 600 760 750	8 7 10 9	600 860 930 1.080	Pré-moldadas de concreto	Teixeira (1988)
Macuco	11 (*) 12 13 14	40x40 35x35 35x35 35x35	16 29 29 29	16 23 23 23	900 780 820 780	14 8 6 6	900 1.120 1.250 1.210	Pré-moldada de concreto	Teixeira (1988)
Macuco	(*)	37x37	26	26	910	34	910	Pré-moldada de concreto	Vargas (1977a)
Cais de Paquetá	(*)	37x37	17	17	880	25	880	Pré-moldada de concreto	Vargas (1977a)
Cosipa	(*)	49	14	14	320	—	320	Moldada *in loco*	Vargas (1977a)
Alemoa/PQU	E14 E21 E332	33 38 26	30 31 30	23 23 23	900 1.130 600	10 15 14	1.300 1.810 1-000	Pré-moldadas de concreto	Gomes (1986)

PC – Prova de carga; d e H – Diâmetro (ou lado) e comprimento da estaca; H_1 – Espessura de SFL atravessada pela estaca; $P_{omáx}$ – Carga máxima atingida na prova de carga; $y_{omáx}$ – Recalque máximo atingido na prova de carga; Q_r – Carga de ruptura, ou seu valor extrapolado; (*) – Provas de carga levadas até a ruptura

Os locais estão no centro e a oeste da planície de Santos, onde ocorre camada de AT abaixo dos 20-25 m, às vezes 15 m (Cap. 3), e a relação H/d varia numa ampla faixa de valores, de 10 a 150. A maior parte das estacas flutuantes é pré-moldada em concreto, com seção circular, e algumas com seção quadrada, de dimensões entre 26 a 70 cm e comprimentos de 7 a 34 m. Das quatro estacas metálicas, duas são duplos T e duas tubadas, que atingiram as maiores profundidades, 40 a 45 m. Havia uma estaca moldada *in loco* na Cosipa. Quanto às cargas de rupturas, excetuando-se as estacas tubadas, de grande diâmetro, tem-se a seguinte estatística: média de 1040 kN; máxima de 1810 kN e mínima de 320 kN. Nesse universo, 80% das estacas apresentaram cargas de ruptura entre 900 e 1.300 kN, em números redondos.

Na metade dos casos, as estacas apoiam-se apenas em argilas e areias de SFL; a outra metade comporta estacas atravessando camadas de areias e argilas pleistocênicas (ATs), nas quais tem-se, em média, uma relação H_1/H (espessura de SFL para espessura total) de 67%, com variação entre 40% e 80%.

Quanto às argilas de SFL, uma análise dos dados geotécnicos disponíveis revela que os seis casos de Conceiçãozinha, o caso do Cais de Paquetá e os quatro casos do Macuco estão em zonas sob a influência de ação eólica, da Classe 2 (Tab. 4.1). Os casos restantes (Mar Pequeno, Casqueiro, Rio Branco, Cosipa e Alemoa), que englobam a outra metade, dizem respeito a regiões em que os SFL estiveram sob o efeito das oscilações negativas do nível do mar, pertencendo, portanto, à Classe 1 (Tab. 4.1).

Por especial atenção de Soares (1997), foi possível ter acesso a cerca de 40 resultados de provas de carga (Tab. 8.7), feitas para o prolongamento do Cais do Macuco, a pedido da Cia. Docas de Santos. As estacas eram pré-moldadas de concreto, de seção quadrada, com 37,5 cm de lado e comprimentos em torno de 25 m. A carga nominal de trabalho era de 600 kN e as provas de carga, feitas nos anos de 1970-1971, foram levadas até cerca de 1,5 vezes a carga de trabalho.

Os comprimentos das estacas (H) variaram de 23,3 a 25 m, com média de 24,5 m. Cerca de 2/3 dos casos apresentavam comprimentos entre 24 e 25 m. As cargas máximas ($Q_{máx}$) atingidas nas provas de carga apresentaram média de 840 kN e oscilaram de 750 a 1.200 kN. Em geral, as provas de carga foram interrompidas com 820 kN, envolvendo cerca de 85% dos casos, e com uma prova de carga com 750 kN de carga máxima, e outra com 1.200 kN. A Tab. 8.2 apresenta um resumo das principais características dessas estacas. Há evidências da ação de dunas no local: as argilas de SFL pertencem à Classe 2 (Tab. 4.1).

TAB. 8.2 ESTACAS DO SEGUNDO GRUPO

Item	H (m)	$P_{omáx}$ (kN)	Recalque máx (mm)	T_d (dias)
Total de casos	41	41	41	41
Média	24,5	840	6,6	32
Desvio-padrão	0,5	760	5,9	12
Mínimo	23,3	750	2,4	14
Máximo	25,4	1.200	35,0	63

H – Comprimento das estacas; $P_{omáx}$ – Carga máxima atingida na prova de carga; T_d – Tempo decorrido entre a cravação e o início da prova de carga

8.3 Atritos unitários medidos ou inferidos de provas de carga

Massad (1988b) interpretou duas provas de carga referentes à ponte sobre o Mar Pequeno (Tab. 8.1). Como as estacas foram instrumentadas em profundidade, com medida de seu encurtamento, foi possível determinar como a transferência de carga ocorre em função dos tipos diferenciados de sedimentos quaternários da Baixada Santista.

As curvas atrito-deslocamento do fuste representam um dos resultados alcançados. Para as argilas de SFL e para a areia holocênica, atingiu-se o esgotamento do atrito lateral com deslocamentos de 2 a 2,5 mm. A forma dessas curvas corresponde ao que os franceses chamam de Leis de Cambefort (Baguelin e Venon, 1971). Nas camadas inferiores, não se chegou ao esgotamento do atrito lateral, exceto para a AT superior, que parece ter atingido um limiar de saturação (Massad, 1988b). A Tab. 8.3 mostra os resultados obtidos.

A prova de carga da estaca PV-02 (Carvalho e Kovari, 1983) estava, ao que tudo indica, instalada em terreno com predomínio de camadas de areia de aproximadamente 2/3 do comprimento da estaca. A sondagem apresentada pelos autores mostra que só a camada superior de areia holocênica estendia-se dos 3 aos 20 m de profundidade. No entanto, pela forma das curvas de transferência de carga, pode-se inferir que a camada de areia holocênica deveria estender-se até cerca de 25 m de profundidade. O atrito lateral unitário máximo ($f_{máx}$) associado é de 55 kPa, um pouco acima do valor indicado na Tab. 8.3.

Para as outras provas de carga do 1° grupo (Tab. 8.1), a separação dos valores de atrito unitário, por unidade genética, só poderia ser feita indiretamente. Para tanto, impunha-se um valor para o atrito unitário na camada de SFL, obtido das estacas imersas só nesse tipo de argila, e calculava-se o valor correspondente nos sedimentos transicionais.

A Tab. 8.4 resume os valores obtidos e constata-se uma concordância bastante

TAB. 8.3 VALORES DO ATRITO UNITÁRIO MÁXIMO ($F_{MÁX}$) E DE Y_1 (PONTE SOBRE O MAR PEQUENO)

Camada	$f_{máx}$ (kPa)	y_1 (mm)
Argila SFL	20	2,5
Areia holocênica	40	2,2
AT superior	80	> 5,5
Areia pleistocênica	> 130	> 4,0
AT inferior	> 60	> 3,3

$f_{máx}$ – Atrito unitário máximo observado;
y_1 – Deslocamento para se atingir $f_{máx}$

razoável de valores, além de confirmar a influência da gênese dos sedimentos quaternários nos $f_{máx}$ dos solos da Baixada Santista.

Falconi e Perez (2008a, 2008b) analisaram o comportamento de estacas metálicas com seção decrescente com a profundidade, empregadas como fundação de edifícios de grande altura na cidade de Santos. As estacas eram constituídas de perfis metálicos laminados e soldados, feitos com aço de alta resistência. Os autores analisaram os resultados de provas de carga estáticas em estacas de cerca de 50 m de comprimento e cargas de trabalho variando de 1.600 a 2.300 kN, com duas estacas instrumentadas em profundidade. Um dos resultados refere-se aos valores de $f_{máx}$: 20 a 30 kPa para as argilas

TAB. 8.4 VALORES DE ATRITO UNITÁRIO MÁXIMO ($f_{máx}$) POR UNIDADE GENÉTICA

Local	Valores de $f_{máx}$ (kPa)		
	SFL	AT	Areias holocênicas
Ponte Mar Pequeno	20	80	40
Ponte do Casqueiro	20	70	40
Ponte do rio Branco	—	—	50
Dados de Teixeira	20-30	55	—
Dados de Vargas	21-33	—	—
Alemoa/PQU	20	60	—

de SFL e 60 kPa para as ATs, consistentes com as cifras da Tab. 8.4.

Para as provas de carga do 2° grupo (Tab. 8.7), que também eram comuns, as cargas de ruptura foram determinadas pelo método de Mazurkiewcz, modificado por Massad (1985c). Os resultados encontram-se na última coluna da Tab. 8.7, na Tab. 8.5 e na Fig. 8.1A.

Uma análise desses resultados revela que:
a) os valores das cargas de ruptura (Q_r) situaram-se entre 770 e 1.258 kN, com média de 1.000 kN (Tab. 8.5); a distribuição, em números redondos, está na Fig. 8.1A, que mostra a faixa de variação efetiva mais apertada, de 850 a 1.100 kN. Existe a interferência de outras variáveis, como o comprimento das estacas e o tempo decorrido entre a cravação das estacas e o início das provas de carga;
b) as cargas de ruptura (Q_r) extrapoladas estão, em média, 20% acima das cargas máximas das provas de carga ($P_{omáx}$) (Tab. 8.5); em termos de distribuição de valores, 3/4 situam-se entre 10% e 30%; 1/6 entre 40% e 50%, e em duas provas de carga praticamente atingiu-se a ruptura.

As sondagens feitas no Macuco revelam que a transição entre as argilas de SFL e as ATs ocorre a uma profundidade de 23 m. Assim, as pontas de todas as estacas em análise estão em AT, e os valores da resistência não drenada foram estimados pela metodologia descrita no item 8.4.1, com um valor médio de 15,5 kPa. Dessa forma, a carga na ponta (Q_p) assumiu a cifra de 150 kN, o que levou à estimativa do atrito unitário máximo observado ($f_{máx}$) (Tab. 8.5).

A Fig. 8.1B mostra a distribuição dos valores de $f_{máx}$, em números redondos. Vê-se que em cerca de 40% dos casos $f_{máx}$ = 25 kPa

TAB. 8.5 ESTACAS DO SEGUNDO GRUPO

Item	Q_r (kN)	($Q_r/P_{omáx}$ –1)	$f_{máx}$ (kPa)
Total de casos	29	29	29
Média	992	18%	23
Desvio-padrão	130	14%	3
Mínimo	770	-6%	17
Máximo	1.258	50	30

Q_r e $P_{omáx}$ – Tab. 8.1; $f_{máx}$ – Atrito lateral unitário máximo observado

e que os valores extremos representam apenas 10% dos casos. Ademais, a variação efetiva dos $f_{máx}$ ocorre na faixa de 20 a 30 kPa.

8.4 Aplicação de métodos "teóricos" na estimativa do atrito lateral unitário máximo

Para a estimativa do atrito unitário máximo, existem métodos teóricos que empregam parâmetros básicos dos solos atravessados pelas estacas, utilizados neste estudo. No Apêndice 8.2, há uma descrição dos métodos de cálculo empregados, que demandam o conhecimento da resistência não drenada (s_u), e, para o

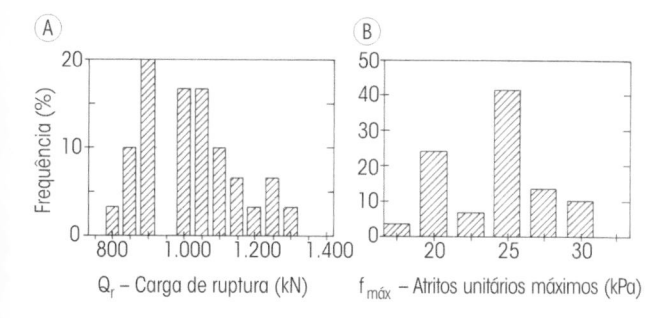

FIG. 8.1 *Provas de Carga do 2° Grupo. Histogramas das Cargas de Ruptura e dos $f_{máx}$*

Método Beta, do K_o mais o ângulo de atrito efetivo (ϕ').

Para estimar a resistência não drenada (s_u), foram utilizadas as relações $s_u/\overline{\sigma}_a$, obtidas de ensaios triaxiais rápidos pré-adensados (CIU ou R), dados pelas expressões (5.11) e (5.16) e Tab. 5.2. As pressões de pré-adensamento das argilas ($\overline{\sigma}_a$) foram estimadas com base nos conhecimentos da história geológica da Baixada Santista (Cap. 4).

Para as argilas de SFL, holocênicas, levemente sobreadensadas, admitiram-se oscilações negativas do nível do mar, da ordem de 2 m (Cap. 4), o que possibilita a estimativa das pressões de pré-adensamento, com facilidade, pelo conhecimento das densidades das camadas de solos atravessadas pelas estacas. Em argilas de SFL muito sobreadensadas, como em Conceiçãozinha, supôs-se, além da oscilação negativa do N.M., a sobrecarga de antigas dunas de areia, com 4 a 5 m de altura (Cap. 4).

Quanto às argilas transicionais (ATs), estimaram-se as pressões de pré-adensamento ($\overline{\sigma}_a$) com base na hipótese de sedimentação-erosão, isto é, de carga-descarga, entremeadas por um grande abaixamento do nível do mar (Cap. 4). Admitiu-se que o topo da Formação Cananeia estava 8 m acima do N.M., e que esses sedimentos eram constituídos de camada superficial de 8 m de areia, sobrejacentes à camada de argila, com densidades naturais de 20 e 16 kN/m³, respectivamente, pois o adensamento deu-se sob a ação de pesos totais de terra.

Para aplicar o Método Beta, pode-se recorrer às expressões do K_o (Tab. 5.2), ou simplesmente:

$$K_o = 0{,}5 \cdot (RSA)^{0{,}5} \qquad (8.1)$$

tanto para argilas de SFL quanto ATs. Os valores de ϕ' (Tab. 5.1) são 24° para argilas de SFL, e 19° para as ATs.

8.4.1 Modelo simples de duas camadas de solos

Uma visão mais global da aplicabilidade dos vários métodos é oferecida pelo Modelo Simples de Duas Camadas, constituído de dois depósitos de argila; um de SFL e, o outro, de AT. As pressões de pré-adensamento foram estimadas com base na história geológica.

A espessura da camada de argila de SFL é H_1, e H é o comprimento da estaca. Nessas condições, $f_{máx}$ é uma função F dos parâmetros:

$$f_{máx} = F(H; H_1/H) \qquad (8.2)$$

Com algumas hipóteses simplificadoras, o Método Beta permite chegar a fórmulas simples. Para $H_1/H = 100\%$, isto é, um modelo simples de camada normalmente adensada, com K_o igual a 0,5, chega-se a:

$$f_{máx} = 0{,}25 \cdot \frac{\overline{\gamma} \cdot H}{2} \qquad (8.3)$$

onde $\overline{\gamma}$ é a densidade efetiva do solo.

Para o modelo de duas camadas, ao imaginar-se a mesma densidade efetiva ($\overline{\gamma}$) para as duas argilas, tem-se, para o valor médio de $f_{máx}$, em toda a altura H:

$$f_{máx} = \frac{\overline{\gamma} \cdot H}{2} \cdot \left[\beta_2 - (\beta_2 - \beta_1) \cdot \left(\frac{H_1}{H} \right)^2 \right] \qquad (8.4)$$

onde β_1 e β_2 associam-se à argila de SFL e AT, respectivamente, pela expressão (8.13).

Os valores de β_1 e β_2 podem ser estimados em função da RSA. Para as argilas de SFL, encontram-se, em perfis de subsolo da Baixada Santista, valores de RSA de

1,7, a menos que tenha havido atividade eólica, como em Conceiçãozinha, quando o parâmetro assume valor da ordem de 2,5. Para as ATs, esperam-se valores da ordem de 3 a 4, ou mais.

Assim, ao recorrer-se às expressões (8.13) e (8.1), tem-se, no caso com dunas:

$$f_{máx} = 0,4 \cdot \frac{\overline{\gamma} \cdot H}{2} \qquad (8.5)$$

isto é, o atrito unitário máximo é só função (linear) do comprimento da estaca. Tudo se passaria como se o solo fosse homogêneo.

Sem dunas, chega-se a:

$$f_{máx} = \left[0,34 - 0,05 \cdot \left(\frac{H_1}{H}\right)^2\right] \cdot \frac{\overline{\gamma} \cdot H}{2} \qquad (8.6)$$

ou, aproximadamente:

$$f_{máx} = 0,3 \cdot \frac{\overline{\gamma} \cdot H}{2} \qquad (8.7)$$

Tanto a expressão (8.5) quanto a (8.7) revelam que o atrito unitário máximo estimado pelo Método Beta é função linear do comprimento da estaca (H) e, secundariamente, da relação H_1/H. A história geológica influi relativamente pouco, pelo tipo de solo. As diferenças esperadas em β são atenuadas pela raiz quadrada da expressão do K_o (expressão 8.1), e pelas diferenças nos ângulos de atrito efetivos (φ') (Tab. 5.2).

Para os outros métodos teóricos, as expressões analíticas são mais complicadas; por isso, realizou-se um estudo paramétrico em computador. As densidades efetivas dos solos foram consideradas 5 e 6 kN/m³, para a argila de SFL e a AT, respectivamente, e o N.A., na superfície. Os resultados parciais (Figs. 8.2 a 8.6, linhas retas) levaram às seguintes conclusões:

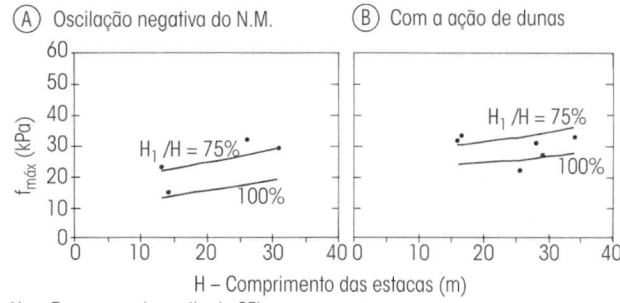

FIG. 8.2 *Atrito lateral unitário calculado – Método Lambda*

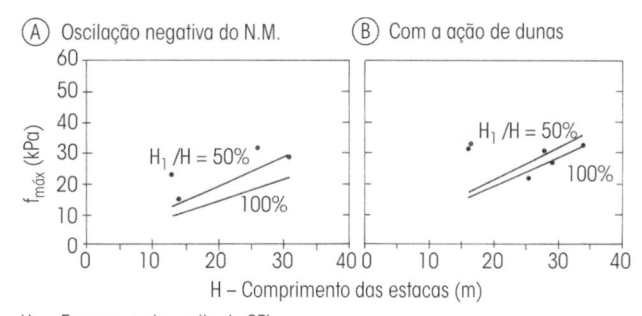

FIG. 8.3 *Atrito lateral unitário calculado – Método Beta*

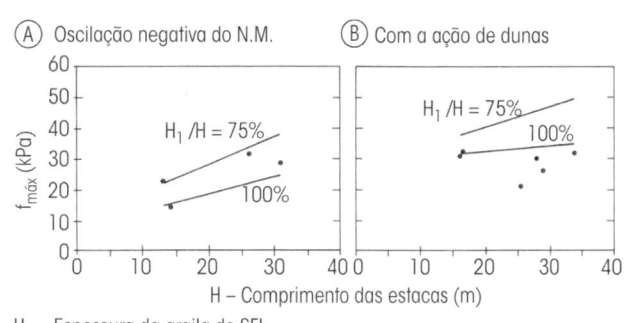

FIG. 8.4 *Atrito lateral unitário calculado - Alfa API*

a) para o Método Lambda, o parâmetro H_1/H afeta mais o atrito unitário, principalmente na faixa de maior interesse, de 50% a 100%;

b) para o Método Beta, com as expressões (8.5) e (8.7), constata-se que $f_{máx}$

correlaciona-se ao comprimento das estacas, o parâmetro mais importante; a história geológica influi pouco, pelo tipo de solo. Em termos práticos, $f_{máx}$ é 10% de H, independentemente da história geológica;

c) para o Método Alfa, verifica-se que, com H_1/H entre 75 e 100%, $f_{máx}$ independe de H, mas para valores baixos dessa relação, o inverso é verdadeiro.

No Método Lambda, pode-se escrever, de forma aproximada, para valores de H de 10 a 30 m:

$$f_{máx} \cong 45 - (29 - 2\eta) \cdot \left(\frac{H_1}{H}\right)^{1,25} \quad (8.8)$$

onde H_1/H é a proporção de argila de SFL em toda a altura de estaca e η, a altura das dunas,

em metros. Nos casos exclusivos de oscilação negativa do N.M., $\eta = 0$.

8.4.2 Aplicação direta dos métodos teóricos às estacas do primeiro grupo

Os métodos teóricos aplicados às estacas flutuantes (Tab. 8.1) levaram em conta os perfis de sondagens de cada uma.

A Tab. 8.6 mostra os resultados obtidos e permite compará-los com os valores de atrito lateral unitário máximo observados $f_{máx}$ (obs.) – média ao longo do comprimento da estaca. Os valores de $f_{máx}$ variam pouco com o comprimento das estacas (H). As Figs. 8.2 a 8.6 revelam uma boa concordância entre os valores assim calculados, isto é, de acordo com os perfis de sondagens representados pelos pontos e os resultados obtidos com o modelo simples de duas camadas, representados pelas linhas retas.

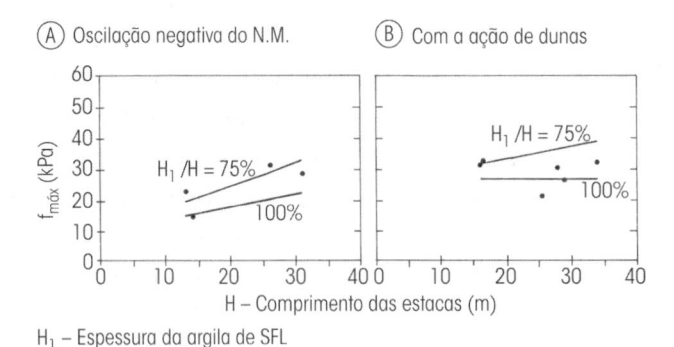

FIG. 8.5 *Atrito lateral unitário calculado – Método Alfa-Holmberg*

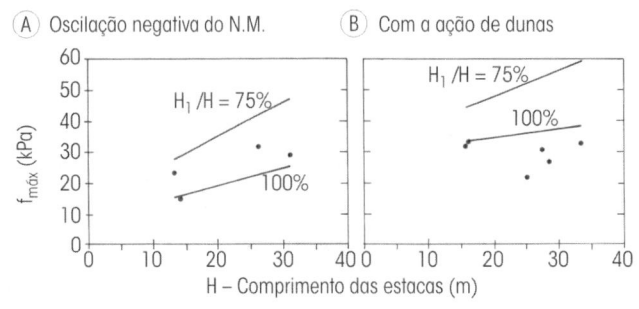

FIG. 8.6 *Atrito lateral unitário calculado – Método Alfa-Tomlinson*

8.4.3 Aplicação indireta dos métodos teóricos às estacas do segundo grupo

Um dos resultados de aplicação do Método Lambda está na expressão (8.8), obtida pelo modelo simples de duas camadas de solos (argila de SFL e AT). A aplicação da expressão às estacas do segundo grupo resulta em:

$$f_{máx} = 45 - 20 \cdot \left(\frac{23}{24,5}\right)^{1,25} \cong 26\ kPa \quad (8.9)$$

para alturas de dunas (η) de 4,5 m, em casos como os do Cais do Macuco, onde existem evidências de ação de dunas. O valor de $f_{máx}$ compara-se ao valor médio observado (Tab. 8.5 e Fig. 8.1B).

TAB. 8.6 ESTACAS FLUTUANTES DO PRIMEIRO GRUPO
VALORES DE $f_{máx}$ ESTIMADOS PELOS MÉTODOS TEÓRICOS

Local	PC	H (m)	H_1/H (%)	Observação	$f_{máx}$ (obs.) kPa	$f_{máx}$ calculados (kPa)				
						λ	β	α_API	α_H	α_T
Cais de Paquetá	—	16,5	100	Dunas	33	20	17	26	24	27
Conceiçãozinha	1 a 5	28,0	100	Dunas	31	27	29	35	27	36
Conceiçãozinha	6	34,0	82	Dunas	33	35	37	41	33	58
Macuco	—	25,5	100	Dunas	22	21	25	30	27	31
Macuco	11	16,0	100	Dunas	32	16	17	25	23	26
Macuco	12 a 14	29,0	79	Dunas	27	27	28	36	28	43
Alemoa	7	13,0	100	OSC_NEG	23	20	17	22	20	22
Alemoa	8 a 10	26,0	69	OSC_NEG	32	29	25	35	27	47
Alemoa/PQU	E14/E21/E332	30,5	75	OSC_NEG	29	33	29	35	27	48
Cosipa	—	14,0	100	OSC_NEG	15	12	09	13	13	13

PC – Prova de carga; $f_{máx}$(obs.) – Valores dos atritos laterais unitários máximos observados (médias ao longo das estacas); λ, β – Métodos de cálculo Lambda e Beta; α_API, α_H e α_T – Métodos de cálculo Alfa, segundo a API, Holmberg e Tomlinson

8.5 Súmula dos métodos teóricos

O *Método Lambda* apresentou melhores resultados, pelos valores calculados do atrito unitário, praticamente independentes do comprimento da estaca, e porque os valores calculados aproximaram-se razoavelmente bem dos observados, exceção feita à PC Cais de Paquetá e PC 11 do Macuco.

As análises corroboram os resultados obtidos por Teixeira, de que o Método Lambda permite uma boa previsão da capacidade de carga de estacas flutuantes nas argilas quaternárias da Baixada Santista. No entanto, há que se levar em conta a história geológica da região e a relação H_1/H, entre a espessura da argila de SFL (H_1) e a altura da estaca (H).

Não se pode adotar, para o atrito unitário, um valor de 30 kPa, como fez Teixeira, a não ser que se trabalhe apenas na faixa de valores de H_1/H das estacas submetidas às provas de carga, interpretadas por ele, e nas proximidades dos locais das provas. Em situações sem dunas, o sobreadensamento das argilas de SFL foi causado pela oscilação negativa do nível do mar, então esperam-se valores dos atritos laterais unitários de 15 kPa quando H_1/H = 100% (isto é, quando só existem SFLs); e de 30 kPa quando H_1/H = 50% (isto é, metade do perfil de SFL e a outra metade de AT). Quando as dunas existem, os atritos laterais unitários passam de 25 kPa, quando H_1/H = 100%, para 35 kPa, quando H_1/H = 50%. Para valores mais baixos de H_1/H, preveem-se atritos laterais unitários de até 35-40 kPa.

As estimativas das coesões, necessárias para a aplicação do Método Lambda, em função da história geológica, mostraram-se bastante satisfatórias e constituíram a base dos cálculos neste trabalho.

Um cálculo simplificado da carga de ruptura, segundo Teixeira (1988), pode ser feito pela seguinte expressão:

$$Q_r = Q_p + \lambda \cdot (0,3 \cdot H + 2 \cdot c_\ell) \cdot A_l \quad (8.10)$$

onde $Q_p = 9 \cdot c_p \cdot A_p$ quando a ponta da estaca apoia-se em argila; e $Q_p = 40\,SPT\,A_p$, em areia. Nessa expressão, p, ℓ e A indicam, respectivamente, "ponta", "fuste" (lateral) e "área". A resistência não drenada ou coesão média ao longo do fuste (c_ℓ) pode ser estimada com base nas relações $s_u / \overline{\sigma}_a$ (Tab. 5.2). O valor de λ pode ser fixado em 0,15, para fins práticos.

No *Método Beta*, o comprimento da estaca (H) é o parâmetro mais importante e, em segundo plano, interfere a relação H_1/H. A história geológica influi pouco, pelo tipo de solo, e as diferenças esperadas em β foram atenuadas pelo fato do K_o ser pouco sensível a variações da RSA, relação de sobreadensamento, e pelas diferenças nos ângulos de atrito efetivos das SFL e das ATs. O uso desse método é como a noite, que torna todos os gatos pardos.

Aparentemente, essas conclusões contradizem com os dados de campo, nos aspectos do comprimento das estacas e da história geológica. Os estudos levam à conclusão de que os atritos laterais unitários são 10% do comprimento das estacas, independentemente da proporção de SFL para AT e da presença de dunas.

Em termos numéricos e aproximados, para H_1/H de 75%, prevêem-se atritos laterais unitários tão baixos quanto 10 kPa para comprimentos de estacas de 10 m, e valores tão elevados quanto 35 kPa para comprimentos de 35 m.

Das variantes do *Método Alfa*, o de Holmberg apresentou melhores resultados, confirmando a conclusão de Teixeira, que o considerou um bom método, aplicável às estacas instaladas na Baixada Santista. No entanto, a sua extrapolação para outros casos, em que as relações H_1/H sejam diferentes, pode levar a erros de estimativas do atrito unitário. Por este *Método Alfa*, os atritos laterais unitários independem do comprimento das estacas somente para valores de H_1/H na faixa de 75% a 100%, com a qual Teixeira trabalhou. Para valores mais baixos de H_1/H, a dependência em relação ao comprimento das estacas é forte.

Em termos numéricos, prevê-se que, para situações sem dunas e para H_1/H de 75%, os atritos laterais unitários assumem valores tão baixos quanto 17 kPa para comprimentos de estacas de 10 m, e valores tão elevados quanto 35 kPa para comprimentos de 35 m; e, para situações com dunas, essas cifras passam a 30 e 40 kPa, respectivamente.

8.6 Súmula do capítulo

As conclusões mais importantes dizem respeito:

a) à confirmação de que a história geológica afeta a capacidade de carga de estacas pré-moldadas, trabalhando isoladamente; em particular, foram definidos valores dos atritos laterais unitários máximos $(f_{máx})$ das várias unidades genéticas dos solos da Baixada Santista;

b) à comprovação da eficácia de um procedimento, desenvolvido com base na história geológica, para a estimativa das pressões de pré-adensamento e das coesões dos solos, entre outros parâmetros, necessários para a determinação racional da carga de ruptura, ou dos $f_{máx}$, em estacas flutuantes instaladas na Baixada Santista;

c) à constatação de que os $f_{máx}$ praticamente independem do comprimento das estacas, mas dependem da proporção relativa entre os diferentes sedimentos atravessados por elas;

d) à corroboração de que uma estimativa racional dos $f_{máx}$ pode ser feita com base no Método Lambda, conforme recomendação de Teixeira (1988), e nos conhecimentos da história geológica, em particular da pressão de pré-adensamento.

Nos estudos paramétricos, em modelos simples, extrapolaram-se valores de atritos laterais unitários para situações não cobertas pelas provas de carga analisadas, que requerem, no futuro, uma confirmação por novas provas de cargas em estacas, de preferência instrumentadas em profundidade.

Apêndice 8.1 – As estacas do segundo grupo

As estacas do Segundo Grupo foram executadas no início da década de 1970 para o prolongamento do Cais do Macuco, a pedido da Cia. Docas de Santos. Eram pré-moldadas em concreto, de seção quadrada, com 37,5 cm de lado e comprimentos em torno dos 25 m (Tab. 8.7). A carga nominal de trabalho era de 600 kN. As provas de carga foram levadas até cerca de 1,5 vez a carga de trabalho.

Apêndice 8.2 – Métodos de cálculo "teóricos"

A seguir, apresenta-se uma breve descrição dos métodos de cálculo "teóricos" para a estimativa do atrito unitário máximo.

Método Alfa

O Método Alfa é um dos mais antigos, desenvolvido inicialmente por Peck (1958) e Tomlison (1957), entre outros, e focaliza a questão do atrito unitário em função da resistência ao cisalhamento não drenada dos solos.

De propostas iniciais, que tomavam essa resistência integralmente, passou-se, com a interpretação de resultados de provas de carga, a admitir apenas uma fração, α, da

TAB. 8.7 PROVAS DE CARGA ESTACAS DO SEGUNDO GRUPO (*)

Estaca	H Comprimento (m)	$P_{omáx}$ Carga máxima (kN)	$y_{omáx}$ Recalque máximo (mm)	Q_r Carga de ruptura (**) (kN)
7	24,5	820	3,7	—
14	24,9	820	3,7	—
32	24,8	820	3,3	987
79	25,0	820	3,0	1.081
128	22,4	820	3,7	—
131	24,1	900	2,6	—
199	24,6	820	3,6	—
215	24,7	820	3,2	1.017
224	24,4	950	7,3	1.117
237	23,6	820	3,3	—
269	23,5	820	2,8	—
316	24,6	820	2,7	—
371	25,5	820	7,0	—
403	23,5	900	3,2	1.091
407	24,1	820	11,6	997
415	24,5	820	7,5	1.002
420	24,9	820	7,0	830
424	25,2	820	8,5	—
455	25,0	820	5,5	—
477	25,0	820	8,5	1.114
513	24,0	820	5,2	863
529	23,3	90	3,2	972
548	24,9	82	6,1	1.022
577	24,4	82	4,9	1.227
617	25,4	82	4,4	1.215
629	24,2	82	35,0	770
740	25,3	75	2,8	851
785	24,6	82	6,5	979
820	24,7	82	6,0	1.158
826	25,3	82	—	—
881	23,9	82	10,6	876
910	24,9	82	2,4	1.034
952	24,7	82	6,8	987
1113	24,8	120	9,8	1.258
1129	23,6	82	5,4	841
1150	24,8	82	6,2	852
1215	24,6	82	3,6	1056

TAB. 8.7 PROVAS DE CARGA ESTACAS DO SEGUNDO GRUPO (*)
(continuação)

Estaca	H Comprimento (m)	$P_{omáx}$ Carga máxima (kN)	$y_{omáx}$ Recalque máximo (mm)	Q_r Carga de ruptura (**) (kN)
1407	23,7	82	6,4	805
1423	24,9	82	3,6	1.004
1471	24,6	82	3,7	892
1575	24,5	82	3,9	857

(*) Dados cedidos por Soares (1997); (**) Extrapolada pelo Método de Mazurkiewcz, modificado por Massad (1985c)

resistência não drenada na contribuição do atrito estaca-solo. Entendeu-se que a "adesão" estaca-solo, que controla o atrito, dependia também de outros fatores, como a consistência da argila e o material de que era feita a estaca (Tomlison, 1957). Dessa forma, se $f_{máx}$ for o atrito lateral unitário máximo ("adesão" estaca-solo) e s_u a resistência não drenada do solo, pode-se escrever:

$$f_{máx} = \alpha \cdot s_u \qquad (8.11)$$

Entre os autores que propuseram valores para o parâmetro α, citam-se: Tomlison (1957, 1970), McClelland (1974), cujo procedimento foi, em grande parte, incorporado ao Método API (1982), e Holmberg (1970). Em geral, as variantes do método diferem pela forma como α varia com a própria resistência não drenada, e em um deles (Tomlison, 1970) leva-se em conta a sequência das camadas atravessadas pela estaca, isto é, argilas moles sobrepostas a argilas rijas, ou areias sobrepostas a argilas rijas.

Método Beta

O Método Beta também é antigo e foi desenvolvido por Chandler (1968) e Burland (1973). O enfoque é a resistência efetiva, isto é, toma-se o atrito lateral unitário máximo como:

$$f_{máx} = K_s \cdot tan(\delta) \cdot \overline{\sigma}_v = \beta \cdot \overline{\sigma}_v$$
$$\text{com} \quad \beta = K_s \cdot tan(\delta) \qquad (8.12)$$

onde K_s é um coeficiente de empuxo, em geral tomado igual a K_o (coeficiente de empuxo em repouso); δ é o ângulo de atrito estaca-solo; e $\overline{\sigma}_v$, a tensão efetiva média, atuante ao longo do fuste da estaca. Meyerhoff (1976) sugeriu valores para K_s em função do tipo de estaca (cravada ou escavada), bem como uma curva de variação de β com a profundidade, para argilas moles e médias, fruto da interpretação de provas de carga, variação que apresenta enorme dispersão. Uma forma mais simples para a equação, do próprio Meyerhoff, admite que, no final da execução de uma estaca, o seu comportamento será controlado por:

$$f_{máx} = K_o \cdot tan(\phi') \cdot \overline{\sigma}_v = \beta \cdot \overline{\sigma}_v$$
$$\text{com} \quad \beta = K_o \cdot tan(\phi') \qquad (8.13)$$

onde ϕ' é o ângulo de atrito efetivo do solo.

Método Lambda

Este método foi elaborado por Vijayvergiya e Focht (1972) para levar em conta o efeito da profundidade na previsão da capacidade de carga de estacas de grandes comprimentos em argilas normalmente adensadas ou sobreadensadas. Os autores reconhecem que esse efeito havia sido sugerido por McClelland no Método Alfa. Pode-se considerá-lo um método híbrido, por trabalhar tanto em termos de tensões efetivas quanto totais. Vijayvergiya e Focht partiram de uma relação básica, proposta por D'Appolonia e colaboradores, do tipo $f_{máx} = A_1 \overline{\sigma}_v + A_2 s_u$.

A equação que propuseram para estimar o atrito lateral unitário máximo é:

$$f_{máx} = \lambda \cdot (\overline{\sigma}_v + 2 \cdot s_u) \qquad (8.14)$$

onde $\overline{\sigma}_v$ e s_u são, respectivamente, os valores médios, ao longo do fuste, da pressão vertical efetiva e da resistência não drenada do solo; e λ, um parâmetro, função da profundidade, resultante da interpretação de resultados de provas de carga e apresentados pelos autores sob forma de gráfico.

Em casos com camadas de areia entremeando as argilas, Vijayvergiya e Focht (1972) recomendam, numa primeira etapa de cálculo, a substituição dessas camadas por argilas com densidades iguais às das areias e resistências extrapoladas das argilas adjacentes.

Conclusões

A pesquisa que tornou realidade este livro partiu da origem dos sedimentos da Baixada Santista, na expectativa de encontrar justificativas para certos fatos ou "achados inexplicados" por engenheiros de solos, como a discordância entre sedimentos argilosos muito moles a moles sobrepostos a outros, de consistência média a rija e o sobreadensamento das argilas marinhas, tidas como normalmente adensadas, mas que se comportam como levemente e, às vezes, fortemente sobreadensadas.

As principais fontes foram os conhecimentos geológicos da gênese, distribuição e estratigrafia desses sedimentos e as pesquisas feitas desde a década de 1970, as quais apontaram as flutuações relativas do N.M. como a origem de sua formação. Os dados quanto às características e propriedades geotécnicas dos depósitos, disponíveis nos arquivos do IPT e na literatura técnica, aqueles cedidos por vários engenheiros ou obtidos pelo próprio autor, e as informações sobre comportamento de algumas obras civis instrumentadas provocaram mais do que um encadeamento lógico dessas fontes. Com o correr da investigação, elas acabaram por se entrelaçar.

A associação das argilas médias a rijas com resquícios da Formação Cananeia, de idade pleistocênica, só foi possível graças aos dados sobre as pressões de pré-adensamento, que só puderam ser explicadas pela regressão do mar, que recuou 110 m abaixo do nível atual, cerca de 17 mil A.P. A ocorrência, de forma generalizada, de sedimentos de subsuperfície da Formação Cananeia, ao se distribuir mais extensamente do que indicavam os mapas geológicos de superfície, levava a supor que havia indícios de sua presença mesmo a leste da planície de Santos, graças às análises de ordem geotécnica – o geotécnico ampliou os horizontes do geológico. Os recalques finais e o desenvolvimento de pressões neutras, observados durante a construção de aterros na Baixada Santista, muito aquém do que se esperava, são explicados pelo sobreadensamento dos sedimentos argilosos, que, por sua vez, encontram justificação nas oscilações negativas do nível relativo do mar ou no peso de dunas.

Houve, assim, uma fusão entre a ordem dos conceitos (o encadeamento lógico) e a ordem do tempo (o entrelaçamento).

A gênese dos sedimentos

As oscilações relativas do N.M., durante o Quaternário, estão na raiz da sedimentação costeira no Brasil. No litoral paulista ocorreram pelo menos dois ciclos de sedimentação, entremeados por intenso processo erosivo, associados a dois episódios transgressivos, de níveis marinhos mais elevados do que atualmente, originando dois tipos de sedimentos com propriedades geotécnicas distintas: o primeiro, conhecido como Formação Cananeia, depositado há 100-120 mil anos, é argiloso (argilas transicionais) ou arenoso na sua base e arenoso no seu topo (areias transgressivas). O nome "transicional" é devido ao ambiente misto, continental-marinho, de sua formação. Durante a fase regressiva que se sucedeu, o N.M. abaixou 110 m em relação ao atual, há cerca de 17 mil anos, em virtude da última era glacial. Como consequência, os sedimentos emersos sofreram intenso processo erosivo e são fortemente sobreadensados, por peso total.

O segundo tipo de sedimento, Formação Santos, é mais recente, formado há 7-5 mil anos, por vezes pelo retrabalhamento dos sedimentos da Formação Cananeia, areias e argilas, outras vezes por sedimentação em lagunas e baías, daí sedimentos fluviolagunares e de baías (SFL). Trata-se de sedimentos levemente sobreadensados a muito sobreadensados, pelas flutuações *sui generis* do N.M. nos últimos 7 mil anos, envolvendo processos de submersão e emersão do continente e "rápidas" oscilações negativas do N.M., de 2 a 3 m; e pela ação de dunas. A presença de dunas foi constatada em diversos locais e, na Baixada Santista, destacam-se a região de Samaritá, o norte da Ilha de São Vicente, a parte da Ilha de Santo Amaro em frente do Canal do Porto, e na orla praiana da cidade de Santos.

Houve um recuo do N.M., nos últimos 5 mil anos, conhecido desde o início do século passado com Benedito Calixto, renomado humanista e pintor, que apresentou dois mapas do "Lagamar de Santos": um da época de Martim Affonso, por volta de 1532, e o outro, de 1904. O primeiro, reconstituído com base em documentos e mapas antigos, mostra o Casqueiro, entre Cubatão e o Monte Serrat, debaixo d'água e o Canal de Bertioga com grande largura, por onde passavam navios portugueses. No segundo, com o recuo "lento e apreciável" do N.M., o Casqueiro aparece emerso e o Canal de Bertioga, com uma pequena largura.

Há indícios de paleolagunas, de 7 mil anos A.P., que devem ter originado as argilas da cidade de Santos. Pode-se levantar a hipótese de que os SFL da Baixada Santista depositaram-se nessa época por um mecanismo de ilhas-barreira e lagunas. Durante os períodos de submersão do continente, ilhas-barreira se formaram e, no seu costado, lagunas e baías, que permaneceram parcialmente isoladas por longos períodos de tempo, em condição de N.M. quase estável. Com o abaixamento subsequente do N.M. – períodos de emersão do continente –, as ilhas-barreira deslocaram-se ao continente pela ação do vento e foram criados cordões de areia (*beach-ridges*) nas partes externas e dunas, isolando ainda mais as lagunas e baías do alto-mar, que provocaram seu secamento. Mais tarde, desenvolveram-se os deltas intralagunares.

No caso da Baixada Santista, as ilhas-barreira deram origem às areias de Praia Grande, Santos e do Guarujá, e a sedimentação ocorreu em dois ambientes diferentes: em águas fluviomarinhas turbulentas, pela presença dos rios mais importantes da região, na parte central e próxima ao pé da Serra do Mar (Núcleo 1, Fig. 1.9), e em águas tranquilas de baía, envolvendo a Ilha de Santo Amaro e a planície da cidade de Santos (Núcleo 2 da mesma figura).

No Núcleo 1, o subsolo apresenta-se muito heterogêneo, com alternâncias mais ou menos caóticas de camadas de areias e argilas com lentes finas de areia. No Núcleo 2, é maior a homogeneidade nas camadas de argilas, com pouca intercalação de camadas de areias. Essa compartimentação foi possível pela existência de um cenário geográfico *sui generis*, formado pelas disposições tanto dos esporões Monte Serrat-Ponta de Itaipu, do Espigão da Ilha de Santo Amaro e das areias de Samaritá, resquícios do Pleistoceno, além dos principais rios da região. Destaca-se que esses rios, esporões e espigões rochosos têm a mesma direção (NE-SE) da xistosidade das rochas.

Classificação genética dos sedimentos argilosos

As análises estratigráficas feitas com base em inúmeras sondagens de simples reconhecimento confirmaram a separação genética dos sedimentos argilosos da Baixada Santista em sedimentos pleistocênicos, areias e argilas transicionais (ATs), sedimentos fluviolagunares e de baías (SFL) e mangues. A palavra "sedimento" em SFL engloba "areias" e "argilas", e pode levar a certa ambiguidade, que é contornada quando se explicita um ou outro caso. Evitou-se o termo "argilas holocênicas" por abranger tanto as argilas de SFL quanto as de mangue. Ademais, a dicotomia "argilas transicionais" e "argilas de SFL" permite fugir de uma certa "simetria" inexistente, que nomes contrapostos costumam sugerir.

As camadas de argilas médias a rijas e de argilas muito rijas, encontradas principalmente a oeste da planície de Santos, são resquícios das argilas transicionais, depositadas em ambiente misto, continental-marinho, durante a Transgressão Cananeia, há 120 mil anos (Pleistoceno).

As camadas de sedimentos fluviolagunares e de baías (SFL) são de deposição mais recente, da Transgressão Holocênica (5-7 mil anos A.P.), e associam-se, quando argilosas, a solos de consistência muito mole a mole. É possível diferenciar as argilas de SFL da Baixada Santista em quatro classes, em função dos mecanismos de sobreadensamento (oscilação negativa do N.M. ou a ação de dunas) e da ocorrência de estratos arenosos no seu topo. Essas argilas diferenciam-se não só pelo sobreadensamento, que varia de levemente a muito sobreadensadas, como pela sua maior ou menor heterogeneidade, de acordo com sua posição – Núcleos 1 ou 2 –, com implicações à drenagem interna das camadas compressíveis.

As camadas de mangues são depósitos "modernos", sedimentados discordantemente sobre os SFL, de ocorrência generalizada ao longo das lagunas e canais de drenagem e, quando argilosas, são constituídas de lodo e muita matéria orgânica.

Os ensaios usuais de caracterização, identificação e classificação da Mecânica dos Solos revelaram-se de pouca serventia na distinção entre as três unidades genéticas. Daí, aparentemente, o fato de os engenheiros considerarem os sedimentos argilosos da Baixada Santista como de um mesmo grupo.

As curvas granulométricas e os limites de Atterberg sobrepõem-se, assim como o índice de atividade de Skempton, apesar de diferenças na composição mineralógica dos sedimentos, por existirem mais de dois argilominerais nos sedimentos das três unidades genéticas.

A pressão de pré-adensamento ($\overline{\sigma}_a$), o índice de vazios e a umidade natural (mais fácil de determinar) são indicadores seguros para diferenciar as três unidades. Em caráter preliminar e para solos nitidamente argilosos (teor de argila ≥ 50%), propôs-se considerar os sedimentos argilosos como mangues quando $\overline{\sigma}_a \leq 30$ kPa, e como argilas transicionais (ATs) quando $\overline{\sigma}_a \geq 200$ kPa; os sedimentos fluviolagunares e de baías (SFL) estariam situados no intervalo desses extremos. Quanto a índices de vazios (*e*), ter-se-iam: mangues, com $e \geq 4$; SFL, com $4 \geq e \geq 2$; e AT, com $e \leq 2$; e quanto à umidade natural: mangues, com $h \geq 150\%$; SFL, com $150\% \geq h \geq 75\%$; e AT, com $h \leq 75\%$. Frequentemente, os sedimentos são constituídos de argilas muito arenosas ou areias muito argilosas, e o critério baseado nos índices de vazios e no teor de umidade está longe de ser absoluto. Daí a necessidade de considerar outros diferenciadores, como a pressão de pré-adensamento, a resistência à penetração (SPT) e a resistência não drenada. Quanto à SPT, recomendou-se o seguinte critério: mangues quando SPT = 0; SFL quando $0 \leq SPT \leq 5$ e AT quando o SPT variar de 5 a 25. Pode-se também recorrer ao CPTU ou ainda ao SPT-T em situações-limítrofe, de forma complementar.

Os SFL e as ATs apresentam teores de matéria orgânica relativamente baixos, da ordem de 6 e 4%, respectivamente, e os mangues, 25%.

Sobreadensamento

Pela sua gênese, os solos da Baixada Santista apresentam sobreadensamento que resultou, predominantemente, de mecanismos de carga-descarga. Os efeitos do *aging*, conforme Bjerrum, se existirem, devem estar em parte mascarados por esses mecanismos. O sobreadensamento foi confirmado depois da década de 1990 por ensaios de piezocone, principalmente na Ilha de Santo Amaro, mas até agora não se encontraram feições do tipo "crosta ressecada".

Para as argilas transicionais (ATs), o forte sobreadensamento resulta do abaixamento do N.M., que recuou 110 m, há cerca de 17 mil anos. Em alguns locais em que se dispunha de informações mais completas, constata-se uma relação entre peso total de terra e pressão de pré-adensamento.

Quanto aos sedimentos fluviolagunares e de baías (SFL), concluiu-se que se trata predominantemente de solos levemente sobreadensados e conjecturou-se que as oscilações negativas do N.M. desempenharam um papel decisivo nessas "marcas" indeléveis. Suguio e Martin observaram indícios de abaixamentos do N.M. em tempos passados, após a formação dos sedimentos holocênicos. Correlações estatísticas possibilitaram estimar em cerca de 2 m a máxima amplitude da oscilação negativa. As argilas de SFL podem ser fortemente sobreadensadas, pelo peso de areias regressivas holocênicas posteriormente erodidas pela ação eólica, e a classificação desses sedimentos em quatro classes, com propriedades distintas, levou em conta o perfil do subsolo e a diferença no sobreadensamento.

Pelo comportamento de obras civis na Baixada Santista, as argilas de SFL não podem mais ser consideradas normalmente adensadas, como aconteceu até meados da década de 1980.

A coluna estratigráfica

Os conhecimentos geológicos durante a década de 1980 possibilitaram um mapeamento em superfície das ocorrências de mangues, sedimentos fluviolagunares e de baías (SFL) e de sedimentos transicionais (areias pleistocênicas), o qual revelou a presença de resquícios destes últimos, da Formação Cananeia, a oeste da planície de Santos.

Com base em inúmeras sondagens em vários locais da Baixada Santista, chegou-se a um resultado novo, ou seja, existem, em profundidade, resquícios de argilas transicionais (ATs) da Formação Cananeia, mesmo a leste da planície de Santos.

As camadas de argilas médias a rijas, detectadas abaixo dos 20-25 m de profundidade, às vezes 15 m, em toda a região a oeste do Largo do Caneu, e a região de Alemoa, são resquícios das argilas transicionais (ATs), em nítida "discordância" em relação às camadas superiores, de argilas muito moles (SFL). Essa discordância foi constatada a leste, na Ilha de Santo Amaro e em partes da cidade de Santos: a profundidades de 30-35 m, encontraram-se indícios fortes do que se acredita ser argilas transicionais (ATs).

As camadas de argilas transicionais mostraram-se mais uniformes e homogêneas, numa macroescala, quando comparadas às outras unidades genéticas, e revelaram a presença de folhas carbonizadas e nódulos de areias quase puras, que também parecem algumas de suas marcas distintivas.

Às vezes, os SFL mostraram uma característica de homogeneidade e uniformidade, com a entremeação de camadas de areias contínuas e espessuras constantes, a qual foi chamada de "calmaria". Regiões de "calmaria" foram encontradas na Ilha de Santo Amaro e na cidade de Santos (Núcleo 2), onde, com o advento da Transgressão Santos, deve ter-se formado uma grande baía ou laguna, onde foram depositados os sedimentos em águas paradas.

Outras vezes, os SFL apresentaram acentuada heterogeneidade, com distribuição caótica, no Núcleo 1, como, por exemplo, na Ilha de Santana ou Candinha, consequência de um retrabalhamento dos sedimentos pleistocênicos provocado pela Transgressão Santos; e nos vales dos rios Mogi e Piaçaguera, onde se localiza a Cosipa. Nesses locais, existem sedimentos que aparentaram "calmaria" e, em outros, deposição em ambientes "conturbados", com interdigitação, provavelmente pela proximidade da rede de drenagem natural representada pelos rios.

Os resultados de interpretação de ensaios mineralógicos e de fotos em microscópio eletrônico de varredura mostraram em certos locais, a oeste da planície, SFL nitidamente diferentes daqueles situados a leste da planície. Nos SFL a oeste da planície predominou a caulinita, como ocorreu nas ATs. A presença da caulinita nas ATs não é surpreendente, pois denota degradação de argilominerais em clima propício e ambiente bem drenado, situação de 17 mil anos (A.P.), quando o N.M. recuou 110 m em relação ao atual. Assim sendo, a formação dos SFL pelo retrabalhamento dos sedimentos transicionais (inclusive das ATs) ocorreu em condições de estabilidade para a caulinita. Nesses SFL, a oeste da planície, a ilita apareceu como argilomineral secundário e a leste da planície predominou a montmorilonita, formada por sedimentação em águas paradas de lagunas ou baías. Daí as diferenças constatadas nas estruturas (*fabric*) dos SFL: a oeste, prevaleceram as matrizes de argila com sistemas de partículas parcialmente discerníveis, como nas ATs; a leste, as matrizes de argila aparentaram um arranjo predominantemente aberto e com abundância de carapaças de animais marinhos. Essas considerações precisam ser confirmadas, pois as amostras ensaiadas, apesar de representativas, referem-se a um número restrito de locais.

Os mangues, sedimentados discordantemente sobre os sedimentos fluviolagunares e de baías, são mais recentes, denominados "aluviões modernos" (Suguio e Martin, 1978a). Como os locais de deposição foram margens e fundos de canais e da rede de drenagem, podem apresentar alternâncias de camadas de argilas e areias de forma caótica.

Propriedades de engenharia

Alguns parâmetros geotécnicos adimensionalizados mostraram ser muito semelhantes nas três unidades genéticas, quanto às características de adensamento, à relação E/c, entre outras. A forma aproximadamente elítica da superfície de plastificação, adimensionalizada em relação à pressão de pré-adensamento ($\overline{\sigma}_a$), é muito semelhante quando se comparam as argilas de SFL com as ATs e com solos sedimentares de outros países. Em geral, a fórmula de Jaky aplica-se para o cálculo do K_o, acima dos efeitos do pré-adensamento, e a variação desse parâmetro em função da RSA (relação de sobreadensamento) ocorre de forma semelhante, independentemente da unidade genética. As adimensionalizações em que a pressão de pré-adensamento desempenha um papel fundamental faz esses parâmetros geotécnicos dependerem da origem geológica dos sedimentos.

A taxa de crescimento da resistência não drenada (coesão) de *Vane Tests*, com a profundidade, vale em média 50% da densidade submersa das argilas dos sedimentos fluviolagunares e de baías (SFL). As médias de toda a camada de argila levaram a concluir que a coesão e a pressão de pré-adensamento mantêm uma relação média de 0,40 e uma mínima de 0,3. Essas cifras foram validadas por retroanálise de dois casos documentados de ruptura de aterros na Baixada Santista. E a resistência do *Vane Test* correlaciona-se com a resistência de ponta do CPTU, com N_{kt} da ordem de 10 a 13.

Parâmetros de SFL

Para os sedimentos fluviolagunares e de baías (SFL) da classe 1, em que o pré-adensamento foi causado pelas oscilações negativas do N.M., propôs-se um modelo para estimar alguns parâmetros de projeto. Inicialmente, determina-se a pressão de pré-adensamento ($\overline{\sigma}_a$), supondo uma oscilação negativa do N.M. de 2 m em relação à sua posição atual. Atinge-se esse objetivo com o perfil de sondagem, a posição do N.A. e medindo-se ou estimando-se as densidades dos solos envolvidos.

A partir do conhecimento de $\overline{\sigma}_a$ e com base nas adimensionalizações, pode-se:

a) estabelecer uma lei de variação da resistência não drenada (c) com a profundidade;
b) determinar o módulo de deformabilidade com confinamento lateral ($\overline{E}_L$) e de $C_c/(1 + e_o)$, C_r/C_c;
c) ter uma ideia do K_o abaixo dos efeitos do pré-adensamento;
d) estimar valores do módulo E_{50}, por relações do tipo E_{50}/c etc.

Aterros sobre solos moles

Os recalques finais foram influenciados pela relação de sobreadensamento. A hipótese de argila normalmente adensada leva a superestimativas dos recalques finais. Com os parâmetros dos solos adimensionalizados, é possível estimar recalques primários de aterros com boa precisão. Para tanto, considera-se a pressão de pré-adensamento, com o ábaco que relaciona a deformação média da camada de solo mole, as pressões impostas no seu plano médio e a relação de sobreadensamento, que possibilita estimativas rápidas e precisas desses recalques.

A velocidade de desenvolvimento desses recalques é relativamente grande, porque os solos compressíveis são sobreadensados e podem conter camadas ou lentes de areia, que constituem um "sistema de drenagem interna", dissipando os excessos de pressão neutra. Constatou-se a tendência de os coeficientes de adensamento primário (C_{vv}) de campo diminuírem, à medida que o nível de tensões aplicado ao plano médio da camada compressível aumenta.

Em regiões de antigos manguezais, pântanos, lagunas e vales de rios da Baixada Santista (Núcleo 1, Fig. 1.9), as camadas de argilas intercalam-se a camadas e lentes finas de areias, formando um "sistema de drenagem interna" eficiente. Como consequência, os valores dos coeficientes de adensamento primário (C_{vv}) são relativamente altos, na faixa de $1 \cdot 10^{-2}$ a $5 \cdot 10^{-2}$ cm²/s, cerca de cem vezes os valores em ensaios de laboratório. Esses C_{vv} são "equivalentes", pois foram obtidos por retroanálise de recalques medidos em mais de uma dezena de aterros, com a Teoria Unidimensional de Adensamento de Terzaghi, e o nível das tensões impostas (peso próprio mais acréscimo de pressão devido ao carregamento) variou de 0,9 a 2 vezes a pressão de pré-adensamento. Nesses locais, os drenos verticais mostraram-se ineficientes. Houve um caso de exceção: um aterro com relação b/H (largura da área carregada/espessura da camada compressível) muito grande – os valores de C_{vv} de campo foram da ordem de $1 \cdot 10^{-3}$ a $9 \cdot 10^{-3}$ cm²/s; portanto, uma potência 10 abaixo dos valores indicados.

Em locais como a Ilha de Santo Amaro e a cidade de Santos, situadas no Núcleo 2 (Fig. 1.9), há poucas intercalações de camadas de areias e inexistem lentes finas de areia, como atestaram inúmeros ensaios com piezocones (CPTU).

Nesses locais, os drenos verticais podem ser necessários.

Edifícios com fundação direta

A orla praiana, onde a cidade de Santos desenvolveu-se no século passado, sofreu a ação de dunas nos últimos 5 mil anos, o que permite explicar o desaprumo de alguns edifícios, pelas pressões não uniformes que as dunas exerceram no subsolo.

A dispersão observada nos recalques de edifícios, com o mesmo número de andares e apoiados sobre camada compressível de mesma espessura, deve-se a diferenças nas RSA (relação de sobreadensamento), envolvendo seus mecanismos: oscilação negativa do N.M. ou a ação de dunas.

A monitoração contínua de vários edifícios, ao longo de cinco a dez anos, mostrou que o final do adensamento primário (EOP) ocorreu em torno dos mil dias, exceto em três de dez casos, com os C_{vv} das argilas de SFL variando entre $3 \cdot 10^{-3}$ e $8 \cdot 10^{-3}$ cm²/s, ou cerca de 10 a 20 vezes os correspondentes valores de laboratório. Essa faixa de variação é a mesma obtida com o CPTU na cidade de Santos e na Ilha de Santo Amaro (Núcleo 2), e relativamente menor à obtida com os aterros do Núcleo 1.

Os valores mais elevados do C_{vv}, aliados a dois outros fatores, implicaram uma importância maior do adensamento secundário nos recalques. Um dos fatores é o leve sobreadensamento das argilas de SFL; o outro é a pequena magnitude do incremento de pressão imposto pelas fundações dos edifícios no plano médio da camada compressível. O adensamento secundário começou quando o adensamento primário atingiu um grau entre 85% e 95%, confirmando a Hipótese B de Jamiolkowski et al. (1985); o coeficiente de adensamento secundário oscilou entre 1,2% e 4,6%, com média de 2,5%.

O caso excepcional foi de um edifício em São Vicente, apoiado em AT, com C_{vv} tão alto quanto $25 \cdot 10^{-3}$ cm²/s, e $C_{\alpha\varepsilon}$ tão baixo quanto 0,09%, fato explicado pelo elevado valor de 2,5 da RSA.

Em consequência do sobreadensamento, as pressões neutras, induzidas por carregamentos superficiais limitados pela pressão de pré-adensamento, têm sido um tanto dissipadas, da ordem de 60% das pressões aplicadas, conformando-se ao comportamento de outras argilas marinhas sobreadensadas que ocorrem no mundo. Esse aspecto pouco explorado na Baixada Santista pode levar a projetos mais econômicos de construção por etapas, como foi o caso do tanque de óleo em Alemoa, e auxiliar na fixação de cargas-limite para as fundações diretas sobre solos moles, evitando a sua plastificação.

Estacas flutuantes

O uso de estacas em sedimentos quaternários da Baixada Santista constitui, muitas vezes, a única solução possível para certo tipo de obra, principalmente para tanques e armazéns graneleiros. Em algumas obras foram utilizadas estacas flutuantes, que trabalham essencialmente por atrito lateral.

Com base em dezenas de provas de carga, algumas delas instrumentadas em profundidade, verificou-se como os novos conhecimentos da gênese dos sedimentos quaternários ajudam a determinar os atritos laterais unitários associados aos horizontes de solos que compõem esses sedimentos.

Em síntese, a história geológica afeta a capacidade de carga de estacas pré-moldadas, trabalhando isoladamente. Definiram-se os valores dos atritos laterais unitários máximos ($f_{máx}$) das várias unidades genéticas dos solos da Baixada Santista. A estimativa racional dos $f_{máx}$ pode ser feita com base no Método Lambda (Teixeira, 1988), e a história geológica da pressão de pré-adensamento.

Considerações finais

Os solos da Baixada Santista e, em particular, da cidade de Santos, não são tão ruins como se pensou durante muito tempo. As argilas, tidas como muito moles a moles, podem apresentar-se com outras consistências: médias, rijas e mesmo duras.

Apesar de hoje entenderem-se melhor as razões dessa gradação, ainda existem alguns mistérios para elucidar, como a ocorrência de camadas profundas de argilas duras, com propriedades-índice semelhantes às argilas mais superficiais. A hipótese é uma antepenúltima transgressão do mar, constatada no litoral do Rio Grande do Sul, que também teria deixado seus resquícios, ou a presença de camadas superficiais de argilas moles, um pouco mais pré-adensadas do que as usualmente encontradas em outros locais, nas mesmas cotas. Assinalam a ação de dunas eólicas, em tempos pretéritos, ou de ilhas-barreira formadas no Holoceno, que teriam se deslocado em direção ao continente num momento posterior à sua emersão.

A diferenciação entre os três tipos genéticos de argilas pode ser feita pelo SPT com alguns percalços; por meio do CPTU, com muito mais precisão; e com expectativa de sucesso pelo Ensaio SPT-T, praticamente sem aumentar o custo das sondagens de simples reconhecimento. As argilas de SFL, observadas não "à noite, quando todos os gatos são pardos", mas com certa luz, revelam diferenças, com reflexos no comportamento das obras civis. As mais importantes são no pré-adensamento (as argilas podem ser levemente a muito sobreadensadas), na maior ou menor heterogeneidade e presença ou ausência de lentes de areia, com implicações à drenagem interna das camadas compressíveis. Esse aspecto é decisivo para determinar as velocidades de desenvolvimento dos recalques em aterros ou edifícios com fundação direta, caso da cidade de Santos.

A distribuição em subsuperfície dos diferentes sedimentos da Baixada Santista é conhecida com base em inúmeras sondagens de simples reconhecimento executadas na região e à luz dos conhecimentos atuais de sua gênese. Trata-se de um avanço dos conhecimentos estratigráficos do litoral santista que permitirá preparar mapas geológico-geotécnicos. O caráter geotécnico traduz-se em informações como espessuras dos estratos, características e propriedades de engenharia médias etc. Com as facilidades computacionais, os mapas seriam subprodutos de um banco de dados geotécnicos da Baixada Santista, para fins de aplicação em projetos de Engenharia Civil. Falta aprofundar o conhecimento das regiões que foram submetidas a ações eólicas.

As propriedades de engenharia dos sedimentos argilosos dependem do conhecimento das pressões de pré-adensamento. A sua determinação pode ser feita de forma rápida e precisa por CPTU, cujo equipamento está disponível em várias empresas do País.

Este trabalho destacou a importância das pressões de pré-adensamento nas adimensionalizações das propriedades de engenharia, que "tornam todos os gatos pardos", isto é, tornam os solos semelhantes; e nas estimativas de recalques, em que a relação de sobreadensamento tem papel decisivo.

Apesar de as argilas não serem tão ruins como se pensava, elas não "aguentam desaforos": os recalques excessivos de alguns edifícios de Santos estão aí para comprovar. Em parte, isso é devido ao nosso conhecimento parcial sobre o adensamento secundário, isto é, a deformação lenta (*creep*) das argilas de SFL sob tensões efetivas constantes, e em parte por não haver análises tridimensionais da interação solo-estrutura, que levem em conta os possíveis efeitos conjugados de plastificação e *creep*. As curvas de plastificação das argilas de SFL poderiam ser empregadas nesse sentido.

Há uma grande trilha por explorar, como o estudo das propriedades de engenharia dos sedimentos arenosos ou de areias argilosas holocênicas da Baixada Santista, englobando os sedimentos de SFL e de mangues, relegados a um segundo plano. E faltam pesquisas experimentais para melhor compreender o fenômeno do atrito negativo em elementos de fundações profundas, que ganha importância na medida em que a tendência atual na cidade de Santos é empregar estacas profundas para transferir a carga de edifícios ao terreno.

Mas isso é trabalho para muitos. Como lembrou Vargas (1994, p. 37), "tecnologia não se compra, é fruto de árduas e extensas pesquisas", desenvolvidas nas pranchetas de projetistas e consultores, nos laboratórios de pesquisadores – os "contemplativos" – que procuram entender o presente olhando para o passado e visando à construção do futuro. As argilas quaternárias da Baixada Santista envolveram, nas últimas seis décadas, dezenas de engenheiros civis e geólogos, que procuraram dar suporte técnico aos desafios trazidos pelos construtores de obras civis – os "voluntaristas" –, que vivem o presente olhando para o futuro, visando também à sua construção.

Referências Bibliográficas

AB'SABER, A. N. A terra paulista. *Boletim Paulista de Geografia*, São Paulo, n. 23, p. 5-38, 1956.

AB'SABER, A. N. Revisão dos conhecimentos sobre o horizonte subsuperficial de cascalhos inhumados no Brasil Oriental. *Boletim da Universidade do Paraná*, Geografia Física, Curitiba, n. 2, 1962.

AB'SABER, A. N. A evolução geomorfológica. In: *A Baixada Santista*. São Paulo: Edusp, 1965. v. 1. p. 49-66.

AB'SABER, A. N. Uma revisão do Quaternário paulista: do presente para o passado. *Revista Brasileira de Geografia*, Rio de Janeiro, v. 31, n. 4, p. 1-51, 1969.

AB'SABER, A. N. *Litoral do Brasil*. São Paulo: Metalivros, 2005.

AGUIAR, V. N. *Características de adensamento da argila do Canal do Porto de Santos, na região da Ilha Barnabé*. 2008. Dissertação (Mestrado em Engenharia Civil) — UFRJ, Rio de Janeiro, 2008.

ALMEIDA, F. F. M. de. Os fundamentos geológicos do relevo paulista. *Boletim IGG*, São Paulo, v. 41, p.169-263, 1964.

ALMEIDA, F. F. M. de. The systems of rifts bordering the Santos Basin. In: INTERNATIONAL SYMPOSIUM ON CONTINENTAL MARGINS OF ATLANTIC TYPE. *Anais da Academia Brasileira de Ciências*, Rio de Janeiro, v. 48 (Supl.), p.15-26, 1975.

ALMEIDA, M. S. S. The undrained behaviour of the Rio de Janeiro clay in the light of the critical state theories. *Revista Solos e Rochas*, São Paulo, v. 5, n. 2, p. 3-34, 1982.

ALMEIDA, M. S. S. Propriedades geotécnicas de argila mole do Rio de Janeiro à luz de estados críticos e correlações empíricas. In: CONGRESSO BRASILEIRO DE MECÂNICA DOS SOLOS E ENGENHARIA DE FUNDAÇÕES, 8., 1986, Porto Alegre. Anais... São Paulo: ABMS, 1986. v. 3. p.15-24.

ALMEIDA, M. S. S.; MARQUES, M. E. S.; LACERDA, W.; FUTAI, M. M. Investigação de campo e de laboratório na argila de Sarapuí. *Revista Solos e Rochas,* São Paulo, v. 28, n. 1, p. 3-20, 2005.

ALONSO, U. R. Ensaios de torque nos sedimentos da Baixada Santista. *Revista Solos e Rochas,* São Paulo, v. 18, n. 3, p. 161-8, 1995.

ÂNGULO, R. J.; GUILHERME, C. L. The Brazilian sea level curves: a critical review with emphasis on the curves from Paranaguá and Cananeia regions. *Marine Geology*, v. 140, p. 141-66, 1997.

API – AMERICAN PETROLEUM INSTITUTE. *Recommended practice for planning, designing and constructing fixed offshore platforms*. Dallas (Texas): API–RP, 1982. 2A.

ARAÚJO FILHO, J. R. de. As bases geológicas. In: *A Baixada Santista* - aspectos geográficos. São Paulo: Edusp, 1965. caps. 11 e 12, v. III.

ARAÚJO, T. Comunicação pessoal, 1998.

ASAOKA, A. Observational procedure of settlement prediction. *Soils and Foundations*, Japanese Society of Soil Mechanics Foundation Engineering, v. 18, n. 4, p. 87-101, 1978.

BAGUELIN, F. La détermination des tassements finaux de consolidation: une alternative à la méthode d'Asaoka. *Revue Française de Géotechnique*, n. 86, p. 9-17, 1999.

BAGUELIN, F.; VENON, V. P. Influence de la compressibilité des pieux sur la mobilisation des éfforts résistants. *Bulletin des Liaisons Laboratoire des Ponts et Chaussées*, Paris, maio 1971.

BARATA, F. E. *Discussões*. In: CONGRESSO BRASILEIRO DE MECÂNICA DOS SOLOS E ENGENHARIA DE FUNDAÇÕES, 4., Guanabara, 1970. v. 2.

BARATA, F. E.; DANZIGER, B. R. Compressibilidade de argilas sedimentares marinhas moles brasileiras. In: CONGRESSO BRASILEIRO DE MECÂNICA DOS SOLOS E ENGENHARIA DE FUNDAÇÕES, 8., 1986, Porto Alegre. *Anais...* São Paulo: ABMS, 1986. v. 2. p. 99-112.

BARBOSA, G. C.; MEDEIROS, M. C. F. *Marc Ferrez – Santos panorâmico*. São Paulo: Magma Editora Cultural, 2007.

BASTOS, C. A. B. et al. Contribuição de novas investigações geotécnicas na caracterização do subsolo do Superporto de Rio Grande-RS. In: CONGRESSO BRASILEIRO DE MECÂNICA DOS SOLOS E ENGENHARIA GEOTÉCNICA, 14., 2008, Búzios (RJ). *Anais...* Búzios (RJ): 2008 (CD).

BIGARELLA, J. J.; MOUSINHO, M. R. Contribuição ao estudo da formação Pariquera-Açu (Estado de São Paulo). *Boletim Paranaense de Geografia*, n. 16 e 17, p. 17-41, 1965.

BIRD, E. C. F. Recent changes on the world's sandy shorelines. In: BIRD, E. C. F.; KOLKE, K. (Eds.). *Coastal dynamics and scientific sites*, 5-30. Department of Geography, Komazawa University, Japan, 1981.

BJERRUM, L. Engineering geology of Norwegian normally consolidated marine clays as related to the settlement of buildings. *Geotechnique*, n. 18, v. 2, p. 83-118, 1967.

BJERRUM, L. Embankment on soft ground. In: CONFERENCE ON PERFORMANCE OF EARTH AND EARTH-SUPPORTED STRUCTURE. *Proceedings...* ASCE, v. 2, p.1-45, 1972.

BJERRUM, L. Problems of soil mechanics and construction on soft clay and structurally unstable soils. In: INTERNATIONAL CONFERENCE ON SOILS MECHANICS AND FOUNDATION ENGINEERING, 8., 1973, Moscou. *Proceedings...* v. 3, p. 111-58, 1973.

BOUCHARD, R.; DION, D. J.; TAVENAS, F. Origine de la préconsolidation des argiles du Saguenay. *Canadian Geotechnical Journal*, Québec, v. 20, p. 315-28, 1983.

BRUGGER, P. J. et al. Parâmetros geotécnicos da argila de Sergipe segundo a teoria dos estados críticos. In: CONGRESSO BRASILEIRO DE MECÂNICA DOS SOLOS E ENGENHARIA DE FUNDAÇÕES, 10., 1994, Foz do Iguaçu. *Anais...* São Paulo: ABMS, 1994. v. 2. p. 539-46.

BURLAND, J. Shaft friction of piles in clay. A simple fundamental approach. *Ground Engineering*, v. 6, n. 3, p. 30-42, 1973.

CALIXTO, B. Algumas notas e informações sobre a situação dos sambaquis de Itanhaém e de Santos. *Revista do Museu Paulista*, p. 490-548; 509-10, 1904.

CARDOZO, D. S. *Análise dos recalques de alguns edifícios da orla marítima de Santos*. 2002. Dissertação (Mestrado em Engenharia Civil) — Escola Politécnica da USP, São Paulo, 2002.

CARVALHO, O. S.; KOVARI, K. The measurement of strain in large diameter steel piles. In: INTERNATIONAL SYMPOSIUM ON FIELD MEASUREMENTS IN GEOMECHANICS. *Proceedings...* Zurich: 1983. p. 217 ss.

CASTELLO, R. R.; POLIDO, U. F. Algumas características de adensamento das argilas marinhas de Vitória, ES. In: CONGRESSO BRASILEIRO DE MECÂNICA DOS SOLOS E ENGENHARIA DE FUNDAÇÕES, 8., 1986, Porto Alegre. *Anais...* São Paulo: ABMS, 1986. v. 1. p. 149-59.

CHANDLER, R. J. The shaft friction of piles in cohesive soils in terms of effective stresses. *Civil Engeneering and Public Works Review*, p. 48-51, Jan. 1968.

CHEN, B. S.; MAYNE, P. W. Statistical relationship between piezocone measurement and stress history of clay. *Canadian Geotechnical Journal*, v. 33, p. 488-98, 1996.

CHRISTOFOLETTE, A. A significação das cascalheiras nas regiões quentes e úmidas. *Notícia Geomorfológica*, Campinas (SP), v. 8, n. 15, p. 42-9, 1968.

COLLET, H. B. *Ensaios de palheta de campo em argilas moles da Baixada Fluminense*. Dissertação (Mestrado em Engenharia Civil) — COPPE- UFRJ, Rio de Janeiro, 1978.

COLLINS, K.; MCGOWN, A. The form and function of microfabric features in a variety of natural soils. *Géotechnique*, v. 24, n. 2, p. 223-54, 1974.

COSTA FILHO, L. M.; ARAGÃO, C. J. G.; VELLOSO, P. P. C. Características geotécnicas de alguns depósitos de argila mole na área do Grande Rio de Janeiro. *Revista Solos e Rochas*, São Paulo, v. 8, n. 1, p. 3-13, 1985.

COSTA FILHO, L. M. et al. The undrained strength of a very soft clay. In: IX INTERNATIONAL CONFERENCE ON SOIL MECHANICS AND FOUNDATION ENGINEERING. *Proceedings...* Tokyo: 1977. v. 1. p. 69-72.

COSTA NETO, P. L. de O. *Estatística*. São Paulo: Edgard Blucher, 1977.

COSTA NUNES, A. J. da. Foundation of Tank OCB-9 at Alemoa, Santos, Brazil. In: INTERNATIONAL CONFERENCE ON SOILS MECHANICS AND FOUNDATION ENGINEERING. *Proceedings...* Rotterdam: 1948. v. 4. p. 31-40.

COUTINHO, R. Q.; OLIVEIRA, J. T. R. Caracterização geotécnica de uma argila mole do Recife. Rio de Janeiro: COPPEGEO, nov. 1993.

COUTINHO, R. Q.; OLIVEIRA, J. T. R. Propriedades geotécnicas das argilas moles do Recife. Banco de Dados. In: CONGRESSO BRASILEIRO DE MECÂNICA DOS SOLOS E ENGENHARIA DE FUNDAÇÕES, 10., 1994, Foz do Iguaçu. *Anais...* São Paulo: ABMS, 1994. v. 2. p. 563-72.

COUTINHO, R. Q.; OLIVEIRA, J. T. R. *Behaviour of the Recife soft clays*. In: INTERNATIONAL WORKSHOP ISSMGE – TC36, Foundation Engineering in Difficult Soft Soil Conditions. Mexico City: 2002. v. 1. p. 49-77.

COUTINHO, R. Q.; OLIVEIRA, J. T. R.; OLIVEIRA, A. T. J. Geotechnical properties of Recife soft clays. *Revista Solos e Rochas*, São Paulo, v. 23, n. 3, p. 177-203, 2000.

COZZOLINO, V. M. Statistical forecasting of compression index. In: V INTERNATIONAL CONFERENCE ON SOILS MECHANICS AND FOUNDATION ENGINEERING. *Proceedings...* Paris: 1961.

CUNHA, M. A.; WOLLE, C. M. Use of aggregates for road fills in the mangrove regions of Brazil. *Bulletin of the International Association of Engineering Geology*, Paris, n. 3, 1984.

DANZIGER, F. A. B. *Desenvolvimento de equipamento para realização de ensaio de piezocone*: aplicação a argilas moles. 1990. (Tese) — COPPE-UFRJ, Rio de Janeiro, 1990.

DAVIS, E. H.; POULOS, H. G. Laboratory investigations of the effects of sampling. *Civil Engineering Transactions*, Institute of Engineers, Australia, CE 9, n. 1, p. 88-94, 1967.

DEMERS, D.; LEROUEIL, S. Evaluation of preconsolidation pressure and the overconsolidation ratio from piezocone tests of clay deposits in Quebec. *Canadian Geotechnical Journal*, Québec, v. 39, n. 1, p. 174–92, 2002.

DERSA. *Ponte sobre o Mar Pequeno* - Perfis geotécnicos longitudinais. Desenvolvimento Rodoviário S. A., 1978.

DIAS, C. R. R. *Os parâmetros geotécnicos e a influência dos eventos geológicos* – Argilas moles de Rio Grande/RS. In: ENCONTRO PROPRIEDADES DE ARGILAS MOLES BRASILEIRAS. Rio de Janeiro: COPPE-UFRJ, 2001. v. 1. p. 29-49.

DIAS, C. R. R.; BASTOS, C. A. B. Propriedades geotécnicas da argila siltosa marinha de Rio Grande (RS). Uma interpretação à luz da história geológica recente da região. In: CONGRESSO BRASILEIRO DE MECÂNICA DOS SOLOS E ENGENHARIA DE FUNDAÇÕES, 10., 1994, Foz do Iguaçu. *Anais...* São Paulo: ABMS, 1994. v. 2. p. 555-62.

DIAS, C. R. R.; MORAES, J. M. *A experiência sobre argilas moles na região do Estuário da Laguna dos Patos e Porto do Rio Grande*. Porto Alegre (RS): GEOSUL'98/ABMS, 1998. p. 179-96.

DIAS-RODRIGUES, J. A.; LEROUIEL, S.; ALEMAN, J. D. Yielding of Mexico City clays and other natural clays. *ASCE Journal GED*, v. 118, n. 7, p. 981-95, 1992.

FALCONI, F. F.; PEREZ, W. *Prova de carga estática instrumentada em estaca metálica de seção decrescente com a profundidade na Baixada Santista* – Análise de desempenho e critérios de dimensionamento. In: IV CONGRESSO LUSO-BRASILEIRO DE GEOTECNIA; XI CONGRESSO NACIONAL DE GEOTECNIA. Coimbra (Portugal): 2008a. v. 4. p. 147-54.

FALCONI, F. F.; PEREZ, W. *Estacas metálicas profundas de seção decrescente na Baixada Santista – Complemento aos estudos anteriores com base em novas provas de carga*. In: CONGRESSO BRASILEIRO DE MECÂNICA DOS SOLOS E ENGENHARIA GEOTÉCNICA, 14., 2008. Búzios (RJ): ABMS, 2008b. p. 734-42. CD-ROM.

FEIJÓ, R. L. *Relação entre a compressão secundária, razão de sobreadensamento e coeficiente de empuxo no repouso*. 1991. Dissertação (Mestrado em Engenharia Civil) — COPPE-UFRJ, Rio de Janeiro, 1991.

FERREIRA, S. R. M.; AMORIM, W. M.; COUTINHO, R. Q. Argila orgânica do Recife - Contribuição ao banco de dados. In: CONGRESSO BRASILEIRO DE MECÂNICA DOS SOLOS E ENGENHARIA DE FUNDAÇÕES, 8., 1986, Porto Alegre. *Anais...* São Paulo: ABMS, 1986. v. 1. p. 183-97.

FOSS, I. Secondary settlements of buildings in Drammen, Norway. In: VII INTERNATIONAL CONFERENCE ON SOIL MECHANICS AND FOUNDATION ENGINEERING, 1969, Mexico City. *Proceedings...* Mexico City: 1969. v. 2. p. 99-106.

FRAZÃO, E. B. *Comunicado pessoal*, 1984.

FÚLFARO, V. J.; SUGUIO, K. S.; PONÇANO, W. L. A gênese das planícies costeiras paulistas. In: CONGRESSO BRASILEIRO DE GEOLOGIA, 28., 1974, Porto Alegre (RS). *Anais...* Porto Alegre: 1974. v. 3. p. 37-42.

FUTAI, M. M.; ALMEIDA, M. S. S.; LACERDA, W. A. *Propriedades geotécnicas das argilas do Rio de Janeiro*. In: ENCONTRO PROPRIEDADES DE ARGILAS MOLES BRASILEIRAS. Rio de Janeiro: COPPE-UFRJ, 2001. p. 138-65.

GALINDO, M.; MENEZES, J. L. M. *Desenhos da Terra*. Recife: Atlas Vingboons, 2003.

GEOCITIES. *Os caminhos do mar*. Disponível em: <http://br.geocities.com/caminhosdomar>. Acesso em: 4 mar. 2008.

GERBER, I.; GOLOMBEK S.; COLOTTO, A. S. A. Estabilização de recalques e tentativa de endireitamento de prédio de 18 pavimentos em Santos. In: CONGRESSO PANAMERICANO DE MECÂNICA DOS SOLOS E ENGENHARIA DE FUNDAÇÕES, 1975, Buenos Aires. *Anais...* v. 3, p. 201-10, 1975.

GERSCOVICH, D. M.; COSTA FILHO, L. M.; BRESSANI, L. A. Propriedades da camada ressecada de um depósito de argila mole da Baixada Fluminense. In: CONGRESSO BRASILEIRO DE MECÂNICA DOS

SOLOS E ENGENHARIA DE FUNDAÇÕES, 8., 1986, Porto Alegre. *Anais*... São Paulo: ABMS, 1986. v. 2. p. 289-300.

GOLOMBEK, S. Fundação em Santos é problema: experiência indica fundação profunda. Palestra reproduzida em *Dirigente Construtor*, v. 2, n. 1, p. 41-2, 1965.

GOLOMBEK, S.; FLETCHMAN, J. S. Fundações da ponte sobre o Mar Pequeno: negas de recuperação. *Revista Solos e Rochas*, São Paulo, v. 5, n. 1, p. 27-31, 1982.

GOMES, R. C. *Análise do comportamento carga-recalque e metodologias de controle na interpretação de estacas cravadas*. 1986. (Tese) — COPPE-UFRJ, Rio de Janeiro, 1986.

GONÇALVES, H. H. S. Santos inclined buildings. *Revista Saint Petersburg*, Rússia, n. 9, p. 132-55, 2004.

GONÇALVES, H. H. S.; OLIVEIRA, N. J. de. Comparação entre recalques calculados e observados para um prédio em Santos. In: CONGRESSO NACIONAL DE GEOTECNIA, 8., 2002, Lisboa. *Anais*... Lisboa: Soc. Portuguesa de Geotecnia, 2002a. v. 2. p. 841-851.

GONÇALVES, H. H. S.; OLIVEIRA, N. J. de. Parâmetros geotécnicos das argilas de Santos. In: CONGRESSO BRASILEIRO DE MECÂNICA DOS SOLOS E ENGENHARIA GEOTÉCNICA, 12., 2002. *Anais*... São Paulo: ABMS, 2002b. v. 1. p. 467-76.

HENKEL, D. J. The relevance of laboratory measured parameters in field studies. In: ROSCOE MEMORIAL SYMPOSIUM: STRESS-STRAIN BEHAVIOR OF SOILS. *Proceedings*... Cambridge: 1972. p. 669-75.

HOLMBERG, S. Load test in the Bangkok region of piles embedded in clay. *Journal South East Asian Society of Soil Engineering*, v. 1, n. 2, 1970.

JAMIOLKOWSKI, M. et al. New developments in field and laboratory testing of soils. In: XI INTERNATIONAL CONFERENCE ON SOIL MECHANICS AND FOUNDATION ENGINEERING. *Proceedings*... São Francisco: 1985. v. 1. p. 57-153.

KENNEY, T. C. Sea-level movements and the geologic histories of the post-glacial marine soils at Boston, Nicolet, Ottawa and Oslo. *Geotechnique*, v. 14, n. 3, p. 203-30, 1964.

KENNEY, T. C. The influence of mineralogical composition on the residual strength of natural soils. In: OSLO GEOTECHNICAL CONFERENCE ON THE SHEAR STRENGTH PROPERTIES OF NATURAL SOILS AND ROCKS. *Proceedings*... Oslo: 1967. v. 1. p. 123-9.

KIPNIS, R.; YBERT, R. S. *Arqueologia e paleoambientes*. In: *Quaternário do Brasil*. Ribeirão Preto (SP): Holos, 2005.

KULHAWAY, F. H.; MAYNE, P. N. Manual on estimating soil properties for foundation design. In: *Report EL-6800*. Palo Alto: Electric Power Research Institute, 1990.

KUTNER, A. *Relatório com resultados de estudos geológicos na área da Cosipa*. GH Engenharia, 1979.

LACERDA, W. A. et al. Consolidation characteristics of Rio de Janeiro soft clays. In: CONFERENCE ON GEOTECHNICAL ASPECTS OF SOFT CLAYS. *Proceedings*... Bangkok: 1977. p. 231-44.

LADD, C. C. Stress-strain modulus of clay form undrained triaxial tests. *Proceedings*... ASCE, v. 90, n. SM5, Sept. 1964.

LAMBE, T. W. Methods of estimating settlements. *Journal of Soil Mechanics and Foundation Division*, ASCE, v. 90, n. 5, p. 43-67, 1964.

LAMBE, T. W.; WHITMAN, R. V. *Soil mechanics*. New York: J. Wiley & Sons, 1969.

LEINZ, V.; LEONARDS, O. M. *Glossário geológico*. São Paulo: Nacional/Edusp, 1977.

LEROUIEL, S. A framework for the mechanical behaviour of structured soils. From soft soils to weak rocks. In: US/BRAZIL GEOTECHNICAL WORKSHOP ON THE APPLICABILITY OF CLASSICAL

SOIL MECHANICS PRINCIPLES TO STRUCTURED SOILS, 1992, Belo Horizonte. *Proceedings...* Viçosa: UFV, 1992.

LEROUIEL, S. Compressibility of clays: fundamental and practical aspects. *Journal of Geotechnical Engineering*, p. 534-43, July/1996.

LEROUIEL, S.; TAVENAS, F. Construction pore pressures in clay foundations under embankments. Part II: Generalized behaviour. *Canadian Geotechnique Journal*, v. 15, n. 1, p. 66-82, 1978.

LINS, A. H. P.; LACERDA. W. A. Ensaios triaxiais de compressão e extensão na argila cinza do Rio de Janeiro, em Botafogo. *Revista Solos e Rochas*, v. 3, n. 2, 1980.

MACHADO, J. Estudos de recalques de fundações diretas em Santos. In: CONGRESSO BRASILEIRO DE MECÂNICA DOS SOLOS E ENGENHARIA DE FUNDAÇÕES, Porto Alegre (RS). *Anais...*, v. 2, p. 166-74, 1954.

MACHADO, J. Estudo comparativo de recalques calculados e observados em fundações diretas em Santos. In: CONGRESSO BRASILEIRO DE MECÂNICA DOS SOLOS E ENGENHARIA DE FUNDAÇÕES, 2., 1958. *Anais...*, v. 1, p. 21-36, 1958.

MACHADO, J. Settlement of structures in the city of Santos, Brazil. In: INTERNATIONAL CONFERENCE ON SOILS MECHANICS AND FOUNDATION ENGINEERING, 1961, Paris. *Proceedings...*, v. 1, p. 719-25. (Publicação IPT n. 629), 1961.

MAFFEI, C. E. M. et al. The plumbing of 2,2° inclined tall building. In: XV INTERNATIONAL CONFERENCE ON SOIL MECHANICS AND GEOTECHNICAL ENGINEERING, 2001, Istambul. *Proceedings...*, v. 3, p. 1799-1802, 2001.

MAGNAN, J. P. Progrès Récents Dans L'étude des Remblais Sur Sols Compressibles. *Bulletin de Liaison des LPC*, n. 116, p. 45-56, 1981.

MAPA GEOLÓGICO DO ESTADO DE SÃO PAULO (Escala 1:500.000). São Paulo: IPT, 1981. n. 1183 (v. 1, 2) e 1184 (v. 1).

MAPA GEOLÓGICO PRELIMINAR DA BAIXADA SANTISTA. São Paulo: IPT, 1973. n. 7443.

MARTIN, L.; SUGUIO, K. Étude préliminaire du Quaternaire marin: comparaison du litoral de São Paulo et de Salvador de Bahia (Brésil). *Cahiers ORSTOM*, Série Géologie, Paris, v. 8, n. 1, p. 33-47, 1976.

MARTIN, L.; SUGUIO, K. Excursion route along the coastline between the town of Cananeia (State of São Paulo) and Guaratiba outlet (State of Rio de Janeiro). In: 1978 INTERNATIONAL SYMPOSIUM ON COASTAL EVOLUTION IN THE QUATERNARY. *Special Publication*, v. 2, p. 1-95, 1978.

MARTIN, L.; SUGUIO, K.; FLEXOR, J. M. Informações adicionais fornecidas pelos sambaquis na reconstituição de paleolinhas de praia quaternária: exemplos da costa do Brasil. *Revista de Pré-História da USP*, São Paulo, v. 6, p. 128-47, 1984.

MARTIN, L.; SUGUIO, K.; FLEXOR, J. M. Shell middens as a source for additional information in Holocene shoreline and sea-level reconstruction: examples from the coast of Brazil. In: VAN DE PLASSECHE, O. (Ed.). *Sea-level research: A manual for the collection and evaluation of data*. Amsterdam: Free Univ. Amsterdam, 1986. p. 503-21.

MARTIN, L.; SUGUIO, K.; FLEXOR, J. M. As flutuações do nível do mar durante o Quaternário Superior e a evolução geológica dos "deltas" brasileiros. São Paulo: Boletim IG-USP, 1993. (Publicação Especial n. 15).

MARTIN, L. et al. Courbe des variations du niveau relatif de la mer au cours des 7.000 dernières années sur un secteur homogène du littoral brésilien (nord de Salvador-Ba). In: 1978 INTERNATIONAL

SYMPOSIUM ON COASTAL EVOLUTION IN THE QUATERNARY, IGCP 61. *Proceedings...* São Paulo: Instituto Geociências/USP, 1979. p. 264-74.

MARTIN, L. et al. Le Quartenaire marin brésilien (littoral pauliste, sud-fluminense et bahianais). *Cahiers ORSTOM*, Série Géologie, Paris, v. 11, n. 1, p. 96-125, 1980.

MARTIN, L. et al. *Reconstrução de antigos níveis marinhos do Quaternário*. São Paulo: CTCQ/SBG/Instituto de Geociências da USP, 1982.

MARTIN, L. et al. Schéma de la sédimentation quaternaire sur la partie centrale du littoral brésilien. *Cahiers ORSTOM*, Série Géologie, Paris, v. 12, n. 1, p. 59-81, 1983.

MARTIN, L. et al. Geoid change indications along the Brazilian coast during the last 7,000 years. In: V INTERNATIONAL CORAL REEF CONGRESS, 1985, Tahiti. *Proceedings...* v. 3, p. 85-90, 1985.

MARTIN, L. et al. Oscillations or not oscillations, that is the question. Comment on ANGULO, R.J.; LESSA, G.C. The Brazilian sea-level curves: a critical review with emphasis on the curves from the Paranaguá and Cananeia regions. *Marine Geology*, n. 150, p. 179-87, 1998.

MARZIONNA, J. D. *Comunicação pessoal*, 1998.

MASSAD, F. *Ensaios de campo* - Medições de deformação, poropressões, parâmetros de resistência - Instrumentação. In: SIMPÓSIO DA ASSOCIAÇÃO BRASILEIRA DE MECÂNICA DOS SOLOS - NRNE - Recife, 1977.

MASSAD, F. Resultados de investigação laboratorial sobre a deformabilidade de alguns solos terciários da cidade de São Paulo. In: SIMPÓSIO BRASILEIRO DE SOLOS TROPICAIS EM ENGENHARIA, 1981, Rio de Janeiro. *Anais...* Rio de Janeiro: 1981. p. 66-90.

MASSAD, F. Método gráfico para o acompanhamento da evolução dos recalques com o tempo. In: CONGRESSO BRASILEIRO DE MECÂNICA DOS SOLOS E ENGENHARIA DE FUNDAÇÕES, 7., 1982, Recife. *Anais...* São Paulo: ABMS, 1982. v. 2. p. 321-31.

MASSAD, F. *As argilas quaternárias da Baixada Santista: características e propriedades geotécnicas*. 1985. 250 f. Tese (Livre Docência) — Escola Politécnica da USP, São Paulo, 1985a.

MASSAD, F. *Progressos recentes dos estudos sobre as argilas quaternárias da Baixada Santista*. Publicação da ABMS-NRSP, 1985b.

MASSAD, F. As argilas transicionais (pleistocênicas) do litoral paulista. In: CONGRESSO BRASILEIRO DE MECÂNICA DOS SOLOS E ENGENHARIA DE FUNDAÇÕES, 8., 1986, Porto Alegre. *Anais...* São Paulo: ABMS, 1986a. v. 2. p.113-28.

MASSAD, F. Reinterpretação de sondagens de simples reconhecimento na Baixada Santista, à luz dos novos conhecimentos sobre a origem geológica dos sedimentos quaternários. In: CONGRESSO BRASILEIRO DE MECÂNICA DOS SOLOS E ENGENHARIA DE FUNDAÇÕES, 8., 1986, Porto Alegre. *Anais...* São Paulo: ABMS, 1986b. v. 2. p.129-46.

MASSAD, F. O sobreadensamento das argilas quaternárias da Baixada Santista. In: CONGRESSO BRASILEIRO DE MECÂNICA DOS SOLOS E ENGENHARIA DE FUNDAÇÕES, 8., 1986, Porto Alegre (RS). *Anais...* São Paulo: ABMS, 1986c. v. 2. p. 147-62.

MASSAD, F. Notes on the interpretation of failure load from routine pile load tests. *Revista Solos e Rochas*, São Paulo, v. 9, n. 1, p. 33-6, 1986d.

MASSAD, F. Sea-level movements and the preconsolidation of Brazilian marine clays. In: INTERNATIONAL SYMPOSIUM ON GEOTECHNICAL ENGINEERING OF SOFT SOILS, 1987, Mexico. *Proceedings...* Cidade do México: 1987. v. 1. p. 91-8.

MASSAD, F. História geológica e propriedades dos solos das baixadas: comparação entre diferentes locais da costa brasileira. In: SIMPÓSIO SOBRE DEPÓSITOS QUATERNÁRIOS DAS BAIXADAS LITORÂNEAS BRASILEIRAS: Origem, características geotécnicas e experiências de obras, 1988, Rio de Janeiro. *Anais...* São Paulo: ABMS, 1988a. v.1, p. 3.1-3.34.

MASSAD, F. Transferência de carga em estacas metálicas tubadas, cravadas em sedimentos quaternários da Baixada Santista. In: SIMPÓSIO SOBRE DEPÓSITOS QUATERNÁRIOS DAS BAIXADAS LITORÂNEAS BRASILEIRAS: Origem, características geotécnicas e experiências de obras, 1988, Rio de Janeiro. *Anais...* São Paulo: ABMS, 1988b. v. 1. p. 5.27-5.39.

MASSAD, F. Baixada Santista: aterros sobre solos moles interpretados à luz dos novos conhecimentos sobre a gênese das argilas quaternárias. In: SIMPÓSIO SOBRE DEPÓSITOS QUATERNÁRIOS DAS BAIXADAS LITORÂNEAS BRASILEIRAS: Origem, características geotécnicas e experiências de obras, 1988, Rio de Janeiro. *Anais...* São Paulo: ABMS, 1988c. v. 1, p. 5.1-5.10.

MASSAD, F. Reinterpretação de alguns casos de obras, com fundação direta, na Baixada Santista. In: SIMPÓSIO SOBRE DEPÓSITOS QUATERNÁRIOS DAS BAIXADAS LITORÂNEAS BRASILEIRAS: Origem, características geotécnicas e experiências de obras, 1988, Rio de Janeiro. *Anais...* São Paulo: ABMS, 1988d. v. 1, p. 5.27-5.39.

MASSAD, F. Sea-level movements and preconsolidation of some quaternary marine clays. In: SIMPÓSIO SOBRE DEPÓSITOS QUATERNÁRIOS DAS BAIXADAS LITORÂNEAS BRASILEIRAS: Origem, características geotécnicas e experiências de obras, 1988, Rio de Janeiro. *Anais...* São Paulo: ABMS, 1988e. v. 2. p. 109-132. Republicado na *Revista Solos e Rochas*, São Paulo, v. 17, n. 3, p. 205-15, 1995.

MASSAD, F. Settlements of earthwork construction on Brazilian marine soft clays in the light of their geological history. In: XII INTERNATIONAL CONFERENCE ON SOILS MECHANICS AND FOUNDATION ENGINEERING, 1989, Rio de Janeiro. *Proceedings...* Rio de Janeiro: 1989. v. 3. p. 1749-52.

MASSAD, F. O atrito lateral em estacas flutuantes nos sedimentos quaternários da Baixada Santista, à luz da história geológica. In: CONGRESSO BRASILEIRO DE MECÂNICA DOS SOLOS E FUNDAÇÕES, 9., 1990, Salvador (BA). *Anais...* Salvador: ABGE/ABMS, 1990. v. 2. p. 421-8.

MASSAD, F. Propriedades dos sedimentos marinhos. In: ABMS-NRSP (Org.). *Solos do litoral paulista*. São Paulo: ABMS-NRSP, 1994. p. 99-128.

MASSAD, F. Um critério para limitar a carga de edifícios com fundação direta em Santos. In: SEFE III - SEMINÁRIO DE ENGENHARIA DE FUNDAÇÕES ESPECIAIS E GEOTECNIA, 3., 1996, São Paulo. *Anais...* São Paulo: [s.n.], 1996. v. 2, p. 283-95.

MASSAD, F. Baixada Santista: implicações da história geológica no projeto de fundações. *Revista Solos e Rochas*, São Paulo, v. 22, n. 1, p. 3-49, abril/1999.

MASSAD, F. *Características geotécnicas dos solos da Baixada Santista, com ênfase na cidade de Santos.* In: WORKSHOP: PASSADO, PRESENTE E FUTURO DOS EDIFÍCIOS DA ORLA MARÍTIMA DE SANTOS. Santos, SP: ABMS-NRSP, 2003. v. 1. p. 1–24.

MASSAD, F. O uso de ensaios de piezocone no aprofundamento dos conhecimentos das argilas marinhas de Santos, Brasil. In: CONGRESSO NACIONAL DE GEOTECNIA, 9., 2004, Aveiro (Portugal). *Actas Prospecção e caracterização de maciços e materiais geotécnicos:* passado, presente e futuro da geotecnia. Aveiro (Portugal): SPG, 2004. v. 1, p. 309-18.

MASSAD, F. Marine soft clays of Santos, Brazil: Building settlements and geological history. In: 18TH

INTERNATIONAL CONFERENCE ON SOIL MECHANICS AND GEOTECHNICAL ENGINEERING, 2005, Osaka (Japão). *Proceedings...* v. 2, p. 405-8, 2005.

MASSAD, F. Um caso de ruptura de escavação em argila mole na Baixada Santista. In: CONGRESSO BRASILEIRO DE MECÂNICA DOS SOLOS E ENGENHARIA GEOTÉCNICA, 13., 2006, Curitiba. *Anais...* v. 4, p. 2383-89, 2006a.

MASSAD, F. Os edifícios de Santos e a história geológica recente da Baixada Santista. In: SIMPÓSIO DE PRÁTICA DE ENGENHARIA GEOTÉCNICA DA REGIÃO SUL, 5., 2006, Porto Alegre. *Anais...* v. 1, p. 1-10, 2006b.

MASSAD, F. Edifícios tortos de Santos: um cenário esquecido. In: SIMPÓSIO BRASILEIRO DE DESASTRES NATURAIS E TECNOLÓGICOS, 2., 2007, Santos (SP). *Anais...* Santos: 2007. (CD).

MASSAD, F. *Cidade de Santos, Brasil*: os recalques dos edifícios e o sobreadensamento errático dos solos moles. SPG/XICNG, Coimbra (Portugal), 2008. v. 4, p. 139-46.

MASSAD, F.; SUGUIO, K.; PÉREZ, F. P. Propriedade geotécnica de sedimentos argilosos como evidência de variações do nível relativo do mar em Santos. In: CONGRESSO BRASILEIRO DE GEOLOGIA DE ENGENHARIA, 8., 1996, Rio de Janeiro. *Anais...* Rio de Janeiro: 1996. v. 1. p. 163-76.

MAYNE, P. W.; ROBERTSON, P. K.; LUNNE, T. Clay stress history evaluated from seismic piezocone tests. In: FIRST INTERNATIONAL CONFERENCE ON SITE CHARACTERIZATION. *Proceedings...* Atlanta, Georgia: 1998. v. 2. p. 1113-8.

MCCLELLAND, F. Design of deep penetration piles for ocean structures. *Journal Geotech. Eng. Div.*, v. 100, GT7: 709-47, 1974.

MELLO, M. S.; PONÇANO, W. L. *Gênese, distribuição e estratigrafia dos depósitos cenozóicos no Estado de São Paulo.* São Paulo: IPT, 1983. (Monografia 9.)

MELLO, V. F. B. Foundations of buildings in clay. In: VII INTERNATIONAL CONFERENCE ON SOIL MECHANICS AND FOUNDATION ENGINEERING, 1969, Mexico City. *Proceedings...* State of the Art Volume, p. 49-136, 1969.

MELLO, V. F. B. *Mecânica dos solos.* São Paulo: Escola Politécnica da USP, 1975a.

MELLO, V. F. B. *Maciços e obras de terra.* São Paulo: Escola Politécnica da USP, 1975b.

MELLO, V. F. B. Desafios no desenvolvimento de uma Engenharia autóctone firmemente enquadrada em princípios universais. In: CONGRESSO BRASILEIRO DE MECÂNICA DOS SOLOS E ENGENHARIA DE FUNDAÇÕES, 7., 1982, Olinda (Recife). *Anais...* São Paulo: ABMS, 1982. v. 8. p. 47-135.

MESRI, G. Discussion on: New design procedure for stability of soft clays. *Journal Geotech. Eng. Div.*, ASCE, v. 101, p. 409-12, 1975.

MESRI, G.; CASTRO, A. Ca/Cc concept and Ko during secondary compression. *Journal Geotech. Eng. Div.*, ASCE, v. 113, n. 3, p. 230-47, 1987.

MESRI, G.; CASTRO, A. Discussions on: Concept and Ko during secondary compression. *Journal Geotech. Eng. Div.*, ASCE, v. 115, n. 2, p. 273-7, 1989.

MESRI, G.; CHOI, Y .K. Strain rate behaviour of Saint-Jean Vianey clay. *Canadian Geotech. Journal*, v. 16, n. 4, p. 831-4, 1979.

MEYERHOFF, G. G. Bearing capacity and settlement of pile foundations. *Journal Geotech. Eng. Div.*, ASCE, n. GT3, 1976.

MILLIMANN, J. D.; EMERY, K. O. Sea levels during the past 35.000 years. Science, v. 162, p. 1121-3, 1968.

MIO, G.; GIACHETI, H. L. The use of piezocone tests for high-resolution stratigraphy of Quaternary sediment sequences in Brazilian Coast. *Anais da Academia Brasileira de Ciências*, Rio de Janeiro, v. 79, n. 1, p. 1-18, 2007.

MÖRNER, N. A. The late Quaternary history of the Kattegatt Sea and the Swedish West coast: deglaciation, shorelevel displacement, chronology, isostasy and eustasy. *Sver. Geol. Unders.*, 1969. C64O. 487p.

MÖRNER, N. A. Eustasy and geoid changes. *The Journal of Geology*, v. 84, n. 2, p. 123-151, 1976a.

MÖRNER, N. A. Eustatic changes during the last 8,000 years in view of radiocarbon calibration and new information from the Kattegatt region and other Northwestern European coastal areas. *Paleography, Paleoclimatology and Paleoecology*, n. 19, p. 63-85, 1976b.

MÖRNER, N. A. The Fennoscandian uplift: geological data and their geodynamical implication. In: _____. (Ed.). *Earth Rheology, Isostasy and Eustasy*. New York: J. Wiley & Sons, 1980. p. 251-84.

MÖRNER, N. A. Eustasy, Paleoglaciation and Paleoclimatology. *Geologische Rundschau*, Alfred Wegener-Symposium II, Berlim, p. 691-703, 1981.

MOURATIDIS, A.; MAGNAN, J. P. Modèle élastoplastique anisotrope avec écrouissage pour le calcul des ouvrages sur sols compressibles. *Rapport de Recherche* LPC, n. 121, 1983.

NÁPOLES NETO, A. D. F. *Apanhado sobre a História da Mecânica dos Solos no Brasil*. 1970.

NEWMANN, W. S.; CINQUEMANI, L. J.; PARDI, R. R.; MARCUS, L. F. Holocene Delevelling of US East Coast. In: MÖRNER, N. A. (Ed.). *Earth Rheology, Isostasy and Eustasy*. New York: J. Wiley & Sons, 1980. p. 449-63.

NOVOMILÊNIO. *História e lendas de Santos:* uma cidade de muitos rios. Disponível em: <www.novomilenio.inf.br>. Acesso em: 2007.

NUNES, L. A. *Edifícios inclinados de Santos: aspectos sociais e urbanísticos*. In: WORKSHOP: PASSADO, PRESENTE E FUTURO DOS EDIFÍCIOS DA ORLA MARÍTIMA DE SANTOS. Santos (SP): ABMS-NRSP, 2003. p. 181-91.

OLIVEIRA, N. J. de. *Estudo comparativo de recalques observados e calculados utilizando a teoria de Terzaghi: o caso de um edifício situado em Santos*. 2001. 192 f. Dissertação (Mestrado) — EPUSP, São Paulo, 2001.

OLSON, R. E. Consolidation under time dependent loading. *Journal Geotech. Div.*, ASCE, v. 103 (GT1), p. 55-60, 1977.

ORTIGÃO, J. A. R. *Contribuição ao estudo de propriedades geotécnicas de um depósito de argila mole da Baixada Fluminense*. 1975. Dissertação (Mestrado em Engenharia Civil) – COPPE-UFRJ, Rio de Janeiro, 1975.

ORTIGÃO, J. A. R. *Aterro experimental levado à ruptura sobre argila cinza do Rio de Janeiro*. 1980. (Tese) – COPPE-UFRJ, Rio de Janeiro, 1980.

ORTIGÃO, J. A. R.; LACERDA, W. A. Relatório TRAFECON – IPR - *Aterros Sobre Solos Compressíveis*, 1979.

PACHECO SILVA, F. Controlling the stability of a foundation through neutral pressure measurements. In: III INTERNATIONAL CONFERENCE ON SOILS MECHANICS AND FOUNDATION ENGINEERING, 1953, Suisse. *Proceedings...* v. 1, p. 299-301, 1953a.

PACHECO SILVA, F. Shearing strength of soft clay deposit near Rio de Janeiro. *Géotechnique*, v. 3, n. 7, p. 300-5, 1953b.

PACHECO SILVA, F. Uma nova construção gráfica para a determinação da pressão de pré-adensamento de uma amostra de solo. In: CONGRESSO BRASILEIRO DE MECÂNICA DOS SOLOS E ENGENHARIA DE FUNDAÇÕES, 4., 1970, Guanabara. *Anais...* Rio de Janeiro: 1970. v. 2. n. 1. p. 219-23.

PECK, R. B. A Study of the comparative behaviour fo friction piles. *HRB Special Report*, n. 36, 1958.

PEIXOTO, A. S. P. *Estudo do Ensaio SPT-T e sua aplicação na prática de Engenharia de Fundações*. 2001. (Tese) – Unicamp, Campinas, 2001.

PÉREZ, F. S.; MASSAD, F. O efeito combinado das oscilações negativas do nível do mar e do envelhecimento no sobreadensamento das argilas marinhas holocênicas de Santos. *Revista Solos e Rochas*, São Paulo, v. 209, n. 1, p. 3-17, 1997.

PETRI, S.; SUGUIO, K. Stratigraphy of the Iguape-Cananeia lagoonal region sedimentary deposits, São Paulo, Brazil. Part II: Heavy Mineral Studies, Micro-Organisms Inventories and Stratigraphical Interpretations. *Boletim IG*, São Paulo, p. 71-85, 1973.

PINACOTECA DO ESTADO DE SÃO PAULO. *Benedito Calixto*: memória paulista. (Apresentação Maria Alice Milliet de Oliveira; curadoria Dalton Sala). São Paulo, 1990.

RANDOLPH, M. F.; WROTH, C. P. Recent developments in understanding the axial capacity of piles in clay. *Ground Engineering*, v. 15, n. 7, p. 17-25, 1982.

RANZINI, S. M. SPTF. *Revista Solos e Rochas*, São Paulo, v. 11, p. 29-30, 1988.

RANZINI, S. M. SPTF: 2ª Parte. *Revista Solos e Rochas*, São Paulo, v. 17, p.189-90, 1994.

RANZINI, S. M. Estabilização de edifícios inclinados - Nova abordagem. In: WORKSHOP: PASSADO, PRESENTE E FUTURO DOS EDIFÍCIOS DA ORLA MARÍTIMA DE SANTOS. Santos (SP): ABMS-NRSP, 2003. v. 1. p. 135-140.

REGINA TERRA, B. *Análise de recalques do aterro experimental II sobre a argila mole de Sarapuí, com elementos drenantes*. 1988. (Dissertação) — COPPE-UFRJ, Rio de Janeiro, 1988.

REIS, J. H. C. dos. *Interação solo-estrutura de grupo de edifícios com fundações superficiais em argila mole*. 2000. (Dissertação) — Escola de Engenharia de São Carlos-USP, 2000.

RELATÓRIO IPT. *Estudo do subsolo para as fundações do Tanque OCB9, na Alemoa-Santos*. São Paulo: IPT/Estacas Franki Ltda., 1942. n. 256.

RELATÓRIO IPT. *Exploração do subsolo ao longo do eixo da futura ponte sobre o canal do Casqueiro (Via Anchieta)*. São Paulo: IPT/DER, 1949. n. 1525.

RELATÓRIO IPT. *Exploração do subsolo ao longo do eixo da ponte do Casqueiro - Dados complementares*. São Paulo: IPT/DER, 1950. n. 1525.

RELATÓRIO IPT. *Relatório final sobre as fundações da ponte sobre o canal do Casqueiro (Via Anchieta)*. São Paulo: IPT/DER, 1951. n. 1794.

RELATÓRIO IPT. *Comportamento de fundações de edifícios em Santos*. São Paulo: IPT, 1957. n. 2.

RELATÓRIO IPT. *Estudos geológicos e sedimentológicos no estuário santista e na baía de Santos*. São Paulo: IPT/DNPVN, 1974. n. 7433.

RELATÓRIO IPT. *Gênese, distribuição e estratigrafia dos depósitos cenozóicos no Estado de São Paulo*. São Paulo: IPT, 1982. n. 16.869.

REVISTA POLITÉCNICA. *Visita do Prof. Arthur Casagrande ao Brasil*. São Paulo, n. 157, p. 43-48, jul. 1950.

ROBERTSON, P. K.; CAMPANELLA, R. G. Interpretation of cone penetration tests. Parts 1/2. *Soil Mechanics Report Series*, University of British Columbia, n. 60, 1983.

RODRIGUES, J. C. As bases geológicas. In: *A Baixada Santista* - aspectos geográficos. São Paulo: Edusp, 1965. cap. 1, v. 1, p. 23-48.

ROTHMAN, E. *Previsões teóricas e resultados de instrumentação como elementos de projeto de estacas: um caso real*. 1985. (Dissertação) — EPUSP, São Paulo, 1985.

RUTLEDGE, P. C. Relation of undisturbed sampling to laboratory testing. *Transactions ASCE*, v. 109, p. 1155-1183, 1944.

SAMARA, V. et al. Algumas propriedades geotécnicas de argilas marinhas da Baixada Santista. In: CONGRESSO BRASILEIRO DE MECÂNICA DOS SOLOS E ENGENHARIA DE FUNDAÇÕES, 7., 1982, Recife. *Anais*... São Paulo: ABMS, 1982. v. 4. p. 301-318.

SANDRONI, S. S. et al. Geotechnical properties of Sergipe clay. In: SYMPOSIUM ON RECENT DEVELOPMENTS ON SOIL AND PAVEMENT MECHANICS, 1997, Rio de Janeiro. *Proceedings*... v. 1, p. 271-8, 1997.

SANTOYO, E.; SÉLLER, E. O. *Cement injection in Mexico City for leveling buildings*. In: WORKSHOP: PASSADO, PRESENTE E FUTURO DOS EDIFÍCIOS DA ORLA MARÍTIMA DE SANTOS. Santos (SP): ABMS-NRSP, 2003. v. 1. p. 141-80.

SAYÃO, A. S. F.; SANDRONI, S. S. Aspectos do comportamento tensão-deformação-resistência da argila mole de Sarapuí, RJ. In: CONGRESSO BRASILEIRO DE MECÂNICA DOS SOLOS E ENGENHARIA DE FUNDAÇÕES, 8., 1986, Porto Alegre. *Anais*... São Paulo: ABMS, 1986. v. 2. p.239-45.

SCHIFFMAN, R. L. Consolidation of soil under time dependent loading and variable permeability. *Proceedings*... Highway Research Board, v. 37, p. 584-617, 1958.

SCHMERTMAN, J. H. Undisturbed consolidation behaviour of clay. *Transactions ASCE*, v. 120, p. 1201-1233, 1955.

SCHNAID, F.; NACCI, D. C. *Propriedades características de argilas moles do Estado do Rio Grande do Sul*. In: ENCONTRO PROPRIEDADES DE ARGILAS MOLES BRASILEIRAS. Rio de Janeiro: COPPE-UFRJ, 2001. p. 192-205.

SCHNAID, F. et al. Ampliação do Aeroporto Internacional Salgado Filho - Parte I: Caracterização geotécnica a parâmetros de projeto. *Revista Solos e Rochas*, São Paulo, v. 24, n. 2, p. 155-67, 2000.

SCHOFIELD, A.; WROTH, P. *Critical state soil mechanics*. London: McGraw-Hill, 1968.

SENNESET, K.; JANBU, N. Shear strength parameters obtained from static cone penetration Tests. In: SYMPOSIUM ON STRENGTH TESTING OF MARINE SEDIMENTS: Laboratory and in situ measurements, 1984, San Diego. *Proceedings*... ASTM 04-883000-38, p. 41-54.

SILVEIRA, J. D. da. Baixadas litorâneas quentes e úmidas. *Boletim da FFCL-USP* (152), Geografia n. 8, São Paulo, 1952.

SKEMPTON, A . W. Discussion on the "Planning and design of the New Hong Kong Airport". *Proceedings of the Institution of Civil Engineers*, v. 7, p. 306, 1957.

SOARES, C. A. Comunicação pessoal, 1997.

SOARES, J. M. D.; SCHNAID, F.; BICA, A. V. D. Determination of the characteristics of a soft clay deposit in southern Brazil. In: SYMPOSIUM ON RECENT DEVELOPMENTS ON SOIL AND PAVEMENT MECHANICS, 1997, Rio de Janeiro. *Proceedings*... Rotterdam: Balkema, 1997. v. 1. p. 296-302.

SOUSA PINTO, C. Capacidade de carga de argilas com coesão linearmente crescente com a profundidade. *Jornal de Solos*, v. 3, n.1, p. 21-44, 1965.

SOUSA PINTO, C. Primeira Conferência PACHECO SILVA: Tópicos da contribuição de PACHECO SILVA e Considerações sobre a resistência não drenada das argilas. *Revista Solos e Rochas*, v. 15, n. 2, p. 49-87, 1992.

SOUSA PINTO, C. Aterros na Baixada. In: *Solos do litoral paulista*. São Paulo: ABMS-NRSP, 1994.

SOUSA PINTO, C. Considerações sobre o método de Asaoka. *Revista Solos e Rochas*, São Paulo, v. 24, n. 1, p. 95-100, jan-abr 2001.

SOUSA PINTO, C.; MASSAD, F. Coeficiente de adensamento em solos da Baixada Santista. In: CONGRESSO BRASILEIRO DE MECÂNICA DOS SOLOS E ENGENHARIA DE FUNDAÇÕES, 6., 1978, Rio de Janeiro. *Anais...* São Paulo: ABMS, 1978. v. 4. p. 358-389.

STOKES, W. M. L.; VARNES, D. J. *Glossary of selected geologic terms, with special references to their use in engineering*. Denver (Colorado): Colorado Scientific Society/Peerless Printing Co., 1955.

SUGUIO, K. *Contribuição à geologia de Taubaté, Vale do Paraíba, Estado de São Paulo*. Boletim da FFCL-USP, São Paulo, 1969.

SUGUIO, K. *Avaliação da dinâmica sedimentar no litoral brasileiro em diferentes épocas temporais*. Publicação interna da Escola de Engenharia de São Carlos da Universidade de São Paulo – EESCUSP, abr. 1996.

SUGUIO, K. *Dicionário de geologia sedimentar e áreas afins*. São Paulo: Bertrand Brasil, 1998.

SUGUIO, K.; MARTIN, L. Brazilian coastline quaternary formations the States of São Paulo and Bahia littoral zone evolutive schemes. *Anais Acad. Bras. Ciências*, 48 (Suppl.), p. 325-34, 1976a.

SUGUIO, K.; MARTIN, L.; FLEXOR, J. M. Les variations relatives du niveau moyen de la mer au Quaternaire récent dans la région de Cananeia-Iguape, São Paulo. *Boletim IG-USP*, São Paulo, Inst. Geociências, v. 7, p. 113-29, 1976b.

SUGUIO, K.; MARTIN, L. *Mapa geológico de Santos* (Escala 1:100.000). São Paulo: Governo do Estado de São Paulo / SMA e DAEE, 1976c.

SUGUIO, K.; MARTIN, L. Formações quaternárias marinhas do litoral paulista e sul fluminense. In: INTERNATIONAL SYMPOSIUM ON COASTAL EVOLUTION IN THE QUATERNARY, 1978, São Paulo. *Public. Especial (1)*. São Paulo: IGCP-IGUSP-SBG, 1978a. p. 11-8.

SUGUIO, K.; MARTIN, L. *Mapas geológicos na Escala 1:100.000, cobrindo a costa paulista*. São Paulo: DAEE, 1978b.

SUGUIO, K.; MARTIN, L. Mecanismos de gênese das planícies sedimentares quaternárias do litoral do Estado de São Paulo. In: CONGRESSO BRASILEIRO DE GEOLOGIA, 29., 1978, Ouro Preto (MG). *Anais...* v. 1, p. 295-305, 1978c.

SUGUIO, K.; MARTIN, L. *Progress in research on Quaternary sea level changes and coastal evolution in Brazil*. In: SYMPOSIUM ON VARIATIONS IN SEA LEVEL IN THE LAST 15,000 YEARS, MAGNITUDE AND CAUSES, Univ. South Caroline (USA), 1981.

SUGUIO, K.; MARTIN, L. Geologia do Quaternário. In: *Solos do litoral paulista*. São Paulo: ABMS-NRSP, 1994. p. 69-98.

SUGUIO, K.; PETRI, S. Stratigraphy of the Iguape-Cananeia lagoonal region sedimentary deposits, São Paulo, Brazil. Part I: Field observations and grain size analysis. *Boletim IG-USP*, São Paulo, v. 4, p. 1-20, 1973.

SUGUIO, K.; MARTIN, L.; FLEXOR, J. M. Sea level fluctuation during the past 6,000 years along the coast of the State of São Paulo, Brazil. In: MÖRNER, N. A. *Earth Rheology, Isostasy and Eustasy*. New York: J. Wiley & Sons, 1980. p. 471-86.

SUGUIO, K. et al. Quaternary emergent and submergent coasts: Comparison of the holocene sedimentation in Brazil and USA Southeast. *Anais Acad. Bras. Ciências*, v. 56, n. 2, p. 163-67, 1984.

SUGUIO, K. et al. Flutuações do nível do mar durante o Quaternário Superior ao longo do litoral brasileiro e suas implicações na sedimentação costeira. *Rev. Bras. Geociências*, v. 15, n. 4, p. 273-86, 1985.

TAVENAS, F.; LEROUIEL, S. Effects of stresses and time on yielding of clays. In: INTERNATIONAL CONFERENCE ON SOILS MECHANICS AND FOUNDATION ENGINEERING, 1977, Tokyo. *Proceedings...* v. 1, p. 319-26, 1977.

TAYLOR, D. W. *Fundamentals of soils mechanics*. Wiley International Edition. J. Wiley & Sons, 1948.

TEIXEIRA, A. H. Caso de un edificio en que la camada de arcilla (Santos) se encontraba inusitadamente preconsolidada. In: CONGRESO PANAMERICANO DE MECÁNICA DE SUELOS Y CIMENTACIONES, 1960, México. *Anais...* v. 1, p. 149-77, 1960a.

TEIXEIRA, A. H. Condiciones típicas del subsolo y problemas de asiento en Santos, Brasil. In: CONGRESO PANAMERICANO DE MECÁNICA DE SUELOS Y CIMENTACIONES, 1960, México. *Memória...*, v. 1, p. 201-15 (em português), 1960b.

TEIXEIRA, A. H. Capacidade de carga de estacas pré-moldadas em concreto nos sedimentos quaternários da Baixada Santista. In: SIMPÓSIO SOBRE DEPÓSITOS QUATERNÁRIOS DAS BAIXADAS LITORÂNEAS BRASILEIRAS: Origem, Características geotécnicas e Experiências de obras, 1988, Rio de Janeiro. *Anais...* São Paulo: ABMS, 1988. v. 2, p. 5.1-5.25.

TEIXEIRA, A. H. Fundações rasas na Baixada Santista. In: *Solos do litoral paulista*. São Paulo: ABMS-NRSP, 1994. p. 137-54.

THEMAG ENGENHARIA. *Rodovia dos Imigrantes. Geotecnia*. São Paulo, 1971. Relatório Final.

THEMAG ENGENHARIA. *Rodovia dos Imigrantes. Alternativa de traçado na Baixada Santista*. São Paulo, 1973. Relatório Final.

TOMLINSON, M. J. The adhesion of piles driven in clay soils. In: IV INTERNATIONAL CONFERENCE ON SOIL MECHANICS AND FOUNDATION ENGINEERING, 1957. *Proceedings...* v. 2, p. 66-71, 1957.

TOMLINSON, M. J. Some effects of pile driving on skin friction. In: CONFERENCE ON BEHAVIOUR OF PILES, Institution of Civil Engineers. *Proceedings...* p. 107-14, 1970.

TULIK, O. *Parâmetros geográficos na organização do espaço na Baixada Santista, antes do surto cafeeiro em São Paulo*. 1987 (Tese) — Departamento de Geografia da FFCLH-USP, São Paulo, 1987.

VARGAS, M. Fundação em Santos é problema: recalque é questão de temperamento. In: *Dirigente Construtor 2*, v. 1, p. 31-32, 1965.

VARGAS, M. As propriedades dos solos. In: CONGRESSO BRASILEIRO DE MECÂNICA DOS SOLOS E ENGENHARIA DE FUNDAÇÕES, 4., 1970, Guanabara. *Anais...* Rio de Janeiro: 1970.

VARGAS, M. Aterros na Baixada de Santos. *Revista Politécnica*, Edição Especial, São Paulo, p. 48-63, 1973.

VARGAS, M. Homenagem a Francisco Pacheco Silva. In: CONGRESSO BRASILEIRO DE MECÂNICA DOS SOLOS E ENGENHARIA DE FUNDAÇÕES, 1974, São Paulo. *Anais...* v. 4, p. 438-45, 1974.

VARGAS, M. Uma experiência brasileira em fundações por estacas: comportamento de fundações por estacas na Baixada de Santos. Conferência proferida no LNEC. *Revista de Geotecnia Portuguesa*, n. 31, 1977.

VARGAS, M. História dos conhecimentos geotécnicos: Baixada Santista. In: *Solos do litoral paulista*. São Paulo: ABMS-NRSP, 1994. p. 17-39.

VARGAS, M. *Introdução à mecânica dos solos*. São Paulo: McGraw-Hill, 1981.

VARGAS, M.; SANTOS, O. P. dos. *Filosofia e condicionantes de projeto da Rodovia dos Imigrantes no Trecho da Baixada*. In: I SEMINÁRIO DERSA - Rodovia dos Imigrantes, p. 107-13, 1976.

VIJAYVERGIYA, V. N.; FOCHT, J. A. A new way to predict pile capacity of piles in clay. In: IV OFFSHORE TECHNOLOGY CONFERENCE, 1972, Houston (Texas). Paper N. OTC 1718. *Proceedings...* v. 2, p. 865ss, 1972.

VIVA SANTOS. *A evolução urbana da cidade de Santos*. Disponível em: <http://www.vivasantos.com.br>. Acesso em: 2007.

WERNECK, M. L. G.; COSTA FILHO, L. M.; FRANCA, H. In situ permeability and hidraulic frature tests in Guanabara bay clay. In: CONFERENCE ON GEOTECHNICAL ASPECTS OF SOFT CLAY, 1977, Bangkok (Tailândia). *Proceedings...* p. 399-418, 1977.

WIKIPEDIA. *Geografia – Baixada Santista*. Disponível em: <http://pt.wikipedia.org/wiki/Santos/Geografia>. Acesso em: 2006.

WOLLE, C. M. et al. As fundações do viaduto Cosipa da Rodovia Piaçaguera-Guarujá. In: CONGRESSO BRASILEIRO DE MECÂNICA DOS SOLOS E ENGENHARIA DE FUNDAÇÕES, 7., 1982, Olinda (Recife). *Anais...* São Paulo: ABMS, 1982. v. 3 (2ª parte). p. 339-57.

WROTH, C. P. General theories of earth pressures and deformations. In: V EUROPEAN CONFERENCE ON SOIL MECHANICS AND FOUNDATION ENGINEERING, 1972, Madrid. *Proceedings...* Madrid: Sociedad Española de Mecánica del Suelo y Cimentaciones, 1972a. v. 2. p. 33-52.

WROTH, C. P. Some aspects of the elastic behavior of over consolidated clay. In: ROSCOE MEMORIAL SYMPOSIUM: Stress-strain behavior of soils, 1971, Cambridge. *Proceedings....* London: Foulis, 1972b. p. 347-61.

YAMAGUCHI, H.; MURAKAMI, Y. Plane strain consolidation of a clay layer with finite thickness. *Soils and Foundations*, Japanese Society of Soil Mechanic and Foundation Engineering, v. 16, n. 3, p. 67-9, 1976.